工程技术创新

晋良海　朱忠荣　编著

中国建筑工业出版社

图书在版编目（CIP）数据

工程技术创新 / 晋良海，朱忠荣编著. — 北京：
中国建筑工业出版社，2023.6（2024.4重印）
ISBN 978-7-112-28616-4

Ⅰ.①工… Ⅱ.①晋… ②朱… Ⅲ.①工程技术
Ⅳ.①TB

中国国家版本馆 CIP 数据核字（2023）第 063763 号

本书介绍工程技术创新思维、创新方法和发明问题解决理论等方面的理论知识与工程实践，主要内容包括：工程技术创新概述、创新思维、工程技术创新方法、发明问题解决理论（TRIZ）、工程技术创新课题选择、工程技术创新成果编撰、工程创新典型案例等。本书从工程技术创新的实践出发，注重实用性、可操作性和知识体系的完备性。为了加深理解，本书收集有代表性的工程技术创新案例，供大家参考。

本书可以作为高等院校土木工程、水利工程、工程管理等相关专业的教材和教学参考书，也可以作为工程企事业单位人员的工作参考书。

教师如需教学课件，可通过以下方式索取：邮箱350441803@qq.com，电话（010）58337222。

责任编辑：徐仲莉
责任校对：芦欣甜
校对整理：张惠雯

工程技术创新
晋良海 朱忠荣 编著
*
中国建筑工业出版社出版、发行（北京海淀三里河路9号）
各地新华书店、建筑书店经销
北京光大印艺文化发展有限公司制版
建工社（河北）印刷有限公司印刷
*
开本：787毫米×1092毫米 1/16 印张：$15^1/_2$ 插页：1 字数：306千字
2023年6月第一版 2024年4月第二次印刷
定价：58.00元（赠教师课件）
ISBN 978-7-112-28616-4
（41101）

前 言

推进中国式现代化是一个探索性事业，还有许多未知领域需要我们在实践中大胆探索，通过改革创新来推动事业发展，决不能刻舟求剑、守株待兔。

随着“一带一路”倡议和“十四五”规划的实施，我国的工程建设发展极其迅猛，基础设施建设取得了举世瞩目的成就，新结构、新材料、新设备、新技术在不断研究、开发和应用。随着理论和实践水平的不断突破，工程建设逐渐趋于大型化、复杂化、多样化，节能技术、信息控制技术和生态技术等高端科技更加广泛地应用到工程建设的创新活动中。

创新是经济和社会科技发展的主导力量和重要源泉，而创新方法与理论则是创新过程中的关键因素。工程是指以某组设想的目标为依据，应用有关的科学知识和技术手段，通过有组织的一群人将某个（或某些）现有实体（自然的或人造的）转化为具有预期使用价值的人造产品的过程。一般而言，工程项目投资规模巨大，实施周期长，技术异常复杂，对社会、经济及生态环境等影响深远，需要进行大规模的创新活动才能完成。例如港珠澳大桥作为我国目前建成长度最长、技术难度最大的跨海大桥，横跨香港、珠海和澳门三地，表现出高度复杂的技术创新需求，从设计到建造完成，需要完成一系列创新任务，包括创新工法、创新软件、创新装备、创新产品及专利等。由于工程项目的技术需求具有显著的不确定性，加之建筑企业需要转型升级、寻求高质量发展路径，以往传统的工程技术与方法已经越来越不能满足企业发展的需要，传统的“头脑风暴”式创新方法难以完成大规模创新任务，亟须一套工程创新理论与方法来适应新时代工程建设的新形势。

幸运的是，创新作为当今时代的重要特征，是有规律可循的，且建立了一套理论体系，这为工程创新奠定了坚实的理论基础。据统计，现有的创新技法有360多种。相对于传统的创新方法，当前欧美创新理论的研究热点是TRIZ理论。TRIZ是俄语“发明问题解决理论”首字母的缩写，其研究始于1946年，苏联著名发明家阿奇舒勒领导的研究机构分析了全球近250万件高水平的发明专利，总结各种技术进化遵循的规律模式，以及解决各种技术矛盾和物理矛盾的创新原理和法则，形成了指导人们进行发明创新、解决工程问题的系统化的方法学体系。当时，美国、德国等西方国家惊异于苏联在军事、工业等方面的创造能力，并将TRIZ 理论称为创新的“点金术”。

在创新教育的大背景下，笔者尝试开设了“工程创新与实践”课程，在自编讲义的基础上，结合笔者对诸如 TRIZ 等创新理论的研究和教学实践经验，特别是参与工程建设单位工法、QC、专利等创新活动，积累了大量的工程创新案例，编写完成了本教材。在编写过程中，笔者汇总了学习、研究、应用中的体会和成果，也融合了部分创新网站资料和应用案例，以推动工程创新理论在我国的推广应用。

本书由三峡大学晋良海、朱忠荣编著，由晋良海策划与统稿，田斌教授主审，相关创新方法由姚若军博士进行应用验证，研究生张倩、刘硕、彭爽、陈颖、闫月蓉等进行了文字矫正与编排。本书得到国家自然科学基金面上项目（52179136）、教育部人文社科基金项目（21YJA630038）的资助。由于笔者学习、研究、应用工程创新理论与方法的时间尚短，书中内容如有不妥之处，欢迎广大读者批评指正。

目 录

第一章 工程技术创新概述

工程技术创新与人类生存发展息息相关。回顾人类文明历史，人类生存与社会生产力发展水平密切相关，而社会生产力发展的重要源头就是工程技术创新。工程技术创新是驱动历史车轮的原动力，为人类文明进步源源不断地提供动力源泉，推动人类从蒙昧走向文明、从原始文明走向现代文明。历史上，人类创造了无数令人惊叹的工程科技成果。古埃及金字塔、古希腊帕提农神庙、印第安人太阳神庙、柬埔寨吴哥窟、万里长城、都江堰、京杭大运河等重大工程，都是人类创造的工程科技成果，对人类文明发展、演进产生了深远影响。中华人民共和国成立以来，三峡工程、西气东输、西电东送、南水北调、青藏铁路、高速铁路等一大批重大工程建设成功，大幅度提升了我国基础工业、制造业、新兴产业等领域的创新能力和水平，加快了我国现代化进程。

西文中“工程”一词来源于拉丁文 ingenerare，其原意就是创造。世界工程组织联合会前主席龚克专业解释了工程的定义：“工程是利用科学知识、技术方法、设计和管理的原理，在经济、社会、环境、文化条件的约束下，解决人类生存和发展的问题。”建设工程的专业名称为土木工程，英文为 civil engineering，包括建筑工程、水利工程、交通工程、市政工程和矿业工程等涉及基础设施的工程。这类工程的特点是野外露天作业。由于野外露天条件千差万别，可以说每一项工程都是新的，即需要重新进行规划和设计；即使工程中采用的所有技术都是现有的，也需要集成创新。工程技术创新活动的主要特点是不确定性、追求、探索、财务风险、实验和发现，已普遍渗透在工程建设与运行的全生命期。因此，创新是推动工程建设、经营、管理活动的主旋律。

本章将着重对创新的作用和特征、创新与企业家精神、创新过程、国家创新政策和创新学的发展等方面进行较详细的论述。

第一节 工程技术创新的作用和特征

马克思说过：“人类文明发展史实际上是一部生产力的发展史”。而推动生产力发展的最主要动因，就是创新。创新存在于人类社会的各种生产生活形态，它推动生产力不断发展，从而推动了人类社会的纵深演进。因而，马克思将创新看成是

"历史的有力的杠杆"和"最高意义上的革命力量"。

一、创新及其发展

1. 创新的概念

创新（Innovation），又称创造和革新。创新这一概念最早源于美籍奥地利经济学家熊彼特（1883~1950）的"创新理论"。1912 年，熊彼特的《经济发展论》正式出版问世。在这一著作中，熊彼特提出了自己独特的"创新理论"，并闻名于西方经济学界。

熊彼特的创新观点是：创新是在新的体系里引入"新的组合"，是"生产函数的变动"。这种组合或变动包括以下五个方面的内容：①引入一种新产品或提供一种产品的新质量（产品创新）；②采用一种新的生产方法（工艺创新）；③开辟一个新市场（市场创新）；④获得一种原材料或制成品的新供给来源（资源开发利用创新）；⑤实行一种新的组织形式，如建立一种垄断地位或打破一种垄断地位（体制和管理创新）。熊彼特创新概念的含义是十分广泛的，它包含了一切可提高资源配置效率的创新活动，这些活动可能与技术直接相关，也可能与技术不直接相关。不过，与技术直接相关的创新，即开发新产品和采用新技术是熊彼特创新思想的主要内容。

2. 创新与发明

现代创新理论是在熊彼特创新理论基础上衍生和发展起来的。就一般意义上来说，创新是淘汰旧的东西，创造新的东西，它是一切事物向前发展的根本动力，是事物内部新的进步因素通过矛盾斗争战胜旧的落后因素，最终发展成为新事物的过程。更具体来说，创新是创造与革新的合称。创造是指新构想、新观念的产生；革新是指新观念、新构想的运用。从这个意义上讲，创造是革新的前导，革新是创造的后续。企业创新就是企业在生产、技术、经营、管理等各个环节，不断地创造、应用先进的思想、科学的方法、新颖的技术，代替过时的落后的东西，借以达到更高目标的一切创造性活动。

创新与发明是有区别的，发明是指一种新产品、新技术或新经营方式的初次出现，是创新的开始。发明完成以后，要进行创新，更要把发明引入经济之中，从而给经济带来较大的影响和变革。例如，技术发明是发明技术的原理，技术创新（革新和创造）是将其原理应用于生产实际中，而技术革新是对原有技术的局部性改造，技术创造则是对原有技术的综合性、全局性改进。也就是说，创新是把新设想逐步转变成经济上的成功，实现商业化开发和扩散，从而给企业和社会带来高额收益的活动。

3. 创新发展周期

历史是现实的一面镜子，未来是历史的延续。创新理论的发展应追溯到俄罗斯经济学家尼古拉·康德拉捷夫，他在 1925 年利用法国、英国和美国的价格、工资、利率以及工业生产和消费的数据，提出了长波理论，即每过 50 年左右，世界经济就会出现一次大的波动，期间可能有许多小的波动和振荡，这种波动就是长波理论。长波理论是建立在“技术所固有的动力”基础之上的。也可以说，每隔半个世纪，新技术的长期发展就进入高潮，并到达顶峰。在该周期以后的 20 年中，由于以前的技术进步，造成了工业经济的明显增长。这种经济增长不会持续 20 年以上，之后经济将处于停滞阶段。对这一理论，熊彼特做了更加深入的研究。

在熊彼特看来，每个经济活动的长周期（50~60 年）都是独特的，受完全不同的产业群推动。一般说来，当一组新的创新得到普遍应用的时候，一个长周期开始上升。例如，18 世纪末是水利、纺织、铁的发明和应用；19 世纪中期是蒸汽、铁路、钢的发明和应用；20 世纪初期是电力、能源、化工、内燃机的发明和应用；20 世纪中后期是石油化学、电子技术、新材料、航空技术的发明和应用；20 世纪末期是计算机、数字网络、信息技术、光电子、人工智能、软件、新媒体的发明和应用。每一个创新浪潮的升起刺激了投资和经济的扩张，并经过一段长周期的繁荣，最终随着技术的成熟而消退，随着机会数量的减少，投资者的回报下降。经过一个阶段更加缓慢的扩展之后，萧条不可避免地来临，接续便是崭新的创新浪潮。新浪潮摧毁旧有的做事方法，同时为新的高涨创造条件。以熊彼特的观点来看，企业家在这个创造性毁灭的过程中起着促进作用，使经济再次复兴，向前、向上发展。

1950 年，当熊彼特去世时，他所谓的“连续工业革命”第三个周期已经完成使命。此时，由石油化工、新能源、新材料、电子技术、航空技术以及大规模生产驱动的第四个周期如果说还没有彻底消亡的话，也正在迅速消逝。所有证据表明，基于计算机、信息技术、数字网络、光电子、人工智能技术、软件、基因、纳米技术、新媒体的第五次工业革命，不仅已在发展途中，甚至接近了成熟期。综上所述，熊彼特的经济长波在缩短，其周期从 50~60 年缩短至 20~40 年。熊彼特的经济长波与创新浪潮加速图如图 1–1 所示。

二、工程技术创新的地位与作用

独立自主是中华民族的优良传统，自力更生是中华民族自立于世界民族之林的奋斗基点，自主创新是我们攀登世界科技高峰的必由之路。工程科技是推动人类进步的发动机，是产业革命、经济发展、社会进步的有力杠杆。这也充分说明创新是人类社会发展的主旋律。假如人类没有创新，那么人类仍然停留在茹毛饮血的野蛮人时代。如果现代社会没有层出不穷的新产品、新技术、新工艺、新材料、新发明，今天我们就不可能享受如此丰富多彩的现代生活。创新之树常青，它向人类提供着越来越多形形色色的新成果，正是这些新的精神成果和物质成果，构成了人类的精神文明和物质文明，推动着人类社会向着新的高度不断迈进。

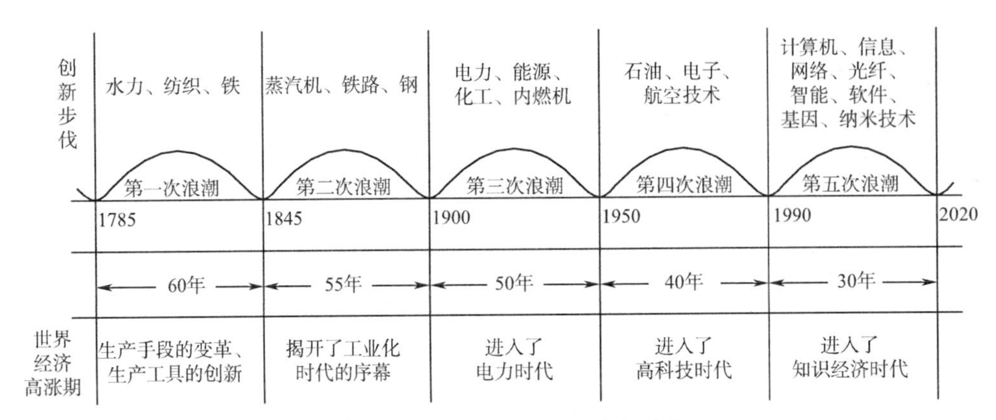

图 1-1　经济长波与创新浪潮加速图

工程技术创新的实质是新事物的价值集成创造。工程技术创新的基本内容是在创意空间中的选择与建构，工程技术创新不仅会产生富有创意的事物，也会产生新学科、新体制乃至新机制。人类之所以能够超越动物界，一个关键差别就是人类有着不同于“生理之眼”的“心灵之眼”，凭借“心灵之眼”和“心灵感知能力”，不断探索天道和人理，人就可以进一步认知可能性空间或创新空间中的事物。如果说科学创新在于“知”，技术创新在于“行”，那么工程创新就在于“成”，构成人与自然、人与社会、主观与客观、感性与理性的新事物。

1. 工程技术创新是创新活动的主战场

如果说科学是第一生产力，那么工程则是直接的现实生产力。一般来说，科学技术知识需要通过工程技术创新这个环节才能转化为直接生产力。如果没有工程技术创新，无论是科学知识还是技术知识，都只能作为“潜在生产力”游离在工程活动之外（如没有被工程单位利用的基础科学新发现）。从潜在的、间接的生产力（科学技术）向现实的、直接的生产力（工程）转化过程不可能是一个简单的、可以一蹴而就的过程；在这个过程中，人们需要躲避重重“陷阱”。工程技术创新的任务就是要躲避隐藏着的重重“陷阱”。换言之，科学技术知识转化为现实生产力通常都要通过工程这一环节，科技成果的转化、技术创新的实现，归根结底都需要在工程活动中实现并检验其有效性、可靠性。因此，片面强调科学发现和技术发明以及孤立的技术创新都是十分有害的。

如果把一个企业或一个国家的整体性创新活动比喻为一场以企业或国家为单位的“创新之战”，那么，在这个创新之战的“兵力部署”上就出现了侦察兵、主力军、后勤保证力量等分工，从而出现了“前哨战场”“后勤战场”和“主战场”的划分。就此来说，在建设国家创新系统和创新型国家的过程中，研发是创新活动的“前哨战场”，工程创新是创新活动的“主战场”；研发机构是创新活动的“侦察兵”，企业就是创新活动的“主力军”。创新之战的胜利必须有侦察兵和主力军的密切配合与协同作战，而侦察兵和主力军的脱节必然导致创新之战的挫败。侦察力量薄弱的部队和企图依靠侦察兵进行决战的部队都不可能赢得主战场的胜利。由此可见，工程创新是一个国家创新活动的主体部分，是一个国家创新活动的主战场。

如果一个国家单纯强调研发活动和孤立的技术创新，也就不大可能赢得创新之战的决定性胜利。如果一个国家不能在“创新主战场”上取得实实在在的进展，其经济和社会的发展速度必然迟缓，甚至徘徊不前。在过去几十年中，某些国家尽管拥有大量的科研成果，但由于缺乏有效的工程转化，使得科学研究成为“孤立”的行为，从而延缓了这些国家的经济发展速度。与此同时，有些国家虽然其科研成果在很长一段时间内不如其他国家多，诺贝尔奖获得者也没有这些国家多，但它们在技术开发、工程转化上效率高，在第二次世界大战后不长的时间内实现了经济上的崛起，其综合国力明显上升。这些都说明了工程创新的枢纽地位。

其实，科学能力、技术能力和工程能力是三种不同的能力。虽然三者之间存在着密切联系，但在不同国家、不同地区、不同时期和不同条件下，三者之间也经常出现不平衡现象。相对来说，英国的科学能力相对较强而工程能力相对较弱；日本的科学能力相对较弱而工程能力相对较强；美国则同时具有比较均衡且强大的科学能力、技术能力和工程能力。国家创新系统是否有效，一个关键衡量指标就是要看其在创新主战场上取得什么样的进展；工程技术创新的好坏，成为衡量国家创新系统是否有效的重要判据。

总之，工程是科学技术影响经济社会发展的必然中介，工程技术创新的开展还将为科学研究和技术发明奠定关键的平台依托，而重大建设工程技术创新的开展又会成为拉动科技发展和相关产业发展的知识源泉和动力源泉。

2. 工程技术创新是社会经济发展的关键

工程活动和工程技术创新是人类文明特有的现象，离开工程技术创新活动，也就不会有人类社会的发展与进步。工程技术创新不但关系着人类物质文明的进步，也关系着人类精神文明的提升。

不同时代、不同类型的文明往往以特定的工程技术创新成就为标志。埃及的金字塔、中国的万里长城等伟大工程，至今仍令人叹为观止。钻木取火，照亮了世界的黑暗；铁器的使用，颠覆了奴隶制。高效率纺织机械的制造和蒸汽机的采用，掀起了以纺织工业为主导的第一次工业革命的浪潮。19 世纪科学技术的突破性进展，相继引发了以钢铁工业、重化工及电力工业为主导的第二次产业革命以及以信息技术为主导的第三次产业革命。尽管人类社会在很久以前就开始进行规模较大的工程技术创新，但古代社会的基本生产方式不是大规模的工程活动方式，而是手工的、个体的生产方式；工程技术创新活动在近现代才成为社会中最基本的、主导的、典型的、基础的实践方式和活动形态之一。迄今为止，人类知识绝大多数是近代科技革命以来形成的，绝大多数物质财富也是自产业革命以来不长时间中创造出来的。

随着现代科学技术日新月异的发展，工程技术创新的规模越来越大，工程技术创新的内容和形式正在发生重大变化，工程技术创新对于现代社会的变革作用也愈加突出。人类对工程的依存度正日益加深，人类越来越生活在由各类工程所构筑起来的人工平台上。如果说 19 世纪中叶人们创造了古人无法想象的工程伟业，而当今社会又创造了 19 世纪中叶的人们所无法想象的工程伟业。人类通过土木工程、机械工程、化学工程、采矿工程、水利工程、生物工程、信息工程、能源工程、航天工程等领域的创新活动，深刻地改变着世界。各类工程技术创新正在改变原有社会产业结构和经济结构，改变人们的劳动方式和生活方式，改变社会生产组织和管理体制，成为生产力发展速度和经济竞争力高低的决定因素。可以说，世界各国现代化进程在很大程度上就是各国进行各类工程技术创新的过程。

总之，当代科学、技术与工程之间的相互促进，共同构成了经济发展和社会进步的强大动力。科学发现推动人们在认识世界的过程中形成科学原理，技术发明往往成为创新活动的认知焦点和“基因”，而工程的使命则是把科学原理和技术发明转变成改造世界的现实的能动力量。正是工程技术创新架起了科学发现、技术发明与产业发展之间的桥梁，从而构成了产业革命、经济发展和社会进步的关键杠杆。

3. 工程技术创新关乎我国现代化建设的成败

中华民族在工程技术创新方面曾经为人类文明的进步做出巨大贡献。古代的都江堰、万里长城、京杭大运河等工程，都是人类工程技术创新的丰碑。万里长城已经成为中华民族的骄傲、自信和团结的象征，而都江堰至今仍然发挥着滋润大地、惠泽苍生的作用，是当今世界上人水和谐、持续发展的水利工程典范。这些工程技术创新体现了中国古代的整体观和统一观，将顺应自然、改造自然和利用自然巧妙地融为一体，实现了人与自然的和谐发展。

近代以来，中国在现代化进程中取得的一切成就，都离不开工程创新的巨大支撑。19 世纪 60 年代，清朝政府自上而下展开的洋务运动，就是中国通过采矿、冶金、造船、铁路、电信等一系列先进的工程技术创新活动以图自强的一次大规模尝试。尽管未能达到预期的宏伟目标，但毕竟为中国的现代化积蓄了力量，撒下了宝贵的种子。

中华人民共和国成立后，现代化建设终于进入一个崭新的阶段。20 世纪 50 年代苏联援助中国的“156 项”工程奠定了中国的工业基础，并初步形成了门类齐全的工业体系；大庆油田的开发彻底摘掉了中国“贫油国”的帽子；以“两弹一星”为代表的军事工程技术创新为我国的国家安全竖起了坚实的屏障。改革开放以来，通过引进、消化、吸收、再国产化，各类产业工程技术创新活动不断推动着我国工业基础的升级换代。长江三峡工程的规划和建设，成为我国乃至世界水利工程史上的一座里程碑；载人航天工程的成功实施，更是令整个中华民族扬眉吐气。可以说，一波又一波的技术进步和工程技术创新帮助中国人基本告别了贫穷，并为中华民族的和平崛起打下坚实的基础，而我国的工程技术创新也为世界工程科技进步做出了历史性贡献。

改革开放 40 多年来，我国工程技术创新取得了重大成就，为举世所瞩目。但是，我国还处于工业化阶段，第一、第二、第三产业整体水平仍然较低，经济增长在很大程度上依靠人力投入和资源消耗来推动，技术进步的推动作用还比较小，在国际市场上的竞争力还比较低。我国的能源有效利用率只有 1/3，发达国家已达 50% 左右；我国的水重复利用率只有 30%，发达国家已接近 70%；我国的钢材利用率不到 60%，而发达国家大于 80%。2000~2020 年我国共培养了 6000 万名工程师，但我国每百万元产值占用的工程师人数，是美国的 16 倍、德国的 13 倍。从这些数据中可以看出，我国的经济发展和工程创新还面临重大挑战。

虽然我国早就提出要实现从粗放型增长方式向集约型增长方式转变的任务，但我国至今仍未真正实现这个转变，而大力推进工程技术创新正是促使我国实现集约型增长的必由之路和最为关键的措施之一。中国特色社会主义进入新时代，我国社会主要矛盾已经转化为人民日益增长的美好生活需要和不平衡不充分的发展之间的矛盾。目前我国每年投入工程建设的资金总额超过 10 万亿人民币，并且这个数字还将逐年增加。这些工程项目是否能够顺利完成，将直接关系到我国富强民主文明和谐美丽的社会主义现代化强国总目标，甚至还会产生更长期的影响。

从总体上看，我国是工程大国，但目前还不能算是工程强国，我国工程科学技术的发展水平与发达国家存在差距。正是因为在科学研究与技术开发、工程创新、经济发展之间缺乏协调性、统一性，最终导致我国创新活动的低效率。造成这种现象的原因是复杂的，其中一个重要原因是没有认识到只有“工程技术创新”才是创新活动的枢纽，才是一个国家创新活动的“主战场”，因此，也就没能在“主战场”

上投入足够的、足以决定胜负的创新力量。因此，我国必须大力提倡工程技术创新，尽快使我国从工程大国走向工程强国。

总之，工程技术创新直接决定着国家、地区的发展速度和进程。工程技术创新不是少数工程技术人员的事情，也不是局部地区、个别企业的事情，而是全国、全社会、全民的事情，是直接关系我国富强民主文明和谐美丽的社会主义现代化强国的大事。我国的现代化必须立足在一波又一波“集群性”的工程技术创新上，而不能停留在单一技术的突破或是个别理论问题的解决上。

三、创新的特征

创新的成果与一般劳动成果相比，具有以下一些特征：

1. 新颖性

创新的新颖性即首创性。创新是解决前人没有解决的问题，不是模仿、再造，而是继承中又有了新的突破，因而其成果必然是新颖的，其中必有过去没有的新的因素或成分。

2. 未来性

创新要解决的课题，都是前人没有解决的，因而创新始终面向未来，把目光注视着未来。一个真正的创新主体，总是面向未来、热爱未来、研究未来、追求未来、创造未来的。

3. 创造性

创新是多种复杂的创造性活动。这种创造性，一是体现在新技术、新产品、新工艺的显著变化上；二是体现在组织机构、制度、经营和管理方式上的创新。这种创新性的特点是打破常规、适应规律、敢走新路、勇于探索。创造性最本质的属性是敢于进行新的尝试，它包括新的设想、新的实验、新的举措等。

4. 变革性

从创新的实质来看，都带有变革性，往往是变革旧事物的产物。《易经》中说：“穷则变，变则通。”当我们没有办法解决问题的时候，就得考虑一下“变”，即改变结构、功能、方式、方法。变了，问题就解决了、“通”了。这个由“变”到“通”的过程，就是创造和革新的过程。不破不立，破“旧”才能立“新”，推“陈”才能出“新”，这些都是指对旧事物的变革。

5. 价值性

从创新成果的社会效果来看，都具有普遍的社会价值，或为经济价值，或为学术价值，或为艺术价值，或为实用价值；不管是物质成果还是精神成果，没有一定的社会价值，创新成果就失去其存在的意义。

6. 先进性

先进性是与旧事物相比较而言的。创新的成果如果只有新颖性、价值性，而无先进性，就不能战胜旧事物。以产品来说，不以先进技术武装产品，就很难占领现代激烈的竞争市场。

7. 时间性

对创新成果的确认，与时间有着密切关系。相同或相似的成果是否被确认，以时间的先后为界。假如我国发现一颗新星，仅比其他国家早几分钟，就以我国的名称命名，而其他国家的发现则不予承认。发明的专利权，也以申请时间的先后为界。

8. 市场性

市场既是企业创新的出发点，又是企业创新的归宿点。因此，企业的一切创新行为都应致力于提高企业与市场的吻合度。其中包括三层含义：一是企业创新行为要适应市场变化，跟上市场前进的步伐；二是把握市场变化规律，通过创新做到与市场变化同步前进；三是预测市场未来的发展方向、潜在趋势，通过观念创新、产品创新、管理创新去创造需求、创造市场。企业最直接的客观环境是市场，离开市场，也就谈不上准确、科学的创新。

9. 风险性

在创新过程中，尽管人们总是认真地分析已知条件和未知条件，但人们不可能准确无误地预测未来，不能完全准确地左右未来客观环境的变化和发展趋势，这就使得创新具有一定的风险性。创新一旦成功，其成果将为企业带来可观的经济效益，大大提高企业的市场竞争能力；一旦失败，则不但创新过程的所有投入无法收回，有时还会降低企业的市场竞争能力。所以，创新是一种高收益与高风险并存的经济活动。创新风险可分为技术风险和市场风险两类。技术风险是指一项创新在技术上存在成功与否的不确定性；市场风险是指一项创新活动在技术上成功后，还存在其成果是否受市场欢迎这种不确定性。

10. 协同性

创新是一个动态的过程，创新效益的实现贯穿于整个创新活动之中。为了使企业创新活动有效进行，需要内部战略、组织、资金、文化等要素之间的协同。例如，在进行产品和工艺创新的同时，还必须致力于开拓新的市场，建立新的购销网络和经营体系；要抓好企业组织体制的创新与规范，探索适应创新活动的管理方法和手段。

11. 效益性

创新的最终目标应体现在增加企业效益、促进企业持续发展中。因此，只有通过企业创新方案的实施，实现企业发展，才真正达到企业创新的目的。这里，企业创新与一般理论上的创新是有区别的。理论上的创新侧重于新观点、新理论的探索，而企业创新则侧重于真正实现企业经济效益的提高。

创新的这些特性，综合起来最根本的特征就是一个“新”字。没有一点“新”意，也就无所谓创新。创新之所以具有强大的生命力，就在于这个“新”字。清朝末年维新派领袖康有为在《应诏统筹全局折》（即《上清帝第六书》）中说：“故新则和，旧则乖；新则活，旧则板；新则疏通，旧则阻滞；新则宽大，旧则刻薄。”当时他站在维新的立场上，所以对“新”字有比较透彻的理解。新事物之所以不可战胜，其原因就在于新事物既有继承性，同时在继承中又有新的发展—创新，因而相比旧事物就有了无可比拟的优越性。

四、创新的内容

创新是指企业在生产、技术、经营、管理各个环节，不断创造，应用先进的思想、科学的方法、新颖的技术，取代过时落后的东西，借以达到更高目标的一切创造性活动。因此，创新的内容十分广泛，大体上可以分为观念创新、知识创新、技术创新、经营创新、管理创新、用人机制创新等，它们之间既相互独立又相互联系。

1. 观念创新

观念即思想意识，人们的任何行为都是受思想意识支配的。但是一提起观念创新，人们习惯于将它与科学家、发明家联系在一起，其实这是一种偏见，观念创新是每个管理人员都应具备的。人们的行动都受一定思想观念的支配。思想解放是社会变革的前提，观念创新是一切创新的先导，也是企业实现现代化的基础。因此，我们必须运用新的观念、新的思维方式去研究企业中的现实问题，进而找到解决问题的新途径，创造新的成果，开拓新的局面。同时，观念创新旨在使我们能够果断地抛弃陈腐观念，创造和运用体现时代进步的新思想，指导各组织的生产经营管理活动。

2. 知识创新

知识创新是知识经济时代研究的重点。在工业经济时期，创新主要表现为技术创新；在知识经济时代，创新则表现为知识创新。知识创新的目的是追求新发现、探索新规律、创立新学说、积累新知识，并应用到产品（服务）中，以促进企业获得成功、人们生活得到改善、国民经济实力得到增强、社会取得进步。

3. 技术创新

技术创新过程是以新产生的技术思想为起点，以新技术思想首次商业化为终点的过程。商业化的基本思路是以市场为导向，以企业为主体，以产品为龙头，以新技术开发应用为手段，以提高企业经济效益、增强市场竞争能力和培育新的经济增长点为目标，重视市场机会与技术机会的结合，通过新技术的开发应用带动企业或整个行业生产要素的优化配置，以有限的增量资产带动存量资产的优化配置。

4. 经营创新

经营创新是指通过观念创新、知识创新、技术和管理创新形成的生产力，转变为社会、市场、消费者所接受的新产品、新服务和新信誉。这种转变的实现，标志着企业总体创新的成功。一个优秀的经营者，应始终把自己的追求置于创新之中，不断创造出新的企业形象、新的产品、新的服务、新的消费者。这既是企业创新的目的，又是企业的社会使命。

企业经营创新的表现，一是在经营活动中，要努力发现新的需要、新的用户、新的机会，主动开拓新市场；二是在产品上，要不断创造出新的品种、新的款式、新的包装、新的使用价值；三是在生产上，要广泛使用新技术、新工艺、新材料；四是在人才使用上，要善于发现新人、培养新人、举荐人才、提拔新人；五是在经营管理上，要鼓励提出新点子、道道。

5. 管理创新

美国管理学家彼得·德鲁克指出："如果管理人员只限于做已经做过的事情，那么，即使外部环境、条件和资源都得到充分利用，他的组织充其量不过是一个墨守成规的组织。这样下去，很有可能会造成衰退，而不仅是停滞不前的问题，在竞争的情况下，尤其是这样。"又指出："企业管理不是一种官僚的行政工作，它必须是创新性的，而不是适应性的工作。"也就是说，企业管理要根据企业内部条件和外部环境的变化，不断创造出新的管理制度、新的管理方法、新的工艺方式，以实现管理要素更加合理地组合运行，从而创造出新的生产力，取得更高的劳动效率。管理切忌墨守成规，真正的管理者永远是一个创新主体。

6. 用人机制创新

在用人机制方面，应有四个创新：一是创新用人方式，实行人才"柔性流动"。二是创新用人制度，实行委任制与聘任制相结合。三是创新用人标准，给"特殊人才"开辟快车道。在选拔高层次的人才中，单以学历和职称作为衡量人才的标准是远远不够的，还必须考察其创新素质、创新能力、创新业绩。对有特殊才能、特殊贡献的各类人才，要突破学历、资历、职称的限制，主要看能力、看业绩，真正开辟出一条使用特殊人才的快车道。四是创新用人成本，做到适才适用，并给予相应待遇。

五、创新主体

创新主体既是创新活动的组织者和实施者，又是创新权益的所有者。对企业来说，明确其创新主体地位不仅是建立和完善创新体系的必然要求，更是激发和鼓励企业开展创新活动的前提和基础。

企业是创新的主体，可以从以下几个方面进行分析：一是从微观角度看，企业是创新活动的决策主体、研究开发主体、投资决策主体、风险承担主体和利益分配主体；二是从中观层次看，从创新活动开始到实现最终绩效的多环节复杂系统中，企业是创新成果与市场营销的结合点，自然应是创新的主体；三是从宏观创新体系看，企业的创新活动影响着整个社会经济活动，企业是国民经济快速发展的中坚力量。所以，无论从微观、中观还是宏观层次看，企业都是创新的主体。

企业要成为真正意义上的创新主体，需要具备以下条件：

（1）为企业创造良好而有益于创新的外部环境。包括良好的制度环境、良好的市场环境、良好的资源环境和完善的创新服务体系。良好的制度环境，是指要有利于创新的法律制度和产权制度，从而保护企业的创新权益，鼓励正当竞争；良好的市场环境，是指要具有维护公平的市场竞争的环境，使企业能够获得平等的市场机会；良好的资源环境，是指要形成开放的资源配置机制和公平的资源获取机会，使企业能够根据创新需要自主获取知识、信息、技术、人才和资金等方面的资源；完善的创新服务体系，是指通过建立创新服务网络和服务中心，帮助企业减少决策失误，协调企业间的创新活动，提高创新效率，降低企业创新成本，并减少风险。

（2）使企业成为研究开发的主体。其主要标志是企业拥有自己的创新成果，拥有自己的知识产权。为此，企业要有独立的研究开发机构（研究所），要有相当数量的科技人员。

（3）使企业成为创新决策的主体。企业成为创新决策主体是其成为创新主体的重要体现。当今时代，市场变幻莫测，利益格局随时面临调整，创新活动更主要体现为一种市场行为，获取利润已成为创新活动的第一法则，这就要求企业从市场需要出发，自主做出并随时修正创新决策。

（4）使企业成为创新投资的主体。它的作用在于企业根据市场需求变化和市场竞争格局，自主选择适合本企业的创新项目，并进行该项目的筹资、投资且承担风险。

（5）使企业成为创新利润的分配主体。当企业成为决策与投资主体，并拥有自己的创新成果、知识产权时，自然应该成为这些成果所获取利润的分配主体。如果企业不能获得其应有的创新权益或获益偏低，势必影响企业开展创新的积极性，因此企业成为创新利益分配主体是其成为创新主体的重要前提条件。

（6）使企业成为承担创新风险的主体。风险总是与利益并存的，利益愈大，风险也就愈大。对企业而言，创新成功可使企业获得巨额利润；反之，创新失败，也会使企业付出巨大代价或遭受难以承担的损失。因此，企业要成为创新主体，就必须同时成为承担创新风险的主体，只获取利益而不承担风险是不可能的。

第二节　创新的基本原理与创新精神

创新是企业家抓住市场的潜在盈利机会，以获取商业利益为目标，重新组织生产条件和要素，建立效能更强、效率更高和费用更低的生产经营系统，从而推出新的产品、新的生产（工艺）方法，开辟新的市场，获得新的原材料或半成品供给来源，或建立企业新的组织，它包括科技、组织、商业和金融等一系列活动的综合过程。在这一系列创新过程中，必须发挥企业家的创新精神。

一、人脑是创新才能的源泉

人的大脑具有“超剩余性”，这种“超剩余性”为人类认识世界提供了无穷无尽的可能性，人类创新才能的物质基础和生理基础是人的大脑，因而要科学阐明创新才能的源泉问题，很大程度上要依靠对“大脑”深入详细的了解。

人脑是人们进行创新的最重要的器官，了解、认识大脑的结构和功能，充分发挥大脑“思想加工厂”的作用，无疑对创造发明有着至关重要的作用。人脑由大约2亿个神经纤维、140~160亿个脑细胞（神经元）组成，其中70%集中在大脑皮质。脑细胞好像一只章鱼，上面长着许多轴突，每一个轴突又和另一个脑细胞相连，它们通过能传导电子和化学脉冲的神经膜与其他脑细胞形成微妙的联系，从而沟通大脑细胞之间的联系；每个脑细胞上还有8000根神经键，从而构成人脑的网络系统，这为人们创新性思维的发挥奠定了坚实的基础。科学泰斗爱因斯坦因创立划时代的相对论而享誉全球，在一般人看来，爱因斯坦一定是一个“天才”，大脑特别发达，与众不同。为了揭示爱因斯坦大脑的奥秘，美国病理学家冯姆斯·哈维博士在爱因斯坦逝世后，征得他家属的同意，对爱因斯坦的大脑进行了长达20年的解剖、研究，结论是：他的大脑既不比常人大，也不比别人重，至于组织上的变化，也未超出正常范围，脑细胞的数量和结构也与同龄人没有什么区别。只是他脑细胞上的轴突比常人高一些，颜色也显得深一些，这种现象表明他生前脑细胞的运动频率相当高，也就是说，他是一个勤于思考的人。由此可见，爱因斯坦之所以能在科学上做出巨大的创造性贡献，不是靠天赋，而是靠勤奋，即勤于思考、勤于学习、勤于工作。

创新性思维，一般分为“辐散性”思维和“辐集性”思维。所谓“辐散性”思维，就是从一个思索对象出发，充分展开想象的翅膀，让“想象”这匹骏马在自由联想的田野上奔驰，在强制联想和相似联想的土地上分别涉猎。有的科学家认为，人的大脑有四个功能区：一是感受区，即从外部世界接受感觉的区域；二是储存区（记忆、回忆部位），即将感受到的信息进行收集、整理、储存的区域；三是判断区，即对收集到的各种信息进行综合评价的部位；四是想象区，即把已有的知识、信息进行重组、加工的部位，它是进行创造发明的关键性部位。想象区主要集中在大脑的前额叶，主要职责是进行思维、组合信息。一般情况下，人们对前三个区运用得比较多，而想象区却运用得比较少，往往只用了自己想象力的15%。因此，这方面的潜力还很大。提倡“辐散性”思维，则有利于开发想象区的潜力。同时，人有发达的想象力，这是人区别于动物的特殊标志，为一切高等动物所望尘莫及。

所谓“辐集性”思维，就是使多路思维“集”向某个中心点思维，它的基本功能是抽象、概括、判断和推理。“辐集性”思维把遐想千里的“辐散性”思维牵引回来，向一切思维点发起思维攻势，这种思维攻势是多侧面、多角度的，它在时间上是连续不断的，在空间上是火力网状的。“辐集性”思维去“辐散性”思维之粗而留其精华，去“辐散性”思维之伪而存其真，提其纲，挈其领，收思绪之行而理之，集思维之束而用之，使思想逐步清晰，本质渐渐显露。创新性思维是“辐散性”思维与“辐集性”思维的结合、循环和深化。

总的来说，人脑是一个既有分工，又有联系、协作的统一体。例如，人要判断某一事物，既要依靠感受区视、听、嗅、触、味收集的各种感觉，又要依靠储存区中储存的信息、知识、经验、判断，还要通过想象区的综合思考、比较、重组，从而产生新思想、新事物、新发明，这是人类专有的特异功能。

二、创新的基本原理

科学和艺术都在探索真理，只是科学在知识领域里探索，而艺术注重于情感领域的探索；正因为此，真正的科学和艺术都应造福于人类，带来良好的社会效果。一般人认为，科学需要受严格的逻辑和客观事实框架的限制，而艺术创新则是自由的，然而，无论是科学创新还是艺术创新，都兼具必然性和偶然（自由）性。爱因斯坦名言：“概念是思维的自由创造。”这实际上强调科学家在认识客观世界的过程中，要充分发挥创新思维的作用，让科学创新有更大的“自由度”。同样，艺术也有必然的一面，大文豪托尔斯泰说：“艺术所传达的感情是在科学论据的基础上产生的。”福楼拜更是主张“使艺术具有自然科学的严格的方法论和精确性”。著名的水工结构和水电建设专家潘家铮，他还从事文学和科幻创作，成为科幻小说作家，也是中国唯一一位院士科幻作家。总之，无论是科学创新还是艺术创新，都必须遵循有关规律，从“必然王国”走向“自由王国”，在“自由王国”中充分施展自己的创新才能。创新的方法很多，但它们的基本原理不外乎运用逻辑思维、形象思维和灵感思维。

1. 逻辑思维（又称抽象思维）

逻辑思维撇开事物的具体形象而抽取其本质，因而具有抽象性特征。这是一种运用概念、判断、推理来反映现实的思想过程。如：甲 > 乙，乙 > 丙，所以甲 > 丙。这种“甲 > 丙”的结论，就是运用概念进行逻辑推理得出来的判断，它不追究具体事物的形象，例如甲、乙、丙是人还是苹果。这种判断是由甲→乙→丙的顺序，由一个点到另一个点进行的，因而著名科学家钱学森称这种思维方式为“线型”的。

逻辑思维是一种求同性思维，不论是由个别到一般的归纳法，还是由一般到个别的演绎法，目的都是求同。如人们看到天上飞的许多天鹅都是白色的，因而得出“凡天鹅都是白色的”结论；但后来人们在澳大利亚发现了黑天鹅。明显看出：“个别到一般”的弱点在于，如果大前提错误，下面的推断必然也跟着错。故在运用逻辑推断时必须注意大前提的正确性。

2. 形象思维（又称直觉思维）

这是一种借助于具体形象来开展思维的过程，带有明显的直观性和鲜明性。形象思维属于感性认识活动，它的特点是大脑完整地知觉现实日常的形象思维是被动地复现外界事物的感性形象，而创新性思维则是把外界事物的感性形象重新组织安排并进行加工创造出新的形象。

形象（直觉）思维按其内容可分为：直觉判别、直觉想象、直觉启发。

（1）直觉判别，就是通常所说的思维洞察力，即通过主体耦合、接通，激活在学习和实践中积累并储存在大脑中的知识单元—相似块，对客观事物做出迅速判别、直接理解或综合判断。如有的地质学家可以从山岩的痕迹上，直觉判别到古代冰川的发展变化。直觉判别是一种直接的综合性判断，中间没有经过严密的逻辑程序。

（2）直觉想象，则不仅依靠人的意识得到的“相似块”，更有潜知（潜意识）的积极参与，即已经忘记、下沉到意识深处的知识。通过对潜知的重新组合，做出新的判断或理解。如法国数学家明可夫斯基，把三维空间和一维时间直接组合起来，提出了四维时空表达式，就是直觉想象的产物；美人鱼和狮身人面像，实际上也是直觉想象的产物，这里没有逻辑推理，世界上也不存在这两种动物，纯粹是人通过直觉想象出来的。

（3）直觉启发，是指通过“原型”，运用联想或类比，给互不相关的事物架起“创新”的桥梁，从而产生新的判断和新的意识。如我国古代发明家鲁班从衣服和手被丝茅草的“小齿”割破而受到启示，发明了锯子，这里丝茅草就是直觉启发的“原型”。

形象思维主要由右脑承担，故有人称右脑为“创造的脑”“艺术的脑”，表明形象思维与创新有着十分密切的联系。除少数艺术家、发明家之外，大多数人的形象思维用得较少，因而潜力极大。

3. 灵感思维（又称顿悟思维）

灵感思维是一种突发式的特殊的思维形式，在创新中处于关键性阶段，表现于创新的高峰期，是人脑的高层活动。1981 年获诺贝尔医学奖的斯佩里认为，显意识功能主要在左脑，潜意识功能主要在右脑，左右脑相互交替作用，从而产生灵感。灵感降临不能“预约”，什么时间来，创新主体自己也不知道。灵感的突发性和瞬时性，是其最明显的特点，即来得快、去得也快，故必须及时捕捉。

灵感和其他事物一样，它的诞生和降临也是有条件的，主要有：

（1）执着的追求目标。灵感的出现总是与目标紧密相连，没有无目标的灵感。灵感的出现是在创新主体执着追求目标得到基本解决或部分解决，往往在“山重水复疑无路”时，出现“柳暗花明又一村”，或“功到自然成，灵感油然生”。因而人们都十分珍视灵感的出现。根据美国学者对 1000 多名著名学者的调查，有 80% 的人回答曾借助于灵感获得成功；还对 69 位数学家进行了调查，其中有 51 人回答梦能帮助他们解决难题，可见梦在灵感思维中的重要作用。1983 年日本一家研究所对 821 名日本发明家产生灵感的地点做了一次调查，结果如表 1-1 所示：

表 1-1　灵感发生场所概率

地点	枕上	家中桌旁	浴室	厕所	办公桌前	资料室	会议室	乘车中	步行中	茶馆等处
产生灵感概率（%）	18.57	11.43	5.43	3.93	7.50	6.07	2.50	16.07	16.43	11.07

表 1-1 中，前四项在家中，概率较高；后三项在户外，概率也较高；而剩下中间三项是在工作单位，概率较低。这表明：在工作单位，身心都比较紧张，故出灵感最少；在家中和户外时，身心都比较松弛，故出灵感最多。

（2）知识和经验的积累。知识、经验积累越丰富，意味着灵感汲取养料的条件越好，就越容易孕育灵感。没有上述基础，灵感就成了无源之水、无本之木，就不会有灵感的“一闪念”出现。大诗人杜甫说得好：“读书破万卷，下笔如有神”。没有“万卷”积累，就不可能“下笔如有神”。

（3）长期的、艰苦的思维劳动。灵感决不会拜访一个思想懒汉。灵感是在长期的艰苦的思想劳动过程中孕育、成长的，一旦条件成熟，瓜熟蒂落，便自然降临。爱因斯坦自1895年经过10年沉思，灵感才突然降临，诞生了震惊世界的狭义相对论。

（4）信息或事物的启发。灵感的产生往往是“踏破铁鞋无觅处，得来全不费工夫”。“踏破铁鞋无觅处”常常表现为创新主体“百思不得其解”，而灵感出现之后，一通百通，迎刃而解，因此“得来全不费工夫”。但在灵感出现之前，往往有“转换物”，即通过某个信息、事物的启发，才引发灵感的产生，使人茅塞顿开、恍然大悟，问题得到解决。

（5）潜意识参与。灵感出现前往往不在意识范围内孕育，而在意识之外——潜意识（已经忘却的记忆）范围内潜滋暗长，一旦酝酿成熟，就以灵感的形式出现。从这个角度看，灵感是由潜意识转化为显意识时的一种特殊的表现形态。俗话说“日有所思，夜有所梦”，说明“思”和“梦”之间有着密切的联系，有所思才有所梦，白天醒时不能解决的问题，往往通过晚上的“梦”得到解决。

（6）注意力高度集中、斗志昂扬。灵感是对艰苦思维、劳动的奖赏。

综上所述，大脑是一个既有严格分工又有密切配合的主体，左脑的功能主要进行逻辑思维，右脑的功能主要进行形象思维和灵感思维。但分工不等于“分家”，左脑在进行逻辑思维时，右脑并非“袖手旁观”，而是“积极待命”，随时准备参与。

三、企业家的创新精神

“企业家”一词源于法文，原意带有冒险家的意思。在现代英语中，企业家一词 Enterpriser，意为创建企业并担任经营管理职责的指挥者。20世纪初，熊彼特对企业家做出了全新的阐述。他认为:“每一个人只有当他实际上对生产要素实现新组合时才是一个企业家。”所以，他把职能是实现新组合的人们称为企业家。在熊彼特看来，企业家的精神就是创新。只有创新的企业经理（厂长）才是企业家，而不是所有的企业经理（厂长）都是企业家。因此，企业家是具有创新能力并进行创新的独立的商品生产者和经营者。一个人不会永远是一个企业家，只有当他实际上“实现新组合”时才是企业家，一旦当他建立起他的企业以后，也就是当他安定下来经营企业，就像其他人经营他们的企业一样时，他就失去了这种资格。因此，企业家始终在寻求变化，对变革做出及时反应，并把变革作为机会予以利用，这就是企业家精神。当今时代是瞬息万变的，企业家必须具有创新精神。管理学家德鲁克在《管理、任务、责任、实践》一书中指出:“在这样一个时代中，一个不知道如何对创新进行管理的管理当局是无能的，不能胜任其工作。对创新进行管理将日益成为管理当局特别是高层管理当局的一种挑战，并成为它的能力的一种试金石。”创新是贯穿于企业管理全过程的一种经常性行为，它是企业组织充满活力的保证，也是企业家对外部环境应变能力的一种体现。企业家如果缺乏这种创新精神，因循守旧、墨守成规，最终会导致企业的衰退和倒闭。

企业家一般都是创新能力较强的人，他们精力旺盛，较易冲动，在情绪上或情感上有较强的反应。这种人一般具有以下性格特征：

（1）勤于观察，善于思考；勇于探索，不断总结；有主见、创见和预见；立足现实，开拓未来。

（2）有强烈的好奇心与进取心。一个人创新能力的大小，取决于他的好奇心和疑问感。有好奇心的人兴趣广泛，求知欲强，富于进取心，凡事都要问一个“为什么”，特别是对大家感到困惑不解的问题。这种人对某一事物兴趣越浓，寻根问底的好奇心越强。

（3）有惊人的想象力。想象是一个斑斓绚丽、广阔无垠的思维天地，也是一种最活跃、最生动、最深刻、最具有活力的思维方式。它是人类发现新事物、揭示新规律、创造新理论、发明新技术、研制新产品的摇篮。创新想象是人们在原有经验和表象的基础上，既借助归纳法，又重视演绎法，经过加工改造，凭借联想、猜想、设想，建立新的表象的心理活动过程。

人们的社会实践，是自觉的、有目的的活动。目的就是人们想象中确定的目标。企业家进行的生产经营活动是极为复杂的社会实践，需要有明确的目标。如果企业家没有丰富的想象力，企业的生产经营活动就难以成功。可以这样说，想象力是科学发明的先导，是技术进步的引线，因而企业各项管理工作的创新都离不开企业家的想象力。

（4）有强烈的事业心、高度的责任感和永不知足的进取精神。知足者常乐与企业家精神是格格不入的，它封闭着企业的创新道路。因为知足意味着停滞、守旧和无所作为，它只有过去，没有未来，只有活着的动机而无生活的激情，它是一具无形的精神枷锁，阻碍着社会的进步。永不知足的进取精神是企业创新的主观动力，是个人或组织发展的精神支柱。永不知足的企业家精神来自对国家、对人民的强烈的事业心；来自于远大抱负；来自于高度的社会责任感和历史使命感；来自于对自身力量充满信心和掌握自己命运的勇气。

（5）有科学而理智的冒险精神。任何一项创新活动，都具有不确定性。一个人如果谨小慎微、循规蹈矩，不敢冒风险，那他就不会有所创新，还会阻碍他所领导的企业的创新。正因为如此，冒险精神不仅是个人事业成功的先决条件，也是社会进步和历史变革的精神力量。这里讲的科学而理智的冒险精神，是在通过调查预测、审时度势、权衡利弊之后，所做出的大胆而果断的创举。

（6）胸怀壮志，灵活变通。这种人喜欢思考，不屈服于习惯力量，不囿于多数人的观念，善于把当今的工作和社会需要紧密联系起来。这种人社会活动能力强，对自己的未来充满信心，充满希望和抱负。他心中总有一张宏伟的蓝图，一切事物都要纳入其中。因此，他对事物之判断不是人云亦云，时常力排众议，异军突起，一下子就抓住事物的本质、问题的核心，使得一些问题迎刃而解。然而，他又知道“小不忍则乱大谋”，只要不影响全局，不影响未来，他又以最大的耐力，容忍暧昧与复杂，保持矛盾中的平衡，深明事理的变通性。

（7）感情豪放，记忆力强。这种人性格开朗，襟怀坦荡，不拘小节，大事“明白”，小事“糊涂”，给人以浪漫之感。然而，这种人有着惊人的记忆力。如我国现代文学巨匠茅盾能够背诵 120 回的古典文学名著《红楼梦》，桥梁专家茅以升能够背诵圆周率 π 到小数点后 100 位。一般人的记忆之所以缺乏创新性，是因为记忆中贮存了一些零散的资料，彼此之间毫无联系，就像资料贮存室一样。而创新性的记忆可以把这些记忆片段进行新的排列、组合、筛选，使之具有流动性、活跃性，互相渗透、互相交叉、互相影响，从而产生新的构思、新的观念，创造出企业新的制度、新的效率、新的管理方式和管理方法。

第三节　创新的程序

创新性思维是人类智能活动的最高表现。世界上一切创新成果都是创新性思维的外现或物化。创新思维是一个极为复杂的多因素交互作用的过程。日本创新学家高浩说：“创新性思维的过程是一种身心的综合性劳动，因而单纯掌握方法是不能解决问题的，这里既要具备发现问题的自觉性，又不能缺少信息的积累，而更重要的则是身心健康、斗志旺盛。”有不少人认为学习创新的关键是掌握创新技法，其实这是一种误解，单纯掌握方法是不能解决问题的，而必须了解和掌握创新的程序，这对开发、促进创新性思维大有好处。关于创新的程序，大体分为准备、酝酿、创新和总结验证四个阶段。

一、准备阶段

对于创新，需要具备四个前提条件：

1. 要有知识和经验的积累

知识和经验的积累是人们进行创新的基本条件。不管你进行何种创造与革新，你对创新对象的有关知识和经验，必定是比较熟悉的。创新不是无中生有，而是在已有知识和经验基础上的升华。一个对发明对象一无所知的人，发明不可能“从天而降”。也就是说一个人的发明创造决不会超出他的知识范畴。

2. 要有客观压力

客观压力即社会需要，这个需要越迫切，越能推动人们进行创新，可以说需要是创新之母。如果准备开发的新产品是社会迫切需要的，企业必定抓得紧，压力就能转化为动力，促进创新。

3. 要有主观动力

主观动力即创新主体发自内心的、强烈的创新愿望和动机。愿望和动机的支配，决定着人们的行动。没有创新的主动性、积极性、自觉性，就不会有创造性。对创新来说，始终需要的是“身心健康”和“斗志旺盛”。只有具备这两条，才能在创新过程中不畏艰险，知难而上，不屈不挠地去夺取胜利。

4. 要有强烈的好奇心

真正的好奇心经常带来一些意想不到的创新。当你对某一领域了解甚深，这个领域有时无端地会引发你的一些好奇心，如果你跟着这个好奇心去思考，常常会有一些出乎意料的发现。例如 1831 年，法拉第发现了电磁感应现象。这个时候，没有任何明确目的地指导，他突然问自己：如果让一个铜圈在马蹄铁形的磁铁两极之间不停地转动会发生什么现象？出乎预料地，他发现铜圈上有微弱的电流产生。结果，一个伟大的发现——电，就这样产生了。

在杜邦公司，斯坦博士曾经提出一个没有明确课题的基础研究项目，其目的是让人们通过想象，从新的科学知识中获取重大的发明。于是，W · H · 卡罗瑟斯试图研究出人们从来没有见过的最大分子。他通过发现聚酯和聚酰胺，在物质分子体积的问题上开始了新的领域。J · 希尔发现任何一个塑料物质的聚合物都能够加工成纤维。结果，众多的化学家、物理学家和工程师都积极投身于由这些新成分所引起的科学研究工作，终于研制出被称为尼龙的合成纤维，并将其商业化而被人们广泛应用。

好奇心是指引人们走向不可知领域的一个重要力量。可以说，在某种程度上，好奇心有那么一点盲目。但当你对某一特定领域了解甚深，这个领域激发出你的好奇心可能形成一个难以言表的目的，它似乎能够引导你发现并解决新的问题。

二、酝酿阶段

在创新的酝酿阶段，要发挥思维的灵活性，运用多种创新原理：

1. 启动原理

它是指激发企业员工的创新热情，使他们打破传统的习惯思维模式，自觉、主动地进入创新境界。

2. 希望原理

希望体现为人们对未来的美好意愿的寄托，是在头脑中预先对尚不存在的事物的想象，当不具备实现条件时又表现为一种幻想。人们曾希望人能像鸟一样在空中飞，像鱼一样在水里游；希望有千里眼、顺风耳；希望有一天能登上地球之外的星球等。这些愿望已经变成现实。

3. 组合原理

组合是指将两种或两种以上的事物或产品中抽取合适的要素重新组织成整体。例如，1998 年 8 月，解放军某部工兵团 220 名官兵奉命连夜飞赴九江大堤，采用钢木土石组合坝技术封堵决口，这项组合创新技术获得了军队科技进步奖一等奖和国家发明二等奖。

4. 比较原理

它是指通过对两种或两种以上相同或相似事物的对比分析，发现事物不完善部位，进行创造或革新的原理。

5. 联想原理

联想是指从这一事物想到另一事物、从这一概念想到另一相关概念的心理活动。联想可以是概念、方法之间的联想，也可以是形象之间的联想。如看见猫想到虎，看见烟雾想到白云等。

6. 木桶原理

它是指由几块长短不一的木板扎成一个木桶，则木桶的最大盛水量是由最短的一块木板所决定的。它告诉人们，如果能抓准这个影响事物发展的最关键环节，那么就会收到加长一块木板而导致整个木桶总盛水量很快增加的目的。木桶原理在产品创新中被广泛使用。如工程项目质量差，常常不是构成工程项目所有分部分项工程的质量都很差，而仅仅是由其中某一个分部分项工程的低质量造成的。发现该分部分项工程，下功夫提高其质量，整个工程项目的质量就会迈上一个新的台阶。

7. 综合原理

综合包括信息综合与创意综合。信息综合可以产生新信息，创意综合可以引发认识的飞跃，酝酿出重大的创新。例如俄国化学家门捷列夫，在分析了当时已知的 63 种元素的性质和原子量的关系后，创造性地揭示出化学元素性质与原子量之间的关系，列出了化学元素周期表。再例如，厦门大学的旧建筑大多为陈嘉庚先生的女婿所建，结合了中西建筑风格，被誉为“穿西装、戴斗笠”，这种综合创新成就了中国最美的大学校园之一。

同时，在创新过程中还要运用形象思维、侧向思维、想象力等创新才能，孕育新的观念，从而设定目标或课题，并提出解决目标或课题的多种设想，或提出进行试验的多种方案，以便对所获得的材料进行分析、比较、筛选，最后形成一个比较完善可行的最优工作方案。

三、创新阶段

在创新阶段，新的创造脱颖而出，通常称这种表现为“灵感”，看起来似乎是突发的，其实是长期酝酿的结果。

1. 创新的基础素养

（1）要有合理的知识结构

合理的知识结构通常是“T”字形的，这里纵向“丨”代表专业知识，横向“一”代表相关知识。也就是既要有扎实的专业知识，又要有较为广博的相关知识，这样的知识结构才算合理。为什么呢？因为从某种意义上来说，创造发明是对知识、信息的重组，而重组仅在专业知识领域里是不够的，还需要到相关领域甚至完全不同的领域中去寻找重组。正如 1979 年诺贝尔物理学奖获得者格拉索指出：“往往有许多物理问题的解决，并不在物理范围之内。”可见具有广博的相关知识的重要性。

（2）要有良好的个性心理品质

创新不可能一蹴而就、一帆风顺，成功的道路往往曲折坎坷、荆棘丛生，只有那些不畏艰险、锲而不舍、执着追求的人，才可能跨越障碍夺取胜利。勤奋、进取、不怕失败等优良品质，是夺取胜利的基本保证。但是有些人却承受不了失败、曲折的打击，往往在“功亏一篑”时退却了，从而与成功失之交臂。

（3）要有科学的思维方法

创新需要的是多渠道、多角度的思维。革新要先革心，“心”主要指大脑、思想；只有想得巧，才能做得巧。在整个创新过程中，“思维”始终处于关键性地位；创新主体必须充分发挥大脑的思维功能，敢思、勤思、巧思、多角度地思，才能使自己走上成功之路。

2. 创新的实施过程

创新阶段是实施设想的过程，它是将形成的方案变成实施计划，以便有计划、有步骤地实施和探索。在实施计划过程中，往往还会发现许多新问题、新情况，因而重新修订、补充原先的计划是常有的事情。计划与实施是出创新成果前进行艰苦思考和劳动的时期，这个时期是一个反复思考、不断摸索甚至不断失败的过程，是处于成功的“前夜”。一旦问题得到解决，取得成功，就是创新成果的实现。但成功往往会以“豁然开朗”“恍然大悟”的形式出现，这称之为顿悟期。顿悟也称为灵感。一般来说，人出现灵感、顿悟时，意味着问题基本可以解决了。

顿悟是人在创新过程中特有的一种精神状态，是创新进入高潮的表现。它有三个心理特征：

（1）注意力高度集中

由于注意力高度集中，常常会出现一些令人啼笑皆非、答非所问的情况。如我国著名地质学家李四光有一次在办公室研究问题时，竟连自己女儿也不认识了，还问她："你是谁？"著名数学家陈景润边走边思考问题，头撞到电线木杆上，却反问电线木杆："你为什么撞我？"

（2）思维极度活跃

思维极度活跃时，想象丰富、联想迅速、智力超常。我们常用"思如潮涌""一泻千里"来形容诗人想象力的丰富、思维的敏捷性和流畅性。

（3）精力十分充沛

精力十分充沛时，精神状态十分昂扬，高度兴奋，全身充满活力，工作效率特别高。已故台湾女作家三毛写作时非常投入。有一次，她坐在地上没有靠背的垫子上，七天七夜没有躺下过，写完，倒下不动了。可见三毛写作时不仅全神贯注、出奇地投入，且精力充沛，竟能七天七夜不吃不睡（只喝开水）连续写作，表明她在灵感降临时有着非同寻常的充沛精力。

四、总结验证阶段

在总结验证阶段中，主要是对灵感或顿悟所取得的成果进行验证、整理和发表。

1. 验证

顿悟中所取得的成果究竟是否完全正确，还需要进行验证、修正。顿悟并非等于百分之百的正确，出现某些偏差或谬误是常有的事情。这时，既要防止对成果的盲目偏爱、估价过高，又要防止因出现某些偏差而心灰意冷。总之，应冷静、实事求是地对待所取得的创新成果。

2. 整理

整理即将成果系统化、完善化。在科研论文创作上表现为修饰，这个时间有时也相当长，所花费的功夫不亚于上述几个阶段。

3. 发表

将创新成果公之于众，取得社会承认。如属发明、创新成果，则应取得专利的批准。

综上所述，创新的具体步骤是从给定目标，经过设计到计划的实施，创新的进程不会很顺利。尽管事后描述起来，可以说得头头是道，但创新的出现永远不会像原来所计划的一样。这是因为没有人能准确地计划一个全新的事情。恰好相反，创新的早期始终包括一个探索的阶段，然后通过学习取得进步，直到最后抓住一个值得重复去做的模式。创新的具体步骤如图 1-2 所示。

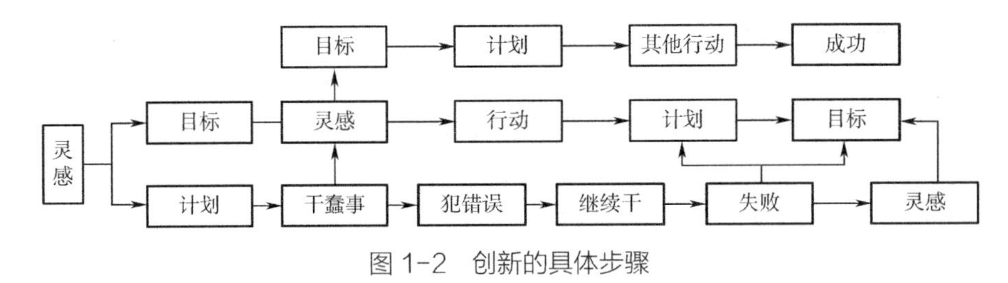

图 1-2　创新的具体步骤

创新程序的各阶段之间，既相互联系，又各有区别。不同对象、不同性质的创新过程，其时间长短和特点也各不相同，因而不能生搬硬套。

第四节　国家创新政策

从英国产业革命的成功，到美国经济的全面振兴，再到第二次世界大战后日本经济的迅速腾飞；进入 21 世纪，20 年间我国的 GDP 总量增加了 9 倍，这是全人类从未有过的奇迹。以上无不是这些国家发展科技、重视创新的结果。由于创新是一项具有很高外部经济性的活动，而且市场又很难使创新活动处于社会需求的最优水平，所以，创新需要国家的政策支持，同时更需要健全和完善创新政策体系。

一、创新政策及其作用

1. 创新政策

英国著名学者罗斯维尔在 20 世纪 80 年代就定义了创新政策，他认为，创新政策是指科技政策和产业政策相互协调的结合。笔者认为这一定义过于狭窄，应该把创新政策看作是政府为推动企业创新活动的各种政策的综合，其中科技政策和产业政策中有关推动创新的部分，是创新政策的核心。

2. 创新政策的作用

政府作为社会的管理者和经济活动的组织者、调控者，要推进技术进步、提高科技水平和竞争能力。政府对创新的作用主要是：

（1）政府是科技创新的启动者，要加速国家的制度创新，为企业建立健全科技创新机制提供良好的外部环境。

（2）政府是科技创新的引导者，要给企业科技创新提供纲领性计划，以指导企业的创新方向。

（3）政府是科技创新的推动者，要给企业科技创新提供优惠政策，以刺激企业创新的欲望。

（4）政府是科技创新的保护者，要给企业科技创新提供应有的法律法规，以保障企业创新的权利和规范企业的创新行为。

（5）政府是科技创新的组织者，要给企业科技创新创造各种各样的合作机会，以增强企业的竞争能力。

总之，政府在企业创新中的作用主要体现在政府的政策上。

二、创新政策的种类和手段

1. 创新政策的种类

近年来，世界各国根据各自的情况，采用了许多创新政策。一般而言，这些政策可分为激励型、引导型、保护型和协调型四大模块。激励型政策的目的在于激发企业主动创新的欲望以及为企业创造良好的创新外部环境；引导型政策着眼于产业结构调整，使企业明确国家倡导的技术发展领域和鼓励方法；保护型政策致力于对新兴产业和高新技术的扶持；协调型政策主要是协调技术创新与其他方面关系的措施。创新政策架构见表 1–2。

表 1–2　创新政策架构

政策模块	政策分类	具体政策措施
激励型政策	金融政策	（1）优先贷款和优惠贷款； （2）外贸外汇方面的支持； （3）设立企业创新风险基金
	财政政策	（1）对 R&D（研究与开发）的投入拨款； （2）对创新的奖励
	税收政策	（1）给予新产品减免税； （2）给予 R&D 活动以税收优惠
	分配政策	从利润中提取创新基金
	价格政策	自主定价
	信息政策	（1）建立国家信息化基础结构； （2）提供创新企业及时准确的信息
	专利政策	保护创新成果和知识产权；
	其他政策	（1）对创新主体的奖励； （2）提供创新所需的基础设施； （3）消除既得利益集团对创新的阻力； （4）减少创新过程中的政府程序； （5）劳动力的培训（包括再就业者的培训）

续表

政策模块	政策分类	具体政策措施
引导型政策	产业政策	（1）科技产业优先发展政策； （2）科技产业开发区政策； （3）产业结构调整政策
	科技政策	（1）技术进步政策； （2）技术市场政策； （3）技术中介政策； （4）技术人才政策； （5）技术转让政策； （6）技术合作和交流政策； （7）技术引进政策； （8）技术改进政策； （9）技术进步和技术成果评价政策； （10）对 R&D 机构支持政策
保护型政策	（1）关税保护政策； （2）政府购买政策	
协调型政策	（1）协调自主创新与技术引进、技术转让关系政策； （2）协调跨地区、跨行业、跨企业技术创新矛盾政策； （3）促进产学研合作政策	

2. 创新政策的作用领域

一般认为，或者说各国的实践证明，政府在技术创新活动中最能发挥作用的领域有：

（1）基础研究

大部分基础研究是没有直接经济收益的，但它们是大多数创新得以产生的基础。在市场经济制度下，企业一般不会去做没有直接经济收益的基础研究，这就需要超越企业局部利益的政府承担起组织、资助基础研究的责任。有些国家的政府实验室便是为此目的而建立的。

（2）基础设施

技术创新活动依赖于许多公共设施，如通信、交通和标准化等。由于这些设施具有公共商品的性质，因而有赖于政府的投资、建设。

（3）社会收益大的技术创新

有一些领域的技术创新，如电子技术、能源、运输等产业的创新，其社会收益远大于私人收益，政府应促进这些领域的创新活动。

（4）避免创新的重复性

纯粹市场机制有时会在某些领域造成过度的重复投资，政府可采取一定措施加以防止。

（5）增强国际竞争能力

如果一些国家采取了某项技术创新政策，则其他没有创新政策的国家便会相对处于劣势。

（6）创新的扩散

技术创新成果的扩散有益于全社会。只有通过技术创新扩散，社会才能最大限度地获取创新收益。但因多种原因，自然扩散速度相当慢，政府可以某种方式加快扩散速度。

（7）合作研究

由于高新技术的投资需求大、风险大，企业往往不敢独担此任。政府可设法使企业在技术创新上进行合作。

3. 主要的创新政策手段

由于研究和开发部门是创新的主要活动场所，因此，政府的许多政策手段，一般说都是针对研究与开发的。

下面介绍几个主要的创新政策手段。

（1）政府资助

自 20 世纪 80 年代以来，从西方各工业国的情况来看，对创新给予直接的资助，是各国政府普遍采用的手段。其原因在于有些技术创新需要大量的人力、物力和财力，而且需要各有关部门合作，共同完成，这就要求政府出面进行资助、协调，解决创新主体力所不能及的问题。另外，还有一些创新活动，没有直接的经济效益，这就需要超越局部利益的政府承担起组织、资助的责任。例如，我国的国家自然科学基金坚持支持基础研究，逐渐形成和发展了由研究项目、人才项目和环境条件项目三大系列组成的资助格局，在推动我国自然科学基础研究的发展，促进基础学科建设，发现、培养优秀科技人才等方面取得了巨大成绩。

（2）政府购买

政府购买促进技术创新的原因可归结为两个：一方面，政府部门的需求构成了一个大的市场。政府既可以为本部门购买，也可以采取合适手段，要求能源、交通等部门采用某些新产品。这种市场的保证自然有利于创新商品的问世。另一方面，政府部门的购买起着“需求拉动”的作用，在产品周期的早期阶段，这种拉动尤为重要。

（3）政府导向

这一推动技术创新的措施是政府管制和资助的结合。一般包含两层内容：其一，政府根据自身具有的获取大量市场信息的优越性，向技术市场公布一定时期内有关技术成果的研究应用动态、供求状况、预期收益率，以引导创新主体的创新行为。其二，政府为了促进宏观技术进步，提出一些技术领域作为优先发展的对象，并制定相关的具体发展战略且为之筹措必要的资金。

（4）专利制度

专利制度是现在各国普遍采用的制度。在美国，它被认为是最重要的创新政策手段，它的作用不可低估。我国自 1985 年 4 月 1 日起开始实行专利制度。

（5）税收优惠

税收优惠也是各国普遍采用的推动技术创新的手段，其做法是给新产品和 R&D（研究与开发）活动以税收优惠，包括调整税率、免税等。例如加拿大税法规定，自 1961 年起，企业科研费用可百分之百地从应交税款中扣除。1962 年，英国政府作出规定，所有与贸易相关的研究费可以从应交税款中全部扣除。

（6）政府拨款给公共研究开发部门

这条措施与专利制度截然相反，它通过建立政府研究所、实验室以及资助大学研究机构等，使技术创新活动公共化。美国、日本和欧洲各国都采取此类措施。经过几年的摸索，各国流行的做法是组织实施竞争前的技术创新活动，然后让企业开发这些成果的商业价值。这种做法的好处是能克服“搭便车”现象，防止重复研究，但存在的问题是创新效率不高。因此一般公共研究部门的主要研究领域为基础科学、社会收益大的技术科学。

（7）合作性创新

由于许多技术创新的风险高、资金需求多、涉及技术领域广，合作性创新在欧洲已成为一个新趋势。美国和日本也有大量的政府与企业合作创新项目，政府同时鼓励企业间的合作，美国曾为此修改了反垄断法。例如，2017 年度国家自然科学基金委员会与雅砻江流域水电开发有限公司共同设立的“雅砻江联合基金”资助“雅砻江风光水互补清洁可再生能源开发技术”在内的三个研究领域，获得国家自然科学基金总额达 9000 万元的资助。再例如，2022 年国家自然科学基金委员会与中华人民共和国水利部、国家电力投资集团有限公司共同设立黄河水科学研究联合基金，旨在发挥国家自然科学基金的导向作用，吸引和调动全国高等院校、科研机构的力量，围绕保障黄河流域水安全，聚焦黄河流域生态保护和高质量发展中的重大水科学问题开展基础研究工作，开拓新的研究方向，促进国家水安全相关领域源头创新能力的提升。这种合作既能够减少风险、减轻资金压力，又能在技术上进行互补。

三、健全与完善我国的创新政策体系

改革开放以来，我国制定了一系列科技发展战略指导计划。《国家中长期科学和技术发展规划纲要（2006—2020 年）》首次提出国家创新体系的概念、内涵、目标和五个子体系的构成，对全面推进国家创新体系建设和提升创新能力发挥了重要的指导作用。其中，区域创新体系是五个子体系之一。通过形成“点—带—面”的整体区域布局，打通跨区域创新资源流动的障碍，使各区域能够因地制宜，在承担国家重大任务、带动创新型国家整体建设方面发挥更大作用，提升区域在国家创新中的承载力。

区域科技创新是基于构建和完善区域创新体系，提升区域创新能力而进行的以科技创新为核心的系统部署和实践探索。促进区域科技创新主要包括两大方面，一是促进地方与国家战略衔接，进一步强化自身在国家创新体系中的地位和作用，提升国际竞争力；二是促进地方跨行政区的科技协同创新。党的十八大以来，国家对区域科技创新高度重视，中共中央在系列政策文件中强化部署，取得了显著的成效。

2012 年，《中共中央　国务院关于深化科技体制改革加快国家创新体系建设的意见》提出“完善区域创新发展机制。充分发挥地方在区域创新中的主导作用，加快建设各具特色的区域创新体系。”2015 年，中共中央　国务院办公厅印发的《深化科技体制改革实施方案》中提出“推动区域创新改革”，突出分类指导和系统改革，选择若干省（自治区、直辖市）对各项重点改革举措进行先行先试，促进一些地方率先实现创新驱动发展转型，引领、示范和带动全国加快实现创新驱动发展。

2017 年《国务院办公厅关于推广支持创新相关改革举措的通知》（国办发〔2017〕80 号）和 2018 年《国务院办公厅关于推广第二批支持创新相关改革举措的通知》（国办发〔2018〕126 号）中共计总结了 36 项可推广改革举措，涵盖管理体制、成果转化、科技金融、创新创业、海外人才、知识产权、军民融合等各个方面，促进先行先试区域经验向全国各地推广。2021 年，《国家发展改革委　科技部关于深入推进全面创新改革工作的通知》（发改高技〔2021〕484 号）部署了新一轮全面创新改革任务，在构建高效运行的科研体系、打好关键核心技术攻坚战、促进技术要素市场体系建设、包容审慎监管新产业新业态等方面进一步推动试点区域结合本地经济社会发展实际需要，谋划个性化的改革举措，解决制约创新的痛点堵点问题。

在党的十九大提出的实施创新驱动发展战略和区域协调发展战略指挥下，我国多省市经济社会加速实现一体化发展，以京津冀、长三角和粤港澳为代表的跨区域科技创新协同、融合业已成为显著趋势。习近平总书记在党的二十大报告中强调，必须坚持科技是第一生产力、人才是第一资源、创新是第一动力，深入实施科教兴国战略、人才强国战略、创新驱动发展战略，开辟发展新领域新赛道，不断塑造发展新动能新优势。加快实施创新驱动发展战略。加快实现高水平科技自立自强。

《中共中央关于制定国民经济和社会发展第十四个五年规划和二〇三五年远景目标的建议》中明确提出，布局建设综合性国家科学中心和区域性创新高地，支持北京、上海、粤港澳大湾区形成国际科技创新中心。随着我国综合科技创新水平进一步提升，多层次、各具特色的区域创新体系更加完善，将更加有力支撑我国创新型国家建设。

虽然我国政策体系中并没有技术创新政策一说，但改革开放以来我国出台的一系列政策中，包括了技术创新的有关内容，可以大致进行以下分类：

1. 技术政策

在一些领域中制定并实施技术政策，对技术创新的目标、行业结构、技术选择以及促进技术创新的途径、路线和措施进行了明确的规定。

2. 金融政策

对技术创新的企业发放低于正常市场利率的贷款，同时国家积极促进风险基金的形成，在我国不少地区已有一定的规模。

3. 财政政策

1986 年，国务院发布了《国务院关于科学技术拨款管理的暂行规定》，2016~2020 年，全国财政科学技术支出 4.12 万亿元。2006 年国家财政部　科技部　总装备部印发了《财政部　科技部　总装备部关于印发〈国家高技术研究发展计划（863 计划）专项经费管理办法〉的通知》（财教〔2006〕163 号），2021 年国家财政部　科技部印发了《国家科技成果转化引导基金管理暂行办法》（财教〔2021〕176 号）。

4. 税收政策

对科研单位在开展技术转让、技术咨询、技术培训、技术服务、技术承包和技术出口的收入，在一定时期内免收营业税和所得税；对新产品减免税：国家级新产品减免产品税或增值税 1~3 年，省级新产品减免 1~2 年；消化吸收国外先进技术所需要的样品样机减免进口关税；国务院批准的高新技术企业自投产年度起免征所得税两年等。这些税收政策，大大激励了技术创新活动的进程。与此同时，国家还实施了自主定价政策和关税保护政策，在培养和大力发展技术市场和信息工程方面、加大与国外的科研合作方面也有很多政策措施。

虽然我国技术创新政策与过去相比有了突破性进展，但仍只是雏形，具体的政策措施尚不健全、不完善，与基本指导方针和计划的配套性较差，使得在技术创新实践中缺乏细致的监控，政策体现不出威力，一些企业的创新缺乏政策的强有力支持，另一些企业却有名无实地享受着政策的优惠。而且政策的覆盖面不够广，技术创新没有与经济、财政、税收、产业密切形成政策网络。特别是技术创新与经济政策的分离，是我国企业走速度型发展之路、国民经济呈粗放型增长的重要原因之一。

第五节　创新学及其发展

一、创新学的历史演化

1. 萌芽期（20 世纪 20~50 年代）：创新经济学初露端倪

创新理论的产生和创新经济学的发端，突出的以熊彼特的三部经典著作——《经济发展理论》（1911）、《商业周期》（1939）和《资本主义、社会主义与民主》（1943）为标志。尽管斯密早在《国民财富的性质和原因的研究》中就论述了“技术变革和经济增长”问题，马克思在《资本论》中将技术放在资本品的核心地位。但是，他们都将技术视为经济增长的外生变量，只有熊彼特以统一的理论体系和概念框架，研究了技术创新与经济增长的关系，因此被认为是当代创新理论的开山鼻祖。1911 年，熊彼特在《经济发展理论》中率先提出创新的基本概念和思想，第一次将创新视为现代经济增长的动力和源泉，指出“创新就是建立一种新的生产函数”，认为没有创新的经济会处于一种“循环流转”的均衡之中，创新则有助于打破这种均衡，推动经济发展。随后，熊彼特又分别出版《商业周期》《资本主义、社会主义与民主》两部创新理论的奠基之作，对创新理论进一步阐述并加以补充完善。由于熊彼特主要论证了创新对经济发展和社会变迁的重要作用，而对创新过程本身这个“黑匣子”（后来被其他学科领域广泛讨论）里所发生的一切没有谈及。因此，这一时期是创新经济学的雏形期。

2. 成长期（20 世纪 60~90 年代）：创新研究视角多元化

自熊彼特之后，创新理论开始朝着多学科领域的方向发展，形成了基于经济学、管理学、哲学等不同学科视角的理论成果。创新哲学有其特殊性，它是在创新经济学和创新管理学发展较为成熟之时产生的，突出表现于 20 世纪末和 21 世纪初，因此与严格意义上的年代划分有所差异。但是，工程技术哲学（Engineering Philosophy of Technology）产生较早，代表人物有卡普、恩格梅尔、德绍尔、巴卡等，他们重点研究了技术发明，但忽略了对技术创新的研究；科比特在《心智：心理学和哲学季评》中，论述了创新与哲学的辩证关系；赛佛兰斯基通过在苏联海军专利部长达 50 多年的保密研究，基于辩证唯物主义和系统论思想阐释了 TRIZ 理论及其应用。美国“技术与哲学学会”会刊《Techne》1995 年创刊，英国技术哲学刊物《Ends and Means》1996年创刊，它们都发表了具有重要影响力的学术论文。中国技术哲学学会1985年成立，旨在鼓励、支持和推动技术的哲学思考，并每两年举办一次全国性学术会议。此外，有关技术哲学的网站和新闻条目亦逐渐增多。

在此期间，创新经济学发展迅猛。索洛从技术变革、扩散的角度研究了技术创新；诺斯将创新与制度结合起来，考察了制度因素与企业技术创新和经济效益之间的关系；弗里曼出版了极具影响力的《工业创新经济学》，从创新的宏观经济学到创新的微观经济学，建立了第一个系统的创新经济学理论体系；罗森博格通过对技术、制度与经济变迁的分析，为创新研究提供了一个更全面、系统的视角；弗里曼考察了“二战”后迅速崛起的日本经济，首次提出“国家创新系统”的概念；尼尔森和温特继承达尔文生物进化论、熊彼特创新理论以及西蒙组织行为理论，创造性地引入“组织记忆”（Organizational Memory）的观点，开拓了一个具有变革意义的分析经济增长的理论视角；伦德瓦尔和尼尔森综合创新的各类要素，从更加整体的角度研究了国家创新系统，并强调不同参与者之间的互动以及影响这种互动的社会、制度和政治因素；弗里曼和泽特合著《工业创新经济学》（第三版），补充了创新的宏观经济学部分，增加了国家创新系统、项目评估与创新等重要内容。

20世纪60年代初，创新管理学开始诞生。佰恩斯和斯托克出版了《创新管理》一书；莫维利和罗森博格探讨了创新与市场需求的作用机理；蒂斯讨论了整合、协同、授权和公共政策与技术创新的关系；科恩和利文撒尔强调了学习与吸收能力对产生创新的关键作用；弗里曼、布朗、杜吉德和洛扎尼克分别就创新网络、组织创新、创新型企业进行了研究。国内方面，许庆瑞、吴晓波等提出了“二次创新”“组合创新”等原创性创新管理理论和范式；马驰开展了制造业企业技术创新调查研究；李廉水探讨了我国产学研合作创新的途径；陈劲研究了企业技术创新审计问题；谢伟结合中国彩电产业，独辟蹊径地提出了“技术引进—生产能力—创新能力”的技术学习过程新模式；毕克新等分析了我国中小企业技术创新的扩散机制，提出了中小企业技术创新扩散过程的管理方法。

3. 繁荣期（21世纪初至今）：创新管理学空前发展

21世纪初，创新管理学空前发展，形成了众多创新管理理论和分析框架，如创新分类、创新型企业、创新过程模型、创新网络、创新扩散与预测模型、创新与就业、创新调查与测度、产业创新系统等。此外，从地理学和历史学的角度出发，形成了创新地理学和“历史—友好模型”。其中一个重要事件是从1997年开始，基思·帕维特、乔·蒂德等SPRU学者每四年即更新出版《创新管理：技术、市场和组织的变革集成》一书（欧洲技术与创新管理类最权威书籍之一，前三版已被我国学者译成中文）。在第四版中，作者将创新过程描述成一个“SSIC 简化模型”（Search，Select，Implement，Capture）。

2001~2010 年，中国的创新研究快速发展，涌现了一大批优秀成果。王缉慈《创新的空间：企业集群与区域发展》一书，在国内第一次系统分析了企业集群与区域发展问题，对区域发展的含义、地方企业网络、区域创新环境、多样化的区域发展路径等进行了探索；许庆瑞融合生态理论、人本理论、协同理论，提出“全面创新管理”的原创性创新管理新范式；陈劲在《复杂产品系统创新管理》中，针对企业在复杂产品系统创新实践中普遍存在的战略、组织与资源管理问题，构建了复杂产品系统创新模型；吴贵生再版的《技术创新管理》，提出了由技术创新基本理论、决策、实施和要素组成的新框架，建立了更趋完善的技术创新管理体系。除此以外，学者们还在一些特定的研究领域取得突破，如区域创新系统、产业创新系统、企业持续创新、企业创新网络、产品创新、自主创新、技术转移与技术交易、高技术创业管理、高技术产业化、科技发展战略、发展和改革政策等。

尤其引人瞩目的是，2006 年，党中央、国务院召开全国科学技术大会，提出至 2020 年将我国建设成为创新型国家的奋斗目标，并发布了《国家中长期科学和技术发展规划纲要（2006—2020 年）》。2009 年，国家自然科学基金委员会会同中国科学院联合开展“2011—2020 年我国学科发展战略研究”，指出学科是科学研究和人才培养的重要基础，学科的均衡协调可持续发展，是实现重点突破与跨越、推动科学技术进步与创新的重要保障。2010 年，国务院发布《国务院关于加快培育和发展战略性新兴产业的决定》（国发〔2010〕32 号），要求坚持创新发展，将战略性新兴产业加快培育成为先导产业和支柱产业。

综上表明，创新研究正呈现出由创新经济学、创新管理学、创新哲学相互集成并形成创新学的趋势，并给我们如下启示：

（1）国际创新理论的发展趋势与国内创新实践的迫切需求，构成了创新学产生的基础和动力，从《牛津创新手册》《国家中长期科学和技术发展规划纲要（2006~2020 年）》和“2011~2020 年我国学科发展战略研究”中均能得到最生动的体现；

（2）创新学体系的构建需要不同学科的支撑与融合，仅从一个特定的社会科学或人文学科进行研究，会妨碍不同学科领域研究者的有效交流与探讨，导致创新研究在基本概念方面的模糊不清，影响对创新现象更为全面的理解。

二、创新学体系构建

创新学体系的构建是一项学科建设。学科建设的任务，就是要探索学科研究现状、研究动态、发展方向以及科学前沿，在此基础上深入分析学科发展规律、基础研究规律和人才培养规律。从当前的发展态势看，创新学是一个由创新经济学、创新管理学、创新哲学等主干学科和经济学、管理学、哲学等基础学科以及社会学、地理学、历史学、工程学、统计学、系统论、生物学、心理学、艺术学等支撑学科所构成的具有内在逻辑联系的学科群体系。简而言之，创新学是一门研究创新现象、揭示创新规律、发展创新理论、指导创新实践的科学，其主要服务于企业管理、经济发展、人才培养和国家战略。创新经济学主要研究创新的资源配置及经济效果问题，创新管理学主要关注创新过程管理问题，创新哲学主要研究创新实践的普遍性问题。

1. 创新经济学及其发展趋势

创新经济学融合产业组织理论、区域经济学和企业理论，形成了一个独特的研究领域；它与社会学、哲学、管理学、生物学甚至历史学的相互作用，形成了创新经济学的发展源泉。创新经济学主要研究新技术的动态变化，揭示企业引入创新因素及其作用机制。

安东内利认为，创新经济学将技术变革视为市场上异质的经济主体之间相互作用的内生性结果，并假设企业是多样性的，企业产品和要素市场是异质的。异质的经济主体能够改变企业生产的产品和生产函数，并在一定程度上影响消费者的效用函数。近年来，学者们日益关注技术知识积累的经济特征和新技术的生产与采用，并研究了技术变革得以产生、实施和扩散的经济系统的制度特征。创新经济学使人们有可能对技术变革的决定因素、市场竞争的作用以及评估经济系统创新能力时企业之间的相互作用产生更为深入的理解。

展望未来发展趋势，创新经济学将在以下领域形成光明前景：创新经济学理论的演化、内容、特点及发展趋势，包括创新与经济增长、创新与追赶、创新与就业、创新与竞争力、金融与创新、创新扩散、创新全球化等。

2. 创新管理学及其发展趋势

“提高自主创新能力，建设创新型国家”已成为当前我国发展的主旋律，并由此衍生了一系列热点和焦点问题：企业为什么要创新？什么力量驱动创新？什么因素阻碍创新？企业内部运作和促进创新的机制是什么？在创新过程中知识的本质是什么？知识怎样积累？知识怎样在创新参与者之间流动？创新过程怎样在企业、产业、地区或国家层次上发展并最终形成竞争力？以上问题，是国内外政界、学界、业界一直在思考的问题。然而，只有充分运用创新管理学的理论和方法，才能有效地回答上述问题。

陈劲和郑刚认为，创新需要“纵横论”，横向是创意、研发、制造、销售，纵向管理需要战略、组织、资源、制度（文化）的系统协同。吴贵生和王毅提出了由技术创新基本理论、决策、实施和要素组成的创新管理框架。蒂德和贝赞特将创新过程描述成一个“SSIC 简化模型”，涉及创新型组织、创新战略、创新搜寻、创新选择、创新实施、创新获取等系列活动。陈悦和宋刚等通过分析中国创新管理研究的知识结构，明确了中国创新管理研究的七大突显主题：技术创新、制度创新、创新体系、组织创新、市场创新、自主创新和教育创新。

创新管理学关注的另一个重要问题，就是创新调查与测度。2005 年，经济合作与发展组织（OECD）与欧盟统计署（Eurostat）联合开发《奥斯陆手册》。《奥斯陆手册》是 OECD 向成员国推荐的测度科技与创新活动、收集和解释创新数据的指南，为运用国际可比的方式收集和解释创新数据提供了准则。我国学者曾参照前两版内容进行了相关的创新调查，取得了一定的成果。第三版《奥斯陆手册》无论是从内涵还是从外延上，都对前两版手册做出了重大改进，更具有实用性，并将对我国当前创新调查的开展和实施产生重要影响。

总而言之，创新管理学主要研究创新管理学的基本规律及其发展趋势，包括创新型组织、创新战略、创新源、创新网络、创新系统（知识 / 技术 / 产品 / 企业 / 产业 / 区域 / 国家 / 跨国创新系统）、技术创新审计、创意开发方法、服务创新管理、技术创业管理、科技创新政策、创新调查与测度等。

3. 创新哲学及其发展趋势

能否和是否必要从哲学角度研究技术创新，关键看技术创新中是否具有令人感兴趣的哲学问题。技术创新哲学的兴起和发展，本质上反映着技术创新对哲学发展的影响；我们不能指望从最普遍的哲学或“元哲学”的发展中派生出技术创新哲学，而是要从技术创新研究和实践中提出的问题引导出技术创新哲学。技术哲学研究要融入哲学主流和切近社会现实，就必须定位于马克思实践哲学的自然改造论；在这样的定位下，技术创新哲学研究又成为整个技术哲学研究的关键内容。它不再仅属于“技术哲学的应用研究”或“技术方法论研究”领域，而是属于整个技术哲学研究的基础。从哲学的视角研究技术创新，就是要对各有差异的技术创新实践中遇到的带有普遍性的问题进行哲理性的思考，从中揭示技术创新的本质规定和基本特征，探讨影响和制约技术创新活动的根本因素，研究促进技术创新的能力与动力机制，以便为技术创新实践及其理论研究提供方法论指导。

围绕上述问题，创新哲学可在以下领域开展专题研究：创新哲学理论的演化、内容、特点及发展趋势，包括创新哲学的界定、创新的本质与特征、创新的主体与客体、创新的条件性、创新的历史性、创新的价值观等。

第二章
创新思维

科学技术的飞速发展所造成的剧烈变化正向人们袭来，无论什么社会制度，都不可避免地受到它的影响。智能建造、大数据、生物工程、5G技术的兴起和飞速发展，给人类的生产和生活带来前所未有的机遇。但我们同时应该看到，面对日趋激烈的国际竞争，企业要想在市场上立足，必须努力寻求在一切可能的领域内进行创新。甚至可以说，创新制胜的时代已经到来。要想应对技术与市场竞争的双重挑战，企业就必须对创新思维有充分的认识。本章将对思维定势分析、创新思维的形成与方式、工程技术创新的障碍及其克服方法等内容进行介绍。

第一节　思维定势分析

一、思维定势的概念

进行创新思维并不是十分容易的事情，常会遇到思维障碍，而主要的创新思维障碍就是思维定势。所谓思维定势，是根据已有经验，在头脑中形成一种固定的思维模式，也就是思维习惯。遇到问题，会自然地沿着固有的思维模式进行思考。思维受到一个框的限制，难以打开思路，缺乏求异性与灵活性，难以产生创新思维。

二、思维定势的表现形式

1. 书本定势

所谓书本定势，就是在思考问题时不顾实际情况，不加思考地盲目运用书本知识，一切从书本出发、以书本为纲的思维模式。当然，书本对人类所起的积极作用是显而易见的，但是，许多书本知识是有时效性、针对性、条件性的。随着社会的发展，有些书本知识会过时，而知识是要不断被更新的。所以，当书本知识与客观事实之间出现差异时，受到书本知识的束缚，死抱住书本知识不放，就会成为思维障碍，失去获得重大成果的机会。

2. 权威定势

在思维领域，不少人习惯引证权威的观点，不加思考地以权威的观点为标准，一旦发现与权威观点相违背的观点，就认为是错的，这就是权威定势。事实上权威也是会犯错误的，例如：①大发明家爱迪生坚持直流电，并将自己的全部身家都押到相关产业上面，而特斯拉则认为，交流电才代表未来。值得一提的是，交流电本来还是特斯拉在爱迪生的指导下发明的，如果当时爱迪生申请交流电专利，那就没有特斯拉什么事了。②阿尔伯特·爱因斯坦认为宇宙是静态的，所以他在方程中引入了宇宙常数。那天晚些时候，当他发现宇宙在膨胀时，爱因斯坦把它从方程中移除了。事实上，爱因斯坦真正的错误是把常数消去了。自从爱因斯坦去世后，科学家们发现宇宙不仅在膨胀，而且在加速膨胀。为了解释这一点，科学家们重新将宇宙常数引入到广义相对论方程中。所以，英国皇家学会的会徽上有一句话："不迷信权威"。

3. 从众定势

从众定势是指个人受到外界人群行为的影响，而在自己的知觉、判断、认识上表现出符合公众舆论或多数人的行为方式。通常情况下，多数人的意见往往是对的。少数服从多数，一般情况下是不会错的。但缺乏分析，不作独立思考，不顾是非曲直，一概服从多数，则是不可取的，是消极的"盲目从众心理"。学者阿希曾进行过从众心理实验，结果在测试人群中仅有 1/4~1/3 的被试者没有发生过从众行为，保持了独立性。可见它是一种常见的心理现象。从众性是人们与独立性相对立的一种意志品质；从众性强的人缺乏主见，易受暗示，容易不加分析地接受别人意见并付诸实行。从众定势产生的原因，或是屈服于群体的压力，或是认为随波逐流没错，可以确定的是缺少独立性，难以产生创造性思维。

4. 经验定势

所谓经验定势，是指将已有的经验作为参照来认识和处理问题的一种思维定势。经验定势能够提高处理一些例行工作和简单问题的效率；但在决策中，如果依然抱着老经验、老办法不放，并用这种老经验、老办法来指导决策，就会出现问题。"一拍脑袋，有了；一拍胸脯，好了；一拍大腿，坏了；一拍屁股，算了"，这个段子就是典型的经验定势。人们受经验定势的束缚，就会墨守成规，失去创新能力。

思维定势是创造性思维的主要障碍。要进行创新、创造活动，就必须摆脱思维定势的束缚。其中一个重要的方面，就是要学习并掌握创造性思维方法，提高思维联想、求异、灵活、变通的能力，以突破思维定势。

三、思维定势的典型案例

（1）求玻璃灯泡的容积。爱迪生让一名学数学的助手求形状不规则的玻璃灯泡的容积。这个助手列出好多算式，也没算出结果，这就是思维定势作怪。只见爱迪生拿起玻璃灯泡往里灌满水，让他把水倒进量杯看看刻度就知道答案了。

（2）日本人松崎吉信设计的一种壁钟，人所共知。所谓钟表，一是具有正面标明的阿拉伯数字表示 1~12 时；二是指针从左向右转动。这种钟表设计模式影响很广泛，人们往往用“顺时针方向”或“逆时针方向”说明一种运动形式。这种共识是从有钟表之日便形成的，显然形成了牢固的特有定式。

（3）日本东芝电器公司在 1952 年前后积压了大量的电扇卖不出去，7 万多名职工费尽心机也想不出办法。有一天，一名小职员向董事长提出改变电扇颜色的建议。当时全世界电扇的颜色都是黑色的，而这名小职员建议把黑色改成浅色。公司采纳了该意见，结果大获成功。

（4）宁夏人李长潇多年从事生物工程开发研究工作，长期以“试管内植物细胞快繁”为范本，不敢越过 40 年前由外国专家“敷设”的“雷池”。实践中，几千只代用试管的洗刷和消毒以及繁杂的工序跟不上发展的需要，李长潇几乎是陡然想到一个问题：为什么不能搞试管外繁殖呢？这个念头事实上是突破几十年形成并巩固的思维定势的开端，于是李长潇成了试管外植物微型组织快繁技术的创始人。

四、突破思维定势的典型案例

（1）美国早期设计的登月飞船上，都装有一个用来减慢太阳能反射板开启速度的减速装置，那些飞船都带有这种减速装置成功地飞上了月球。后来，在设计飞向火星的“水手四号”宇宙飞船时，又嫌这种减速装置笨重而重新设计，经过试验并不可靠，多次改进后仍不满意，一筹莫展，几乎绝望。有位科学家大胆提出，是否可以不用减速装置（求异）？这是一种逆向思维。模拟试验证明该建议是正确的，说明以前安装减速装置是多余的，也正是以前都安装了减速装置而强化了人们的思维定势，认为安装是合理的。

（2）1964 年 6 月 29 日，在酒泉火箭发射基地试射我国自行设计的第一枚中近程火箭。没想到试验发射的火箭射程不够。按照习惯思维，也就是思维定势，为了提高射程，就得添加推进剂。但是火箭燃料箱容积有限，加不进去。如果重新设计制造，就会延误试验。怎么办？一筹莫展之时有一位刚分来不久的年轻人说，火箭发射时推进剂温度高，密度就会变小，他有一个办法，要从燃料箱中泄出一些推进剂（求异），火箭才能命中目标。这又是一个逆向思维。在场专家简直不相信自己的耳朵，本来射程就不够，再减燃料那就更不够了，便不予理睬，这就是思维定势作怪。该年轻人找到钱学森表达自己的意见，钱学森予以支持。果然，泄出一些推进剂后，连打三发火箭，发发命中目标。这位年轻人就是现在中国载人航天工程总设计师王永志院士。

（3）新的发明、新的创造、新的创意，也常常是在突破思维定势时做出来的。例如，根据常规思维，气割枪是用来切割金属的，不能切割混凝土，这就是思维定势。可鞍钢气焊工人却发明了用气割枪切割混凝土的技术（求异），并在许多重点工程中派上了用场。这门技术还有别的用途吗？这是思维求异、发散而克服思维定势的前提。当然，继续发散，那就还有切割别的材料的可能。

（4）日本小西六研制自动聚焦照相机时，计划采用集成电路，由电气工程师设计。在研究如何驱动镜头使其自动调焦时，电气工程师想当然地提出采用电动机，但这会使照相机体积很大，因而遇到困难。显然，用电动机是习惯的、传统的思维。于是，一位机械工程师运用思维求异、发散的方法，提出一个新设想：用弹簧代替电动机驱动镜头，照相机还可以做得很小（不过今天的数码相机用的还是微型电机）。这显然是一个突破思维定势的新思路，却获得了成功。

（5）中国建筑第二工程局提出将塔式起重机基础与地下室底板叠合施工，进行整体浇筑，大大减少了塔式起重机基础施工所需材料用量（含钢筋、混凝土、措施材料等）和后期基础处理费用，加快工程施工进度。

（6）轮扣式模板支架是由盘销式脚手架衍生出来的一种新型建筑支撑系统。相比盘销式脚手架承载力大、搭拆速度快、稳定性强且易于场地管理。

（7）在现场施工中使用“钢筋数控加工设备”“小型叉车”“地面抹光机”等各类小型设备，推广以机械化施工技术代替传统人工操作施工技术，可大大提高建筑施工机械化作业水平。

（8）传统脚手架遇到阳台、窗洞和框架结构时，拆模拆支撑无防护，为了解决这一问题，附着式升降脚手架（简称爬架）被发明，避免了挑架反复搭拆可能造成的落物伤人和临空搭设给搭设人员带来的安全隐患，保证了施工安全。

第二节　创新思维的形成与方式

创新思维的形成与掌握创新思维的方式需要不断地进行创新活动，从而系统地把握创新思维形成的基本条件和创新思维的方式，并在此基础上主动、有意识地训练自己的思维活动。

一、创新思维必须使认识形成概念

使认识形成概念，是创新思维在认识上的先决条件。概念是人们大量观察同一类现象形成的。普遍性的概念，概括所有同一类的现象和事实，把握该类事物所共有的、本质的特性，因此它可以推广应用于该类事物或对象。例如“社会”这个概念，就包括一切社会，包括过去的社会、现实的社会和未来的社会。人们用概念作预言时，要了解概念的内涵和外延，以便做出正确的判断。

科学家赫胥黎说：“人们普遍有种错觉，以为科学研究者做结论和概括不应当超出观察到的事实，但是大凡实际接触过科学研究的人都知道，不肯超越事实的人很少会有成就。”科学概念既然概括了同一类事物的本质特征，它就必然要超出某个具体事实，因而具有指导意义，这正说明科学概念对于人们预见的重要性。

科学发展的历史，就是科学概念发展的历史。旧的理论和旧的概念必须不断获得新内容，并在实践的基础上，会有新的理论和新的概念来代替它。譬如，爱因斯坦的相对论就冲破了牛顿的绝对时间和绝对空间的概念，提出了相对时间和相对空间的新概念。如果人们固守着旧概念，没有新创造，那么，要做出新的更深刻的预见是不可能的。倘若爱因斯坦超不出牛顿力学的旧概念，他就不可能做出引力场范围内光线发生弯曲、光量子和引力波的预言。倘若人们对“基本粒子”这个概念不敢越雷池一步，那么，也根本不会做出粒子是无限可分的预言。

如果人的认识没有概念，那会成什么样子呢？有一本国外未来研究著作中谈道：“古希腊天空是灰色的、海洋也是灰色的。那时的流水、大地、云层、轮船、铁块，都是一种颜色——黑色。但问题并不在于视力有缺陷，希腊人可以分辨各种颜色，不过无力表达这种区别，因为没有表达这种区别的词汇。”真理总是需要概念来表达的，如果一位科学家头脑里没有形成用明确表达事物的概念，能指望他做出准确的科学预言吗？当居里夫人研究含有氧化铀的沥青铀矿时，发现这种铀矿放射性比铀更强，于是她推测沥青铀矿中一定还有放射性较铀更强的元素。可是这种元素是什么呢？不明确，因为没有定义或规范。只有当她提出了“钋”和“镭”这些概念时，她预言的内容才有了确定的含义，才有了不同事物的区分。

二、创新思维必须借助于正确的判断

可以这样说，人们所作出的各种预言，都必须通过一定的判断表达出来。可以举出几个例子：①“如果我们知道了化学结构，就可以按照它的成分把它构造出来。”这是假言判断，因为此种判断要求说明条件。②“银河系中的不少星球可能有生物存在。”这是或然判断，因为此种判断表明或然性，或可能性。③“物质是无限可分的。”这是必然判断，因为此种判断说明必然的情形。

判断是认识的一种思维形式。正确的判断必须反映事物的内在联系及其规律性，即判明造成一定结果的原因，这样的判断可以使人做出正确的预言。例如，石油工作者在地质钻探中发现一种很小的介形虫总是有规律地分散在一定的地质层中，并且随着不同的沉积环境，它的形状也有所不同。凭着这种介形虫以及其他类似化石，石油工作者就能判断几千米深处钻孔内的地层时代，经过综合分析进而掌握油田含油地层的分布规律，预言石油的存在。

错误的判断是一种对事物及其现象本质和规律的歪曲反映。医学家居维叶根据他发现的“器官相关律”，认为动物的一切器官都是相互适应的，了解一部分就可以知道另一部分乃至所有部分。这种判断几乎使他“箭无虚发”，言之必中。但是，当他用这种认识去对一种爪兽进行判断时，就发生了错误。在未发现这种兽的完整骨架之前，他根据这种兽的头骨判断为奇蹄类，根据它的脚骨却误认为是一种肉食类。为什么居维叶会犯这种错误？原因在于他的判断只注意了共性面而忽视了特殊性。

反映事物内在联系的正确判断，对于人们扩展知识、揭示未知领域、提高预见力是颇见成效的。例如，从寒冷地区发现的橘树叶子化石，就能判断这个地方过去有过较暖的气候。从海水里生长的珊瑚化石，就能判断出古代海水的温度和咸度，根据它的特点，甚至可以判断出数亿年前地球上一年曾经多达四百多天。

人们在认识活动中，使已经认识的一切客观规律及一切科学原理都以一定的判断形式表现出来。这种思维形式的渐进秩序，是从个别到一般，或从一般到个别。因此，正确的判断是创新思维的重要手段。

三、创新思维必须有正确的推理

推理是由一个或几个已知判断，推出一个新判断的思维形式，它必须以感性认识为基础，但感性认识不能直接感知事物的本质和规律，只有用推理的方法才能认识它们，把握事物的特性和内在联系。推理主要包括演绎推理、归纳推理和类比推理等。

1. 演绎推理

演绎推理是从一般原理推导出特殊事例的思维方式。演绎法在未来研究中能够发挥积极的作用。现在有人设想，未来将生产一种充气楼梯，这种楼梯在人们通过它时会自动变硬，无人通过时就呈松弛状。这个预言就是根据气体静力学结构理论从一般到个别推理出来的。又如，有人提出利用悬浮列车从月球向空间太阳发电站运送材料的设想，在月球上铺设一条运动场跑道形状的轨道，把运送的原材料装入袋中，使装袋的列车速度达到 2.4 km/s 以上，然后急刹车降低速度，这样一来袋子由于反作用而被抛向空中，原封不动地在宇宙空间飞行约 6 万 km，最后到达太阳发电站现场。这一预言根据运动反作用原理，比如列车急刹车时乘客就会一齐向前倒。熟悉铁路调车溜放的人都知道，当机车推动列车加速之后猛地停下来，由于准备溜放的车辆事先已把车钩提起，它就会在这时迅速滑向合线，并且能溜放很远。

2. 归纳推理

归纳推理是由个别事物或现象推导出该类事物或现象普遍规律的创新思维方式。即在观察研究个别事物、事实和事件的基础上，通过概括，做出一般结论，揭示一般规律。例如，伽利略从推小车突然停止而小车并不立即停下来的事实，设想如果毫无摩擦，小车便会永远地运动下去。他的这一设想，后来被牛顿概括为力学第一定律，即任何物体，只要没有外力作用，便会永远保持静止或匀速直线运动的状态。这也是归纳推理的结果。

3. 类比推理

类比推理，就是从两个或两类事物中，找出它们的相同性或相似性，以一事一物之本性推断它事它物之本性，从已知判明未知，这叫作“举它物以明之”。与演绎推理、归纳推理相比，类比推理更可靠一些，它是创新思维的主要方法。许多科学中的成功预言，往往是由类比推理提出来的。事实表明，只要抓住事物相似的本质特征，加以分析比较，就会从一事物推知另一事物，做出预见或发明。

五彩缤纷的仿生学及其预言，就是通过类比建立的。例如，模仿蜜蜂定向采蜜制成航海用的偏光天文罗盘，从蜘蛛吐丝发明人造丝。不仅如此，植物也可以供人们做类比。例如，人们利用竹子的原理建成了带“节”的坚固大楼和高耸入云的铁塔。世界上的一切事物几乎都可以供人们进行类比，甚至早已灭绝的古生物只要做成模型也有可能供人们类比。“恐龙钻头”的发明就是其中一例。

类比推理也是预见和创造新技术的重要思考途径。科技人员常常从现实的事物得到启发，产生联想，找到发明新技术的思路。有时为了实现某一目标，想得很好，但一时还形不成具体方案，可当他们忽然见到一种可供比较的事物时，便发现了对自己创造性思考极为有用的机制或原理，头脑豁然开朗。建筑学家试图建成一种花瓣闭合式的暖房或体育馆的屋顶，可是一时找不到具体办法；然而，当他们看到一种叫作“车前子”的草（这种草夏天为了减少水分的蒸发，叶子会卷缩起来），问题便解决了，由此设计了一种“活”的变形结构。

运用类比推理进行创新思维，需要注意以下几点：

（1）要大量观察比较，对事物相似的特征数量掌握得越多越好，做出的结论或预言就越可靠。遗传学家孟德尔，对 34 种豌豆种子进行了 8 年杂交实验，并分别研究了豌豆 7 对相对性状的遗传现象，通过分析比较，发现了它们共同的遗传规律。

（2）要抓住事物相似的本质特征作比较，不要用那些次要的、非本质的相似之处作比较，这样的比较才会提高所作结论或预言的可靠程度。例如，惠更斯根据对光的研究，把音和光的现象作类比，发现它们都有反射、曲折、分散、干涉等特性，因而使他产生了关于光的波动性的思想。

（3）不但要研究事物的相似特征，还要找出事物不同的本质特征。这些事物的特征虽然不完全相同，但是可以从比较中受到启发，产生联想，从而认识与创造另一事物。

四、创新思维方式

创新思维方式主要表现为发散性思维和集中性思维。

1. 发散性思维（又称扩散性思维）

它是指沿着各种不同的方向去思考、重组现有的信息和记忆中的信息，从而产生新信息的思维方式。发散性思维往往是在创造过程中首先发生的。因为人们在开始思考一项新工作或进行一项革新时，必须首先提出各种各样的设想或创意；而在这一阶段，创新工作者进行发散性思考的能力，决定了备选方案的数量与质量。发散性思维具有多维性、灵活性、诱发性和跨越性等特点。多维性是指进行发散思维时，必须就同一问题或事物的每一个可能的方面和细节进行考虑，因为只有这样才可能找到最为有效的创新方案。灵活性是指发散性思维并不固守某一特定的规则或思考方向，在某一方面或环节遇到困难时，可以用其他的方式、方法进行思考。诱发性是指发散性思维往往借助于某一事件或物体来引发联想与想象。跨越性是指发散思维在思维过程中不必固守一定的逻辑规则，不必一步一步地进行推理，而是可以跳过推理过程，直接得出结论或形成创意，把逻辑推理的过程交给集中性思维来解决。

2. 集中性思维（又称辐集性思维）

它是利用记忆中已有的知识经验和已掌握的科学理论作为认知的依据，运用逻辑思维方法，达到或实现某一特定方向和目的的思维方式。在创新过程中，集中性思维可以用来对发散性思维产生的创意进行分析与评价，进行方案的筛选。

虽然心理学家往往以发散性思维来测验人的创造能力，但是在创新具体实践过程中两者却是相辅相成、辩证统一的。这主要表现在以下几个方面：

（1）发散性思维建立在集中性思维的基础上，集中性思维是发散性思维的开始和发端。在需要进行创新的某些阶段或某些具体情况下，所面对的对象经常是不清楚的，这就需要借助集中性思维来界定问题的方向和所要寻求的解决路径。在这种情形下的集中性思维是为寻求下一步的发散性思维的发散点而进行的，因此，集中性思维是发散性思维的开始和发端。

（2）集中性思维是发散性思维评判与验证的手段。在形成创意阶段，为了寻求尽可能多的解决方案，让创新主体的思维进行最大限度的发散是必需的。但是发散的结果是否有助于问题的解决，还必须经过集中性思维的推理、判断来进行评判与验证。

（3）发散性思维与集中性思维的质与量共同决定了创新结果的有效性。进行发散性思维时，发散度高则产生的创意就多，产生优质创意的可能性也就更大。而在进行集中性思维时，它对发散性思维的结果检验越严格，按照最终方案进行创新活动成功的可能性也越大。

第三节　工程技术创新的障碍及其克服方法

工程技术创新需要广阔的思维活动空间，但在创新实践过程中，工程技术创新思维活动却受到各种因素和条件的限制。有些是创新主体认识不到位，有些是能认识到位但无法消除创新障碍，或者消除创新障碍需要一定的时间。然而，创新障碍的消除要比掌握创新思维方式和创新技法重要得多。这是因为，只有消除了创新思维上的障碍，创新思维才有可能获取源源不断的原动力，创新思维的方式和创新技法才能有用“兵”之地。本节将介绍工程技术创新过程中常见的障碍，并分析克服障碍的典型方法。

一、信息加工与问题处理障碍及其克服方法

在工程技术创新过程中，创新主体需要收集和处理大量的相关信息。在这个过程中，信息加工与处理上存在的障碍，往往会严重影响创新过程与结果。1972 年，纽威尔和西蒙提出了关于创新障碍的信息加工与问题处理模型。他们认为解决问题的过程是：①个体感觉到一些粗糙杂乱的信息资料，并对其进行充分加工，以确认被描述的任务环境，即问题的组成部分或借以表述问题的词语。②信息被转换成个人的问题空间，也就是个体对任务进行分析，以便清楚地认识目标，明白要干什么。③为达成目标，创新主体利用记忆中或与问题连带的各种信息，并对其进行加工。在信息加工过程中，创新主体采取的加工方式取决于他对问题空间的感知程度。

纽威尔和西蒙经过分析认为，解决问题涉及寻找最成功的程序。工程技术创新过程中，创新主体由最初的感知信息资料向目标移动过程中，创新主体需要密切注意所采取的每一个步骤是否能缩小与目标之间的差距。如果差距在缩小，那么他就可以接着做下去。如果没有缩小，那么就应该采取其他措施。如果整个程序不能实

现目标，那么或者修改整个程序，或者改变问题的空间。同时，他们还认为，与其说解决问题是寻找成功的程序，不如说是寻找最佳的问题空间。所以说，对任务环境的确切感知、正确的问题空间、充足的信息及正确的加工程序，构成了解决问题过程的重要组成部分。对其中任何一方面的错误感知、不正确界定和信息量上的不足，都会造成工程技术创新活动的失败。

二、思维定势及其克服方法

思维定势（也称为思维惯性），是指思维活动按照已有的固定模式，机械地再现或套用人们在以往实践活动中形成的一些认识问题、分析问题和解决问题的方法。思维定势在人们的日常工作与生活中，起着非常重要的作用，它使人们在遇到与以往问题相似的情况下，能较迅速地做出反应。尤其是在危险状态下，它对人们的身体健康与生命安全起着非常重要的保护作用。但是在创新过程中，它却是一种非常常见的障碍。它使人们在遇到类似问题时，可能会不假思索地运用过去所采用的方法来处理，却忽略了环境的变化。也就是说，思维定势往往会导致人们忽视任务环境的变化，造成对任务环境的错误感知；相反，如果对任务环境的错误感知，也会导致思维定势采取错误的行动，造成损失。

思维定势形成的过程：设 A 是问题，B 是针对问题 A 所采取的行动，C 是结果；在问题 A 发生时，人们采取了行动 B，则结果是 C；行为是成功的。这样连续几次，每当问题 A 出现时，就采取行动 B，得到结果 C，逐渐形成了思维定势。当 A 再次出现在变化了的任务环境中时，人们却因为思维定势的缘故，忽略了这种变化，又采取了行动 B，可是所期望的结果 C 并不会出现，最终造成损失。

以一种最常见的方法来说明思维定势形成的原因。

下面是几组简单的数字组成的题目，要求参赛者利用四则运算和每组中前 3 个数字以最为简洁的形式得到第 4 个数字。先是两组练习题目：

第 1 组：A=11；B=107；C=3；D=90

第 2 组：A=4；B=146；C=20；D=102

在完成练习题目以后开始抢答比赛：

第 3 组：A=15；B=150；C=12；D=111

第 4 组：A=20；B=163；C=15；D=113

第 5 组：A=35；B=79；C=3；D=38

第 6 组：A=30；B=74；C=14；D=16

实验结果表明，大多数参赛者会采用 B−A−2C−D 的方式解决第 5 与第 6 组题目，而第 5 组最为简洁的算法是 A+C=D，第 6 组最为简洁的算法是 A−C=D，可见思维定势形成之迅速。

卢钦斯在 1942 年的研究表明，在特定的情况下，思维定势对创新思维会产生固化作用。人们一旦发现对某类特定任务行之有效的策略，就会反复套用，这给以后更为简单的新办法的应用造成了障碍。思维定势常表现为以下三种形式：

1. 只有一种正确的问题解决方法的思维方式

企业内部的员工过去采取某种特定的方法解决某类问题取得成功的经历，强化了他们对该种方法可以解决某类特定问题的信念。而这种依赖过去成功经验的倾向，却往往会轻易造成只有一个正确答案的思维方式，致使他们从内心里拒绝采取新方法、新措施。

2. 以“你说的是对的，但是问题在于……”为借口，拒绝重新考虑已有的决策

在创新过程中，我们经常会听到诸如“你说的是对的，但是问题在于这样做会延长产品上市的时间”或者“你说的是对的，但是问题在于这样做会使我们本期的开支超过预算”之类的话。产生这种现象的原因在于一些员工固守已有的解决方案，宁愿在事情变坏之前保持现状，也不愿意主动创新。

3. 过分强调逻辑的重要性

在创新过程中，尤其是在寻求创意的开始阶段，有些逻辑关系并不是创新主体一开始就可以看清楚的。因为事物之间的联系是复杂多变的，要等到事物之间所有联系都研究清楚后才行动，这在很大程度上是不可能的。这要求创新主体在创新过程中，必须充分重视非逻辑思维的重要性，只要没有发现明显违背逻辑的关系，就可以谨慎地进行试验。

另外，值得注意的是，思维定势并不是个体所特有的，在承担创新任务的群体内同样存在思维定势问题，这是特别应该引起注意的。群体的思维定势，不仅表现在群体执着于某一特定的问题解决方法，还表现在群体在解决内部沟通、协调与合作问题上对某些方法的偏好上。

克服思维定势的主要方法是，培养个体和群体关注自身对待问题的态度和解决问题的方法与习惯，定期或不定期地进行反思，反思自身有没有陷于态度固化和方法固化的泥潭之中。同时，要培养创新主体对事物的质疑精神，敢于向传统挑战，要有“求异”的勇气与自信。

三、影响创新的个体性障碍及其克服方法

近年来，许多学者都对限制个体创新的因素进行了广泛研究，并从不同角度出发，提出了自己的主张。例如，阿诺德认为，个体的创新障碍可以分为：①感觉障碍，指个体不能形成外部世界的真实而准确的形象；②文化障碍，是由于社会文化

环境的影响而形成的个体创新精神的缺乏；③情感障碍，例如害怕、焦虑等。后来，亚当斯又在阿诺德分类的基础上，增加了智力与表达障碍。这都对个体认识影响自身创新能力的因素、培养创新精神、提高创新成功的可能性具有重要意义。

下面对开展创新能力培育具有较大帮助的琼斯分类进行介绍：

1. 策略障碍

“唯一正确答案的思维方式”，缺乏应有的灵活性。人们的局限思维，限制了个体在更加广泛领域内寻求问题解决方案的可能性，也正是由于这种障碍导致对问题不恰当解决（思维定势）的产生。

2. 价值障碍

由于个体价值观念的影响，阻碍了个体创新能力的发挥。个体固执于自身已有的对问题及其解决方法的价值判断，坚持认为某些方法是应该值得推崇的，另一些方法则是不应加以采用的。这种障碍使得个体有意识、有选择地拒绝把某些问题及其解决问题的方法纳入自己的选择中。价值障碍产生的根本原因在于，创新主体不能从正确的角度出发，进行恰当的价值判断。

3. 感觉障碍

感觉障碍是由于个体知识、经验的缺乏或不完整而造成的，使得一些问题难以引起创新主体必要的反应。

4. 自我形象障碍

个体害怕创新活动失败可能给自己带来“难堪”，以及羞于表达自己的思想。由于个体在创新活动中不愉快的经历，或者是较低的地位，或者是个体性格上的内向，致使个体不愿或不能表达自己主张。

个体要克服上述障碍应该努力做到：

（1）学会多问几个“为什么”，不满足于已有的答案。

（2）要认识自己的价值，努力从组织整体利益和长期利益出发，分析问题，做出决策。

（3）不断完善自身的知识体系，培养自己的观察能力与经常总结经验的习惯，加强与群体其他成员的交流，学会利用他人已有的知识与经验来帮助自己提高解决问题的能力。

（4）应取得组织内其他成员的认同，建立平等交流的渠道，并通过自我肯定性训练来培养自信心。

四、影响创新的组织障碍及其克服方法

在工程技术创新过程中，除了影响群体创新能力的个体性因素之外，还存在从

组织层面上阻碍创新的因素。这些因素不仅影响组织中群体创新的能力，而且对个体创新能力的发挥也有阻碍作用。

1. 缺少必要的资源支持与管理支持

面临一项新技术试验，如果缺乏必要的资源支持，缺乏来自管理层的支持，则表明组织内缺乏创新环境。这种缺乏会严重降低组织内部创新主体的士气，削弱组织的创新能力。必要的资源保障和来自各管理层持续不断的支持，是创新成功的必要条件。

现以 3M 公司为例进行说明。为了促进公司范围内的创新，该公司让拥有新思想的人组成创新团队，在远离公司的简陋工厂内自主使用公司资源，完成创新活动。在创新过程中，管理人员一直充当创新人员的维护者，替他们克服来自各方面的阻碍。

在许多典型的创新型公司里，公司不是以固定预算来限制创新的数量，而是让预算适应创新的需要。这里的预算不再是一种限制手段，而是为创新活动提供保障。

2. 刻板的组织结构

创新活动需要一个能对变化的环境迅速做出反应的组织结构。在现代企业制度中，更多强调严格的等级制度和命令的统一性。由于严格的企业制度和形式主义，在加强日常业务管理的同时，失去了许多重要的创新机会。一般来说，在创新方面取得丰硕成果的公司，大多对创新工作实行例外管理，赋予创新人员必要的权力，使他们能够摆脱不必要的制度束缚，集中精力进行研究与开发工作。

3. 职能部门之间的分工和业务部门之间的分工造成短视思维

职能部门曾以其专业化管理带来的优势，为企业的生存与发展做出不可估量的贡献。但在创新活动变得日益重要并且数量不断增加的今天，各职能部门因过分强调各自的重要性而造成本位主义，给创新活动带来不必要的限制。

另外，在按产品、按地区、按市场等划分事业部的做法，也产生了同样的结果。它们强调各自的业务领域以及争夺资源的活动，既浪费企业精力和资源，又限制企业培育核心竞争能力的创新活动，降低了利用核心竞争能力进行最大限度创新活动的可能性。

为克服因职能部门和业务部门之间分工所引起的短视思维和局限思维的弊端，各公司应加强职能部门之间的合作，并整合各业务部门之间的优势。

4. 从众压力带来的趋同倾向

创新活动的成功，需要参与其中的个体畅所欲言地发表自己的想法，进行充分的沟通。但在实践过程中，往往因为组织中的个体过分看重自身在某些方面的权威地位，或者是个体在某些方面达成默契以后，拒绝对新的建议、看法做出反应，并强求新思想、新建议的提出者服从一个未必是最佳的创意。在这里，个体往往因为众人的压力而不得不屈从。长此以往，在群体内逐渐形成一种趋同倾向，个体甚至在看到较为明显的问题时，也不提出异议，以避免被视为异端而受到排斥。在这种情况下，创新过程中的群体责任，不但没有促进创新活动的进行，反而成为阻碍创新的因素。

要克服创新群体内的趋同倾向，一是要有计划地更换群体成员；二是要有意识地保持群体内的沟通与交流。

5. 过度强调管理控制

在现代管理理论和实践中，十分强调管理控制的重要性。许多学者、专家甚至把企业内部控制制度的完善程度和控制力量的强弱，作为衡量一个企业总体管理水平高低的标准。但是，过于严格的控制，一方面导致短视思维，使员工过于重视短期绩效；另一方面窒息了企业内个体与群体的创新能力。

在企业管理中，企业要视所处行业以及企业的具体情况，设计企业的内部控制制度，使其达到宽严并济的程度，既能实现必要的内部控制，又能促进创新。著名管理大师彼得·德鲁克说："创新型公司探讨的是工作和自律。"微软中国研究院院长李开复对新招聘的员工说："作为你所在领域的专家，我相信你知道你自己需要什么；作为微软的员工，我相信你会合理使用微软的资源。"

6. 强调根本性创新而忽略渐进性创新

在创新过程中，许多创新活动的参与者，只把获得的巨大突破视为创新成果，结果不仅限制了寻找创新点的范围，而且不利于在整个企业范围内树立正确的创新意识。创新不是单纯的技术问题，衡量创新的标准不是看它在技术上取得多少突破，而是看它在提高客户效用的同时，是否为企业带来利益。彼得·德鲁克认为："创新不是科学家或技术专家的术语，而是实业家的术语。""创新意味着为消费者创造新的价值与满足。因此，组织不是以创新的科学与技术重要性，而是以它们对市场与消费者的贡献来对其进行衡量。"

项目组织在了解并克服上述六个方面的因素外，还应努力建设创新型项目组织文化，使项目组织全体员工能在一种开放、自由的环境中，充分沟通，勇于试验，探讨所有的创新方向和创新领域。

第三章
工程技术创新方法

我们在研究创新思维、熟悉一些开发创新的途径之后，究竟如何把握自己的创造性思维，才能获得有价值的创新设想呢？这就是创新技法需要解决的重要问题。尽管创新技法仅是前人进行创造时思维操作的经验总结，不像其他工程技术方法那样，可以得到必然的精确结果，但是，它仍然可以使我们的创造性思维少走弯路。

为了便于读者掌握必要的创新技法，这里介绍几种简单实用的创新技法，它们大多用于群体和个体解决问题或开发产品选题和解题活动。一般来说，只要掌握了这几种常用的创新技法，就可以开展实质性创新活动了。

第一节　列举创新法

列举创新法在创意生成的各种方法中，属于较为直接的方法。按照所列举对象的不同，可以分为特性列举法、缺点列举法、希望点列举法和列举配对法。

一、特性列举法

特性列举法亦称属性列举法或分部改变法，是一种通过列举事物的各种特性以便引发新思维寻求问题解决途径的创造学方法。美国学者克劳福德（R.P.Crawford）在 1954 年发表的《创造性思维方法》一书中提出，他认为世界上一切新事物都出自旧事物，只有对旧事物的某些特征进行继承和改造，才能做出创造。因此，列举特性的过程，就是通过分解分析，把问题分成局部小问题予以解决的过程。

特性列举法的一般步骤为：

第一步，界定一个明确的需要进行创新的问题。如果问题较大，就要对它进行必要的细分，把它分成几个较小的问题后，再分别列举它们的特性。创新对象的特性按照所用描述性词语的词性，一般可分为三个方面：①名词特性：材料、整体、组成、工艺等。②形容词特性：颜色、大小、形状、厚薄、重量等。③动词特性：有关创新对象的机能、作用等方面的特性。

譬如说，对一只浴缸的性能进行改进，乍看起来，现在使用的家庭浴缸已经相当不错了，很难一下子想出改进的地方，那么让我们以词性列举法来分析一下，见图 3-1。

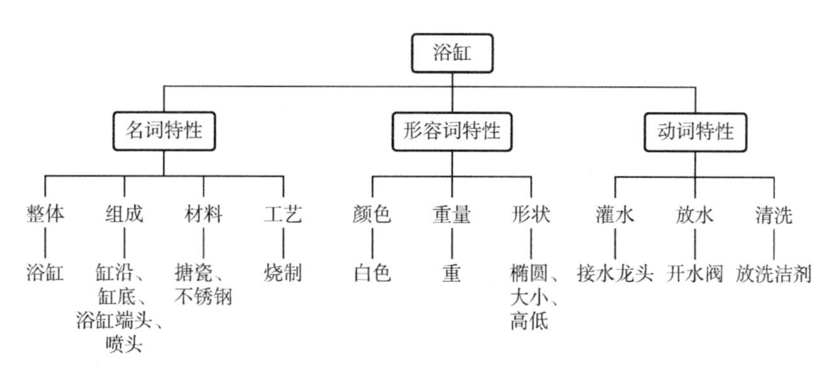

图 3-1　家庭浴缸的词性分析

第二步，从上面所列举的各个特性出发，通过提问的方式来诱发创新思想。例如：浴缸的基本功能是洗澡，那么能否给其增加一些其他功能？如保健、消除疲劳等。怎样实现这两种功能呢？能否增加一个磁化设备？能否在缸底部增加一个气泡产生装置？实现在洗澡的同时，按摩身体的各个部位，达到消除疲劳的作用。能否增加一个水温调节装置保持水温呢？磁性材料太滑，也需要定期清洗，能否用其他材料来代替它？在家庭中，浴缸往往是由父母和孩子共用的，能否调节使用体积的大小，节约用水呢？浴缸的色彩太单调，怎样给它带来生气呢？

通过特性的列举发现，看似满意的物品实际上存在大量可供改进的地方，也为改进工作提供了思路。

二、缺点列举法

缺点列举法分析是日本鬼冢喜八郎提出的一种方法。缺点列举法是把对事物认识的焦点集中在缺陷上。通过对这些缺点的一一列举，提出具有针对性的改革方案，或者创造出新的事物来实现现有事物的功能。

仍以上面的浴缸为例进行说明，传统浴缸的缺点有：色彩单调、功能单一、需要清洗等；它在不使用的时候占用空间，一旦固定很难再改变它的位置，没有放置洗浴用品的专门位置等。

实际上，我们日常生活中的每一件物品都可以找到一些缺陷，只要对这些缺陷加以充分重视，并以此作为创新的起点，一定会为企业带来良好的经济效益。例如，3M 公司认识到，人们依靠传统的一般纸张留言所带来的易丢失、不醒目等缺点，发明了黄色的、能够贴在物品上的便笺纸，仅这一项看似微不足道的发明，就为该公司每年带来几亿美元的利润。

用缺点列举法进行创造发明的具体做法是：召开一次缺点列举会，会议由 5~10 人参加，会前先由主管部门针对某项事务，选举一个需要改革的主体，在会上发动与会者围绕这一主题尽量列举各种缺点，愈多愈好，另请人将提出的缺点逐一编号，记在小卡片上，然后从中挑选出主要缺点，并围绕这些缺点制定出切实可行的改进方案。一次会议的时间大约在 1~2 h，会议讨论的主体宜小不宜大，即使是大的主题，也要分成若干个小题，分次解决，如此原有的缺点就不致被遗漏。

缺点列举法的优点在于，以具体的实物为参照，比较容易寻找切入点；缺点在于，创新主体往往为已存在事物的某些特征所束缚，限制了思维的空间。在对原有产品性能的完善上，缺点列举法是一种很具有针对性的方法，但是如果开发全新的产品，单纯依靠缺点列举法是难以做到的。

三、希望点列举法

希望点列举法是由内布拉斯加大学的克劳福德（Robert Crawford）发明。希望点列举法与缺点列举法相比，在开发具有某些特定功能的全新产品上，它不受已经存在的实物的约束，能够最大限度地开阔思考问题的空间。

仍以浴缸为例，如果依靠缺点列举法来改进产品，无论如何得到的仍然是浴缸，而不是什么别的洗浴设备。如果采用希望点列举法，所列的希望点是：节省空间、随意调节水温、适用于所有年龄和身材的人群、具有保健功能，结果可能是开发出一种具有磁化功能的壁挂式热水器。

再如音乐爱好者，可能需要一种可以随时随地收听音乐的设备。那么这种音乐设备应该具有的特征是：体积小、重量轻、抗震、防水、低能耗等。正是由于最大限度地满足消费者的这些愿望，使得索尼公司开发出一系列的 Walkman、Discman。也就是说，对希望点的追求，可以在一定程度上使创新主体突破已有资源和其他条件的限制，实现产品和管理等众多领域的重大突破。再如，佳能公司依靠这种形式的创新，一举打破了施乐公司在复印机市场上的霸主地位，在小型复印机市场上取得了巨大的成功。

用希望点列举法进行创造发明的具体做法是：召开希望点列举会议，每次可有 5~10 人参加。会前由会议主持人选择一件需要革新的事情或者事物作为主题，随后发动与会者围绕这一主题列举出各种改革的希望点；为了激发与会者产生更多的改革希望，可将每人提出的希望用小卡片写出，公布在小黑板上，并在与会者之间传阅，这样可以在与会者中产生连锁反应。会议一般举行 1~2 h，产生 50~100 个希望点，即可结束。会后再将提出的各种希望进行整理，从中选出目前可能实现的若干项进行研究，制定具体的革新方案。

四、列举配对法

列举配对法利用列举法务求全面的特性，又吸取了后面将要介绍的强制组合法易于产生新颖想法的优点，更容易产生独特的创意。把某些领域的不同实物任意组合起来，往往也能产生很好的创意。

以家具组合为例说明这种方法。对一个家庭来说，可以利用的空间总是有限的，如何才能既实现某些必要的功能，又节省空间呢？那就是把可以组合的家具结合在一起。具体过程如下：

1. 列举

把某一范围内的所有物品都列举出来。列举所有的家具用品：床、桌子、沙发、台灯、衣架、茶几、电视机、电视机柜、椅子。

2. 配对

把其中任意物品进行两两组合。床和桌子、床和沙发、床和台灯、床和衣架……；桌子和沙发、桌子和台灯、桌子和衣架、桌子和茶几……

3. 筛选方案

通过上面的列举和配对产生了大量的组合，当然组合不一定要在两两之间进行，也可以是更多的物品组合在一起。对产生的组合进行分析，筛选出实用、新颖的方案，将它们付诸实施。

第二节　设问创新法

项目组织进行创新实践的过程就是一个不断提出问题，并寻求新的解决方法的过程。在创新实践过程中，提出问题的深度一定程度上决定了创新结果的新颖程度，所提问题所属领域引导着创新主体的思路，提出问题的方式决定了创新主体想象力发挥的程度。在人们工作学习过程中，如果说兴趣是最好的老师，那么问题则称得上是最好的服务员。设问创新方法正是紧紧抓住这一点，以提问的形式来启发创新的思路。设问创新法主要包括检核表法、5W2H 法、信息交合法、逆向追问法等。

一、检核表法

检核表法是指美国创造学家奥斯本率先提出的一种创造技法，它几乎适用于任何类型和场合的创造活动，因此被称为“创造技法之母”。检核表法是根据需要解决的问题或者进行创造发明的对象，列出有关的问题，逐个对它们进行分析，从中获取解决问题的新思路和关于新产品、新管理的方法。它首先提出问题，再逐个进行分析、检验的做法，不仅有利于照顾到思考问题的全面性，而且刺激了新思想的产生。检核提问的方法非常多，其中奥斯本提出的检核表得到了较为广泛的认同和应用。奥斯本的检核表从九个方面对现有事物的特性进行提问：

（1）现有的产品能否应用到其他方面？即扩展产品的应用范围。例如，海尔公司受消费者对其洗衣机产品误用的启发，对其洗衣机的排水管略加改进，结果洗衣机成了洗地瓜的机器。

（2）现有产品内能否引入其他领域的创造性设想，或者直接引入其他领域具有相同或类似用途的发明？例如，受石油工中用小机器人来探测管道漏洞做法的启发，制造超微型机器人，把它们用在疏通人体内血管壁上的血栓沉积物。再例如，在德国，医生把机械手用在需要高度精密性的术中，以节省手术时间，提高手术的准确性。

（3）能否扩大现有产品的适用范围，延长产品的寿命，增加产品的特性？例如，在牙膏中加入某些草药成分或化学药物，使牙膏具有治疗某些口腔疾病的功能；通过对某些易损部件功能的加强，来延长产品整体的使用寿命。

（4）能否对现有产品进行简单的改变？例如，改变它们的颜色、形状，把产品的颜色从单调变得丰富多彩，把古板的形状变得更具流线型等都是有效的手段。这类方法看似非常简单，也最容易被忽视。例如，2015 年米兰设计周，日本著名设计师隈研吾在米兰大学的“ENERGY FOR CREATIVITY”展览中展示了他的茧形创意厨房，其外立面选用 1 mm 厚的硫化纤维纸扭转编织而成，造型好似由飘带构成的拱形墙，看起来又像是一个“白茧”（图 3-2），创造出温柔却坚定的空间感，即业界常常讨论的“弱建筑”概念。

图 3-2　隈研吾的茧式创意生态厨房

在现代企业竞争中，每一种可以使自身区别于竞争对手的改变都应得到应有的重视，即使最简单的也不例外。

（5）是否可以找到能够部分或全部代替现有产品及其组成部分功能的产品或零部件？例如，可以替代的原材料、生产工艺、产品配方或者动力源。寻找代用品的主要作用在于可以改善产品性能，降低产品生产成本，缩短产品生产周期，或者节约能源，即降低产品在整个生命周期内的经济成本，为企业自身以及社会带来经济利益。

（6）能否减少？例如，体积的减小，高度的降低，重量的减轻，结构的简单化等。这一问题的主要作用在于，引导企业内的创新主体努力实现产品的小型化、简单化。

（7）能否组合？譬如，材料上的合成，部件的搭配，目的的组合，手段策略的结合等。关于组合的具体内容，将在本章第四节组合创新法中做较为详尽的介绍。

（8）是否可以进行一些替换？例如，产品的结构替代，元器件或零部件的位置、搭配的更替，以及前后顺序的变换等。

（9）能否颠倒一些产品的部分？例如，使产品组成部分的上下位置颠倒，产品的内外成分互换等。

使用检核表法进行产品设计，往往能够对产品的设计进行多方面的改进，产生效果较好的具有综合性的方案。但在使用该方法时应该注意以下几点：①应该对照检核表逐条进行检核，防止产生遗漏；②要按照检核表进行多次检核，最好能在第一次检核后隔一段时间再进行后续检核，以便产生更多、更好的创意；③对照检核表的每条内容进行检核时，要尽最大可能发挥创新主体的想象力和创造精神；④在使用检核表时，可以由单人进行检核，也可以由多人一起进行。在由多人组成的小组进行检核时，应该注意借鉴头脑风暴法（本章第八节介绍）的一些原则，先产生创意，再进行评价，把评价放在创意产生过程结束后再进行，这样效果将会更为明显。

二、5W2H 法

提出问题的方式除了奥斯本检核表法之外，另一种应用十分广泛的方法就是 5W2H 法。5W2H 分析法又称七问分析法，是“二战”中美国陆军兵器修理部首创。5W2H 法应用的具体过程如下：

1. 问“为什么”（Why）

使用“为什么”来追问事物的本质、根本目的，可以帮助创新主体消除思维中接受事物现状的固有倾向性，开阔思维空间。仍以浴缸来说，我们为什么要生产浴缸？为什么浴缸要做成现在这个形状？浴缸为什么要做成白色？浴缸为什么要固定位置？

2. 问“是什么”“做什么”（What）

现有的浴缸产品的优点是什么？缺点是什么？浴缸的功能有哪些？最主要的功能是什么？产品的生产标准是什么？生产工艺是什么样的？主要原料是什么？产品使用什么样的运输工具运输？

3. 问“谁”（Who and Whom）

浴缸产品现在的使用对象是谁？潜在的客户是谁？谁是浴缸购买的决策者？谁是决策的影响者？谁从产品中获得了利益？谁可以为我们提供渠道？谁在行使着生产的决策权？生产环节中谁是产品质量的关键影响者？

4. 问有关“时间”的问题（When）

浴缸烧制过程需要多长时间？什么时间是销售的旺季？从客户提出购买本公司的产品到最终完成安装使用过程总共需要多长时间？产品可以使用多长时间？产品需要多长时间进行一次清洗？

5. 问在“什么地方”（Where）

我们的主要客户居住在什么地方？顾客喜欢从什么地方购买该类产品？新市场位于什么地方？我们的原料来源在什么地方？产品在什么地方生产最为合适？

6. 问“怎样”（How to）

怎样可以减少产品在生产过程中停留的时间？怎样可以节约水源？怎样可以使水始终保持最为适宜的温度？怎样做可以增加本公司产品的特色？怎样可以减轻产品的重量？

7. 问“数量”指标（How Much）

产品的售价是多少？产品的成本是多少？产品运输成本占总成本的比例是多少？产品在一段时间内的使用成本是多少？产品的长度、宽度、深度各是多少，什么样的比例最为合适？产品的重量是多少？

在上述5W2H中，七种要素的作用并不是完全等同的。就“为什么”之外的另六个要素而言，它们只是在各自维度上对问题思路有一定的帮助作用，而“为什么”这一要素则在所有领域都会以它本身固有的“怀疑一切”的特质，引发新的思想。除“为什么”要素本身外，它还可以被用来对每一要素领域内所提出问题的回答提一个“为什么”，从而抓住每一个问题答案背后所隐含的假设与证据，深化了对问题的思考深度。

三、逆向追问法

逆向追问法是指创新活动的个体或群体顺着与已有事物的原理或结构相反的方向进行追问，试图从中发现新事物的过程。具体来说，是指根据一种观念（概念、原理、思想）、方法及研究对象的特点，从它相反或否定的方面进行思考发问。在人类数千年的文化发展史上，记载着运用逆向思维引人入胜的故事，如“曹冲称象”“司马光砸缸”“孔明借箭”等都是我国妇孺皆知的典故。

1820 年丹麦哥本哈根大学物理教授奥斯特，通过多次实验证明存在电流的磁效应。这一发现传到欧洲大陆后，吸引了许多人参加电磁学的研究。英国物理学家法拉弟怀着极大的兴趣重复了奥斯特的实验。果然，只要导线通上电流，线附近的磁针立即发生偏转，他深深地被这种奇异现象所吸引。当时，德国古典哲学中的辩证思想已传入英国，法拉弟受其影响，认为电和磁之间必然存在联系并且能相互转化。他想既然电能产生磁场，那么磁场也能产生电。为了使这种设想能够实现，他从 1821 年开始做磁产生电的实验，多次实验都失败了，但他坚信，从反向思考问题的方法是正确的，并继续坚持这一思维方式。十年后，法拉弟设计了一种新的实验，他把一块条形磁铁插入一只缠着导线的空心圆筒里，结果导线两端连接的电流计上的指针发生了微弱的转动，电流产生了。随后，他又设计了各种各样的实验，如两个线圈相对运动，磁作用力的变化同样也能产生电流。法拉第十年不懈的努力并没有白费，1831 年他提出了著名的电磁感应定律，并根据这一定律发明了世界上第一台发电装置。如今，他的定律正深刻地改变着我们的生活。法拉弟成功地发现电磁感应定律，是运用逆向追问法的一次重大胜利。

第三节　联想创新法

联想创新法依靠创新主体从一事物想到另一事物的心理现象来产生创意、发明与革新。按照联想时的思维自由程度，可将联想创新法划分为结构化自由联想和非结构化自由联想。但这种简单的划分方法并不具有指导创新实践所必需的可操作性。下面按照联想对象及其在时间、空间、逻辑上的不同限制条件，把联想思维进一步具体化为各种不同的、具有可操作性的具体技法，以指导创新主体的创新活动。

一、形态分析法举例

以拦河大坝混凝土设计方案为例进行分析。

（1）明确问题。运用形态分析法，为拦河大坝混凝土探求最佳方案。

（2）分解因素。可分解成三个独立因素——材料、外加剂、强度。

（3）形态列举。找出每一个因素可能的解决途径，也就是形态，如材料可用石膏、水泥、沥青、树脂、矿渣；外加剂可取减水剂、缓凝剂、速凝剂、引气剂、防冻剂；强度可用 C15、C20、C25、C30、C35 等。

（4）画出因素—形态矩阵表，如表 3-1 所示。

表 3-1　拦河大坝混凝土因素—形态矩阵表

因素	A 材料	B 外加剂	C 强度
形态 1	石膏	减水剂	C15
形态 2	水泥	缓凝剂	C20
形态 3	沥青	速凝剂	C25
形态 4	树脂	引气剂	C30
形态 5	矿渣	防冻剂	C35

（5）方案评定。一共有 216 个方案（6×6×6）。如方案 A3—B5—C1 为添加防冻剂、强度为 C15 的沥青混凝土。对所有形态进行打分，并选出前几个方案，以使混凝土种类多样化。

最后，要对形态分析法做出两点说明。第一点，形态分析法与前面的信息交合法有些类似，都属于组合方法，不同之处在于，信息交合法的信息要素可以随心所欲随机选定，使原本无关的事物之间建立联系；而形态分析法是针对研究对象，进行系统性的分析。第二点，形态分析法不仅用于有形的产品开发，也可以用于经营管理，只要研究对象可以分解因素，而因素总可以找到它可能包含的某些形态，于是，就可以利用形态分析法，确定有价值的方案和方法。

二、非结构化自由联想

非结构化自由联想是在人们的思维活动过程中，对思考的时间、空间、逻辑方向等方面不加任何限制的联想方法。这种方法在需要解决针对性强、时间紧迫的问题时，很难发挥作用。但是，这种联想方法在解决疑难问题时，可能会得到意想不到的新颖独特的解决方法，当然这需要长期累积的相关知识与经验，当这些知识与经验受到触媒的催化作用后，才可能产生创新的灵感。

三、相似联想

相似联想循着事物之间在原理、结构、形状等方面的相似性进行想象，期望从现有的事物中寻找发明创造的灵感。利用物理现象及其内在规律，给技术赋能。

西安华创土木科技发明家李征谈创新时提到水，大家都能想到它的柔，道德经十八章：天下莫柔弱于水，而攻坚强者莫之能胜，以其无以易之。弱之胜强，柔之胜刚，天下莫不知，莫能行。水滴石穿，水滴不断地滴，可以滴穿石头。比喻坚持不懈，集细微的力量也能成就难能的功劳，而如果给予水很大的压力，水能够变成刀，切割岩石，也不用太久的时间，其工作原理是将水流增压至 200 MPa 以上，在通径很小（一般大于 0.2 mm）的喷嘴约束下，形成高速“水箭”，能够穿削如木材、皮革、橡胶等软质材料；如果在“水箭”中混合磨料，则能够穿削各种质地坚硬的材料，如岩石、玻璃、钢板、混凝土面等（图 3-3）。高压水清洗用于很多领域，清洗汽车、清洗轮船底部等。

图 3-3　手持水刀冲洗混凝土

高压水能清洗，高压气能不能清洗呢？有水刀，有没有气刀？有的。气刀包括条形气刀和环形气刀，是一种专门设计用来吹出强劲高速的气流以吹除灰尘、吹干水渍、降温冷却的设备。同时还有一种气刀用于切割板材，这种气刀由高强度、均匀层流气流组成。

四、接近联想

接近联想最早可以追溯到公元前四世纪，最早由亚里士多德提出。在这一概念中，contiguity 是指在时间或者空间上的接近、临近。接近联想是指当一个人同时或者先后经历两件事情（某种刺激或者感觉），这两件事情会在人的思想里互相联系，互相结合。由于两种事物在位置上或在空间距离上或在时间上比较接近，所以认知到第一种事物的时候，很容易联想到另一种事物。男人早晨起床之后，一般要做面部清洁一类的事情，有一则商业广告说“男人的一天从飞鹰开始”，早晨起床与“飞鹰”品牌在时间上联系在一起了，通过联想强化了记忆。在科学创造中，接近联想是从已知探索未知的有效方法。俄国化学家门捷列夫于 1869 年 3 月在彼得堡大学宣布化学元素周期表时，排出了 63 种化学元素。门捷列夫发现，化学元素都是因原子结构的特殊性而按一定次序排列的，这些顺序排列的元素经过一定间隔，它们的某些主要属性就会重复出现，而在每一间隔范围内属性是逐渐变化的。如果这种逐渐性为突然的跳跃所中断，可以设想这里出现一个空位，应该有一个未知的化学元素存在。门捷列夫从这些现象联想到某一元素的附近（属性空位处）会有一种未知元素的存在，并猜出了一些元素，后来这些元素相继被发现，元素的属性均得到证实。

五、对比联想

对比联想根据现有事物在不同方面已经具有的特性，向着与之相反的方向进行联想，以此来改善原有的事物，或发明创造出新事物。运用对比联想法时，首先列举现有事物在某方面的属性，而后再向着相反的方向进行联想。对比联想按照思考问题时的出发点不同，可有许多具体形式，下面简要介绍两种：

1. 优缺点转换法

从理论上讲，任何事物都会有自己的优点和缺点。但问题往往是在某一特定的时期内，某些缺点没有办法解决。在这种情况下，比较可行的办法往往是把这种缺点转化成一种能够带来一定利益的优点。

“丁谓建宫”，是一个历史典故，见沈括的《梦溪笔谈·权智》。宋真宗大中祥符年间，宫中着火，需要重新修建，有三个难度：第一，这里烧成了一片废墟，怎么处理？第二，要重新修一座宫殿，需要土和木材；第三，土和木材从哪里来？丁谓于是命令工人从畅通的大路取土，没几天大路就成了大渠。于是挖通汴河水进入渠中，各地水运的材料都通过汴河和大渠运至宫门口。重建工作完成后，丁谓却用废弃的瓦砾回填入渠中，水渠又变成了街道（图 3-4）。丁谓做了一件事情却完成了三个任务，省下的费用要用亿万两银子来计算。

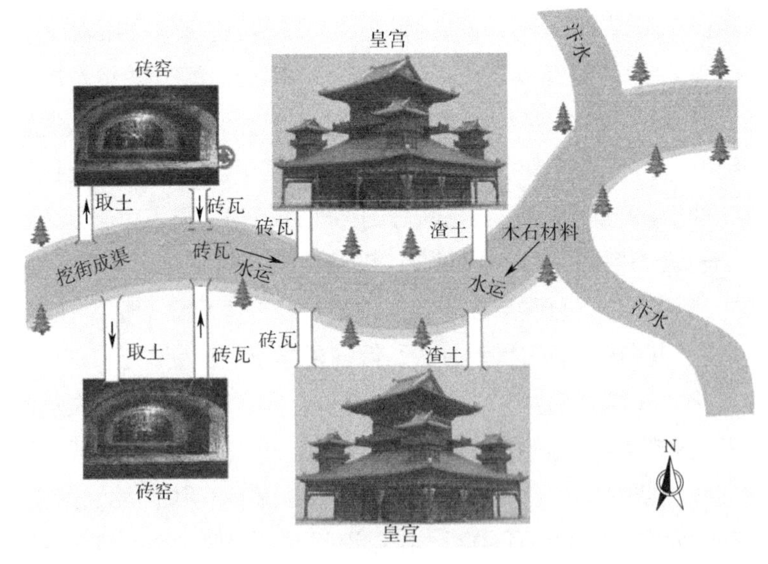

图 3-4　丁渭建宫运筹图

英法海底隧道位于英吉利海峡多佛尔水道下，连接英国的福克斯通和法国加来海峡省的科凯勒。对于挖掘隧道面临的严峻威胁之一，就是大量原材料的存放场地问题。海岸 50 m 长的悬崖使得混凝土板堆放空间限制重重，随着隧道挖掘的速度越来越快，空间就变得越来越狭窄，全断面硬岩隧道掘进机持续地挖掘隧道，但没有混凝土板可供壁顶内砌，过不了多久就要被迫停工，所幸有人灵机一动，全断面硬岩隧道掘进机每天挖掘 36000 t 的废弃土石，何不用废土来解决堆放问题？用废土填海能延伸英国海岸线，提供迫切需要的空间。劣势转化为优势，大大缩短了修筑隧道的工期，同时又很好地达到建筑节能的要求，劣势转化在工程当中的作用不可小视。实际上，像这种最佳配比问题在各种产品中都可能遇到。在解决这类问题时，直接针对问题本身下手未必是最好的解决办法，较好的方法是绕开问题本身，换一个相反的角度，从与其配合的其他零部件上着手。

另外，一种事物在某方面的优点也成了其另一方面的缺点。譬如，20 世纪 70 年代的美国汽车工业一味追求豪华车带来的舒适感，而忽视了他们在耗油量上的缺点，结果在石油危机中把市场丢给了日本汽车制造商。

2. 结构对比法

前面设问类方法中的奥斯本检核表，其中一问就是关于结构问题的。但是联想类方法中的结构对比法与之有所不同。奥斯本检核表法中的结构变化侧重事物内部结构之间的变化，而此处的结构对比法中的结构所指的范围更大。

总之，联想是在一切创意激发的使用过程中都可能应用到的，是其他方法能够有效发挥作用的重要基础，也是创新人员必须具备的基本素质。

第四节　组合创新法

组合创新法是指利用创新思维，将已知的若干事物合并成一个新的事物，使其在性能和服务功能等方面发生变化，以产生新的价值。组合的过程就是把原来互不相关的，或者是相关性不强的，或者是相关关系没有被人们认识到的产品、原理、技术、材料、方法、功能等整合在一起的过程。经过组合以后，可能会创造出全新的产品、过程、方法、材料、功能等；或者使原有产品的功能更加全面，原有的过程更加流畅、效率更高。

一、组合创新法的分类

按照被组合对象的不同，组合可以分为：

1. 不同产品之间的组合

产品组合是最为简单的一种组合方式。这种组合过程只是简单地把通常要配套使用的产品放在一起，进行销售或使用。例如将 PDCA 循环的管理思想与关联规则融合应用，通过计划、执行、检查、处理的迭代思想，不断循环调整与优化，实时、动态、精准地生成产品组合。

2. 不同材料、零部件之间的组合

现代材料的发展，为人类生活带来巨大的、不可思议的变化，如合金材料的制造和大量应用，产生了飞机，使人类可以在空中飞行，大大缩短了时空上的距离；合金材料的制造和大量应用，产生了火箭，使人类可以凭借卫星传来的照片，更加清楚地认识地球。现在的电脑产业中，几乎每一台电脑都是按照顾客的意愿配置、组装的，每一次都是一个创新，而就这种销售方式来说，它本身就是一种销售方式上的创新。人类的日常用品中，又有多少是人工合成的呢?

3. 不同技术手段之间的组合

这里的技术手段不仅是指生产制造过程中的技术手段，也指管理上的技术手段。由于在管理上用于相同或类似目的的技术手段存在一定程度上的互补性，因此，如果恰当地把它们结合在一起，这对于提高管理过程的有效性将是非常有益的。譬如说 BIM+AR 虚实增强下施工现场质量可视化辅助管理技术，基于计算机视觉技术、BIM 与真实场景三维注册技术，通过标识物的识别与配准将施工 BIM 模型与真实施工场景进行空间叠加显示，并对用户的位置进行追踪，使得模型可随着用户的位置变化更新，实现用户在 BIM 与真实信息虚实增强的施工现场漫游。深圳市新华医院项目为深圳市首座超大型医疗综合体，在 8 个应用场景中采用 BIM+AR 组合技术，见图 3-5。

组合创新法常用的还有主体附加法、异类组合法、同物自组法、重组组合法以及信息交合法等。

（1）主体附加法。以某事物为主体，再添加另一附属事物，以实现组合创新的技法称为主体附加法。在琳琅满目的市场上，我们可以发现大量的商品是采用这一技法创造的。如在圆珠笔上安装橡皮头，在电风扇中添加香水盒，在摩托车后面的储物箱上装上电子闪烁装置，都具有美观、方便又实用的特点。

主体附加法是一种创造性较弱的组合，人们只要稍加动脑和动手就能实现，但只要附加物选择得当，同样可以产生巨大的效益。

（2）异类组合法。将两种或两种以上不同种类的事物组合，产生新事物的技法称为异类组合法。

（3）同物自组法。同物自组法就是将若干相同的事物进行组合，以图创新的

01建成前现场模拟　02承台开挖放线
03预埋管线验收　04土建预留孔洞施工复核
05钢结构安装复核　06机电管综安装指导、验收
07精装修指导、验收　08竣工后运维应用

图 3-5　BIM+AR 组合技术应用场景

一种创新技法。例如，在两支钢笔的笔杆上分别雕龙刻凤后，一起装入一个精制考究的笔盒里，称为“情侣笔”，作为馈赠新婚朋友的礼物；把三支风格相同、颜色不同的牙刷包装在一起销售，称为“全家乐”牙刷。

同物自组法的创造目的，是在保持事物原有功能和原有意义的前提下，通过数量的增加来弥补不足或产生新的意义和新的需求，从而产生新的价值。

（4）重组组合法。任何事物都可以看作是由若干要素构成的整体。各组成要素之间的有序结合，是确保事物整体功能和性能实现的必要条件。如果有目的地改变事物内部结构要素的次序，并按照新的方式进行重新组合，以促使事物的性能发生变化，这就是重组组合。

在进行重组组合时，首先要分析研究对象的现有结构特点；其次要列举现有结构的缺点，考虑能否通过重组克服这些缺点；最后确定选择什么样的重组方式。

（5）信息交合法。信息交合法是建立在信息交合论基础上的一种组合创新技法。信息交合论有两个基本原理：其一，不同信息的交合可产生新的信息；其二，不同联系的交合可产生新的联系。根据这些原理，人们在掌握一定信息基础上通过交合与联系可获得新的信息，实现新的创造。

二、组合对象创新的方法

1. 正交组合法

正交组合法与前述的设问创新法中的信息交合法相类似，不同点在于，在信息交合法中，两轴上的要素分别是形成产品整体的构成要素和与人的行为、认识等实践活动相联系的要素。在正交组合法的两个方向上的要素是进行组合关系对等的组合对象。通常条件下，正交组合法通过构建正交组合矩阵实现组合过程，而且组合不必是两两组合，因此如果用图形来表示组合，它可能是立体的，甚至更复杂。

2. 随意组合法

随意组合法是从任意一组事物中挑选几种进行组合。这类方法随意性强，针对性小，但是这种随意性并不是毫无选择的。

第五节　类比创新法

类比创新法的共同特点是，由于两个或两类事物在某一或某些方面具有相同或相似的特点，因此期望通过类比把某一或某类事物的特点复现在另一或另类事物上，从而实现创新。类比创新法中所包含的类比的具体方法很多，而且有很多方法在人们的日常生活中也常用，所以除了对综摄法进行较为详尽的介绍外，对其他方法只做概念性介绍。

一、综摄法

综摄法，是由美国麻省理工学院戈登教授最先创造出来，后经普林斯发展而形成的。此方法是通过召开会议的形式，利用非推理因素来激发群体创造力的一种方法。综摄法是通过各类方法的综合运用来实现对研究对象所有方面的深入分析，再使用各种类比方法，对研究对象进行创新的过程。从总体上，综摄法的运用过程可以分为两个阶段，即变陌生为熟悉阶段和变熟悉为陌生阶段。

变陌生为熟悉阶段，是综摄法的准备阶段。在这一阶段中，创新主体把所面临的问题划分为几个较小的问题，并熟悉它们的每一个细节，深入了解问题的实质，找出对本次创新来说是至关重要的小问题。在认识事物的过程中，创新主体总是倾向于把不熟悉的事物与已经熟悉的事物进行比较，通过对它们之间相同和相异点的综合比较分析，重点认识事物独特的特点，再把它们结合起来形成关于事物整体的综合形象。

变熟悉为陌生阶段，是综摄法的核心。在这一阶段中，创新主体对事物进行全面分析，通过各类类比手法的综合运用，暂时离开原来的问题，放大创新对象的不同点，从陌生的角度对问题进行探索，得到启发后，再回到原来的问题中，通过强制联想把类比得到的结果应用于原问题的解决过程中。

戈登最初提出综摄法时，并没有给出具体的操作步骤，这时的综摄法并不具有可操作性。后来经过普林斯的努力，这种方法成了一种操作性强的创新方法，普林斯综摄法的操作过程如下：

（1）给定问题。在本步骤中，组织者简明扼要地陈述所要解决的问题，让创新小组的全体成员了解问题的本质。

（2）分析问题。在本步骤中，创新小组成员尽最大努力去获取有关信息。这些信息包括问题的背景、目前已知的可行解决办法、进行创新的原因、为解决问题已经进行的有关尝试等。通过这一步骤，创新小组成员不但要掌握问题的全部信息，而且要取得对问题大致相同的理解。

（3）对问题进行重新表述。在本步骤中，创新小组成员以“怎样……”的形式对问题提出尽可能多的重新表述，使问题由陌生变为我们所熟悉的各种问题。同时，这一过程也是小组成员对问题加以分解，形成若干个子问题或子目标的过程。组织者把这些表述记录在黑板或白板上，让创新小组成员全都清楚可见。

（4）对上一步骤中的重新表述、子问题或子目标进行简单的分析和排列。通过简单的分析和比较，把步骤（3）列出的重新表述、子问题或子目标，按照它们对于解决问题的重要性进行排列。

（5）远离问题。在本步骤中，小组每次以一种重新表述形式为出发点，逐渐把问题从我们熟悉的领域转到远离问题领域，尽最大能力搜索乍看起来与问题无关，但实质上确有相似之处的要素。远离问题的过程本身也就是综合运用前述几种类比方法的过程。

（6）强行结合。远离问题并不是根本目的，这只是为了到陌生的领域去搜索新颖的、可能会对问题的解决有帮助的要素。在强行结合阶段中，把在步骤（5）中受到的启发，尽量应用到问题的解决中去，以便形成一种新颖独特的解决方案。强行结合阶段是综摄法的核心所在，但它也是所有阶段中最为困难的一步。这一阶段成功可能性的大小，在很大程度上取决于小组成员在步骤（2）中对问题的把握程度，和由此而形成的对问题的敏感性。

（7）方案的确定与改进。在本步骤中，小组对所产生的方案进行分析，发现其中的缺陷所在，然后针对这些缺陷进行改进，直到最终确定较为满意的方案为止。

在上述过程中，步骤（1）~（4）是变陌生为熟悉阶段，步骤（5）是变熟悉为陌生阶段，步骤（6）、（7）是创意的生成、评价与改进阶段。

二、因果类比法

因果类比法，是根据已经掌握的事物因果关系与正在接受研究改进事物因果关系之间的相同或相似之处，去寻求创新思路的一种类比方法。例如，一名日本人根据发泡剂使合成树脂布满无数小孔，从而使这种泡沫塑料具有良好的隔热和隔声性能的特点，于是他尝试在水泥中加入发泡剂，结果形成了加气混凝土。加气混凝土是以硅质材料（砂、粉煤灰及含硅尾矿等）和钙质材料（石灰、水泥）为主要原料，掺加发气剂（铝粉），通过配料、搅拌、浇筑、预养、切割、蒸压、养护等工艺过程制成的轻质多孔硅酸盐制品，具有质轻、防火、隔热、隔声、抗渗、环保、耐久和经济等优良性能。

三、相似类比法

相似类比法，是根据类比对象在一些属性之间的相似性，类推出它们在综合属性上应该是相似的或者相反的，依据它们在综合属性上的相似，推出它们在个别属性上的相似。相似类比法对于改进产品的综合或具体的个别性能提供了参考。

相似类比找矿法，就是相似类比法的具体应用：在相似的地质环境下应有相似的矿床产出，相同的地质范围内，应有等同或相近的资源量。根据这种观点，在预测工作中将预测对象与已知研究对象进行类比分析，根据其相似程度，对矿床存在与否及其规模等做出某种预测。

四、模拟类比法

模拟类比法就是模拟法。它是指对某一对象进行实验研究时，对实验模型进行改进，最后再把结果推广到现实的产品或经营决策中的一种类比法。模拟法在现代计算机技术迅速发展之后，应用范围扩大，甚至在许多重要决策过程中需要进行全过程模拟。模拟类比法，使得在问题没有出现之前就能准确地预见它们，并把它们消灭掉。

蒙特卡罗（Monte Carlo）方法，又称随机抽样或统计试验方法，属于模拟类比法的一个具体应用，它是在 20 世纪 40 年代中期为了适应当时核能事业的发展而发展起来的。传统的经验方法由于不能逼近真实的物理过程，很难得到满意的结果，而蒙特卡罗方法由于能够真实地模拟实际物理过程，故解决问题与实际非常符合，可以得到很圆满的结果。这也是以概率和统计理论方法为基础的一种计算方法，是使用随机数（或更常见的伪随机数）来解决很多计算问题的方法。将所求解的问题同一定的概率模型相联系，用电子计算机实现统计模拟或抽样，以获得问题的近似解。为象征性地表明这一方法的概率统计特征，故借用“赌城”蒙特卡罗命名。

五、仿生法

仿生法要模仿的对象是生物界中神奇的生物，创新主体试图使人造产品具有自然界生物的独特功能。但是仅就仿生法本身来讲，这种方法是一种具有很强的综合性的类比法。在仿生过程中，将会需要不同类比方法的参与。运用仿生法的创造发明有：模仿蛙眼的电子蛙眼，模仿复眼生物的复眼相机等。

仿生模型法包括生物原型、数学模型与硬件模型三个相互关联的模型。生物原型是基础，硬件模型是目的，而数学模型则是两者的桥梁。正在兴起的智能研究，充分反映出这种方法的特点。1943 年根据神经元“空间总和”的原理，完成了神经元的数学模型，至今已经有一百种以上的神经元电子模型，并且在此基础上设计了新型的计算机、模仿生物的学习过程，造出了“感知机”，它可通过训练，改变元件之间联系的比例关系来进行学习，从而实现模式识别。这种方法不仅对技术和生物学有推进作用，而且对医疗技术很有价值。

六、剩余类比法

所谓剩余类比，是指把两个类比对象在各方面的属性进行对比研究，如果发现它们在某些属性上具有相同的特点，那么可以推定它们在剩余的那些属性上也应该是相同的，从而可以在一事物上推定另一事物的这些属性。

第六节 信息交合法

信息交合法，又称为“要素标的发明法”，或称为“信息反应场法”，是我国创造学家许国泰先生在 1983 年提出的一种用来生成创意的方法。使用信息交合法时，首先把有关物体本身的构成信息分解为若干种不同的要素，并将它们标在直角坐标系的横轴上；然后，把可能或能够与该物体相联系的活动特征要素进行列举，并把它们标在直角坐标系的纵轴上；最后，在坐标系第一象限的“信息场”内，把两轴上的信息逐个进行结合，以产生创意。

一、信息交合法的产生

1983 年 7 月，中国创造学第一届学术讨论会在南宁市召开。会上除了国内诸多学者、名流参加外，还请了日本专家村上幸雄与会。村上先生给大家作了精彩的演讲，演讲过程中他突然拿出一把曲别针说：“请大家想一想，尽量放开思路来想，曲别针有多少种用途？”与会代表七嘴八舌地议论开了：“曲别针可用来别东西——别相片、别稿纸、别床单、别衣物。”有人想得要奇特一点：“纽扣掉了，可用曲别针拉长，连接东西。”“可将曲别针磨尖，去钓鱼。”……归纳起来，大家说出了 20 多种用途。在大家议论的时候，有代表问村上：“先生，那你能讲出多少种？”村上故作神秘地莞尔一笑，然后伸出三个指头。代表问：“30 种？”村上自豪地说：“不！ 300 种！”人们一下子愣住了，真的！村上先生拿出早已准备好的幻灯片，展示了曲别针的诸种用途。

与会代表中就有许国泰，看着村上先生颇为自负的神态，他心里泛起浪潮：在硬件方面，或许我们暂时赶不上你们，但是，在软件上——在思维能力即智慧上，咱们倒可以一试高低！与会期间，他向村上先生说：“对曲别针的用途，我能说出 3 千种、3 万种！”人们更惊诧了：“这不是吹牛吗？”许国泰登上讲台，在黑板上画出了图，然后，他指着图说，“村上先生讲的用途可用勾、挂、别、联 4 个字概括，要突破这种格局，就要借助一种新思维工具——信息标与信息反应场。”他首先把曲别针的若干信息加以排序，如材质、重量、体积、长度、截面、韧性、颜色、弹性、硬度、直边、弧等，这些信息组成了信息标 X 轴。然后，他又把与曲别针相关的人类实践加以排序，如数学、文字、物理化学、磁、电、音乐、美术等，并将它们也连成信息标 Y 轴。两轴相交并垂直延伸，就组成了“信息反应场”。现在，只要将两轴各点上的要素依次“相交合”，就会产生人们意想不到的无数新信息。例如，将 Y 轴的数学点，与 X 轴上的材质点相交，曲别针可弯成 123456……+、−、×、÷ 等数字和符号，用来进行四则运算。同理，Y 轴上的文字点与 X 轴上材质、直边、弧等点相交，曲别针可做成英、俄、法等各国的字母。再例如，Y 轴上的电与 X 轴上的长度相交，曲别针就可以变成导线、开关、铁绳……

二、信息交合法的原理

信息交合法是中国人发明的创造技法。信息交合法也是一种组合法，可以获得更多的组合结果，为创新活动选题提供更多的可选择方案。所以，信息交合法主要用于创新活动中选题。

信息交合法的基本原理，是把选定的信息要素标到坐标轴上，如图 3-6 所示。其中，标了信息要素的坐标轴，称为信息标，有单信息标、多信息标两种形式。信息坐标上的信息相互交合（也就是排列组合），就形成许多新的信息，新的组合、新的设想，以供选择方案之用。

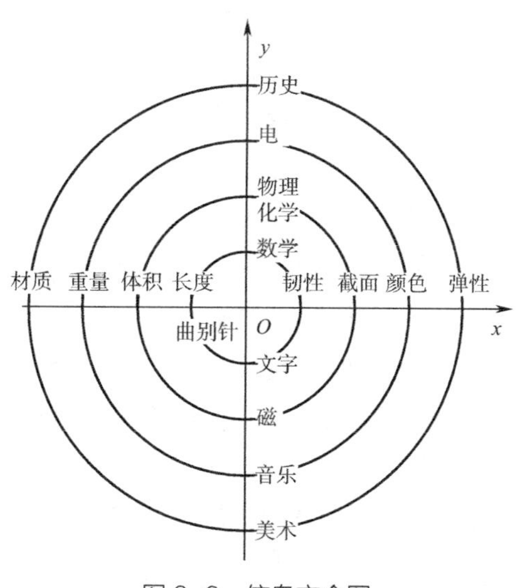

图 3-6　信息交合图

信息要素的选择很重要。如果创新目标是确定的，例如：想开发新玩具，这需要根据经验，一方面要完整地选取有关的信息要素；另一方面，也要选取相近的甚至是无关的信息要素，以增加新颖性。当然，越是“远缘杂交”就越难，但又越出奇效。如果没有创新目标，想通过信息交合法寻找创新目标，那就无任何限制条件，可以随心所欲地选取信息要素，但最好取名词、形容词、动词。

三、信息交合法的形式

1. 单信息标信息交合法

（1）假设用单信息标交合产生新式家具的新设想，这是有既定目标的情况，要创新家具。

①先列举有关家具的信息：床、沙发、桌子、衣柜、镜子、电视、电灯、书架、录音机等（当然还会有别的选择）。

②把这些信息标在一根轴上，形成一根信息标，如图 3-7 所示。

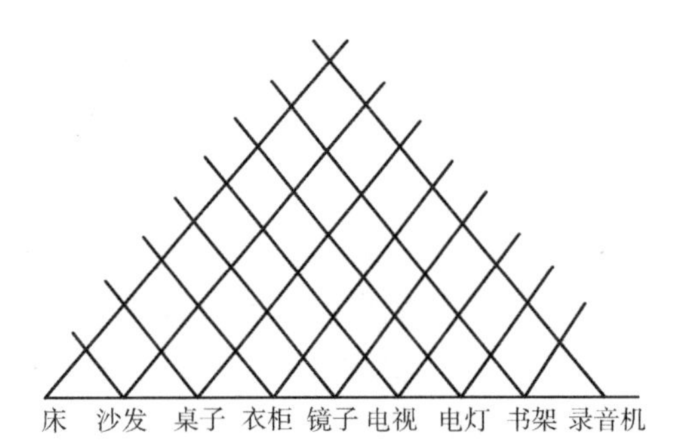

图 3-7　产生新式家具的单信息标

③从每一个信息点向两边呈 60° 引出两根射线，这些射线的交合点［一共有 9×8÷2=36（点）］，就是两两信息组合而成的新信息。例如：书架射线和衣柜射线的交点，就是“书架衣柜”。这些交合点所透出的新信息有 3 种情况：一是已经有的东西；二是有意义的、待开发的新东西；三是无意义的、没有用的信息。

把 36 个交合点的组合名称一一写下来，列出有意义的、可能的组合信息如下：沙发床（已有）、沙发桌、桌柜、穿衣镜（已有）、电视镜、电视灯、书架灯、书架衣柜、电视桌（已有）、电视柜（已有）、床头桌、镜床、录音机架等。显然，所得结果的新颖性与所选取的信息因素有关。这里的“书架衣柜”的门，可以做成可转动的书架。至于是否开发成产品，要从多方面进行可行性研究，如社会需要、经济效益、社会效益、技术难度、资金投入等。

（2）随意提出若干信息因素，运用单信息标信息交合寻找新的设想。随意提出以下 7 个词：虎、水、杯、云、运、造、黑。轮番用每一个词与其余的词进行组合，保持顺意和反意，一共有 7×6=42（个）组合。列出来一看，其中很多是无意义的，例如：虎和其后 6 个词的顺意组合没有意义。反过来，有些组合还有点意思，如水虎、云虎，可看成是水中之虎、云中之虎，是画画的题材；杯虎，杯中之虎，可做成工艺品；运虎，老虎如何运输？造虎，哪个地方要造一只虎？黑虎，世界上还没有，很有新意，能克隆出黑虎吗？这是一个有研究价值的课题。此外，还能交合出一些有意义的组合，如运云，把云运到干旱的地方去下雨。

在大气边界层到对流层范围内存在稳定有序的水汽输送通道，可将其称为“天河”，基于大气空间的跨区域调水模式就是“天河工程”。“天河工程”项目旨在科学分析大气中存在的水汽分布与输送格局，进而采取人工干预手法，实现不同地域间大气、地表水资源再分配。通过对大气中水汽含量及迁徙路线的监测，掌握水汽迁徙规律，并在有条件的地区进行人工干预，解决北方地区地表水资源短缺的局面。根据规划，“天河工程”有望每年在青藏高原的三江源、祁连山、柴达木地区分别增加降水 25 亿、2 亿和 1.2 亿 m^3，中远期有望实现每年跨区域调水 50 亿 m^3，大约相当于 350 个西湖的蓄水量。

2. 多信息标信息交合法

下面以建筑规划为例，说明多信息标信息交合法的应用。

第一步：给出确定的创新目标，即开发不同用途的建筑，把建筑作为坐标原点，如图 3-8 所示。

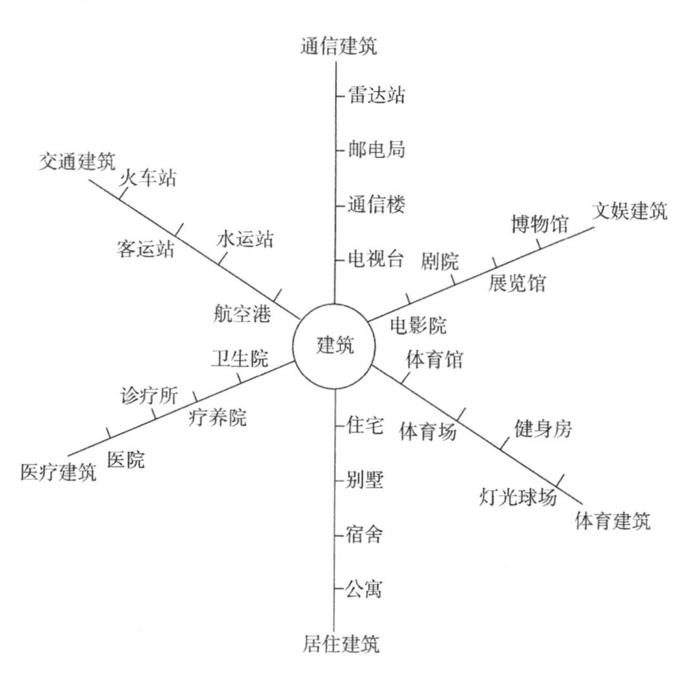

图 3-8　开发不同用途建筑的信息交合图

第二步：从坐标原点出发，向四周画辐射线，每一条辐射线就是一根信息标，根据经验，选取了与建筑有关的 6 大类信息因素：居住建筑、医疗建筑、交通建筑、通信建筑、文娱建筑、体育建筑。于是，形成 6 根信息标。

第三步：在信息坐标上标注信息点。

第四步：以每种建筑一种形状为基础，可与各信息点组合成很多新的多用途建筑。

例如，一栋别墅内，既包含健身房这样的体育场所，也配备小型电影院类型的休闲娱乐设施。

四、信息交合法的原则

信息交合法的运用过程应该遵循 3 条基本原则，即整体分解原则、信息交合原则、结果筛选原则。

①整体分解原则：把对象本身分解，得出要素信息。

②信息交合原则：将横轴上的每一个信息要素与纵轴上的每一个要素进行交合，进行联想，以形成新构思。

③结果筛选原则：对于直角坐标系两轴上的信息交合所产生的结果，并不是要全部接受，而是要有选择地保留，并进一步论证。

下面以信息交合法阐述工程塔式起重机（简称塔机）安装的各组成部分：①塔机的构成信息可以分解为：功能、形状、结构、材质、韧性等要素；②与安装过程相联系的特征要素有：重量、高度、体积、大小、数量等。把这两组特征要素列在直角坐标系的横轴与纵轴上，看看有多少不同的组合，见图 3-9。

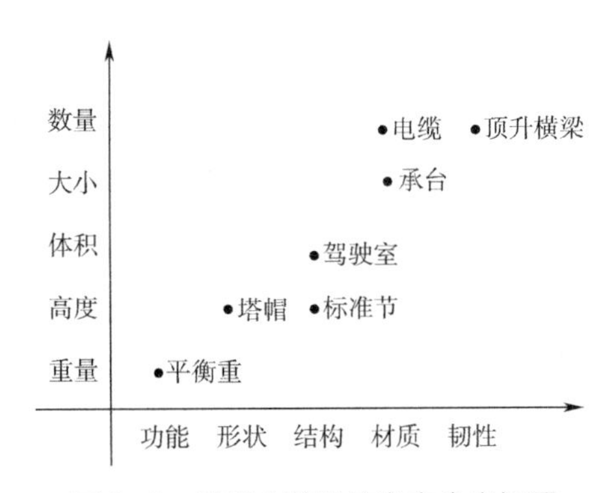

图 3-9　塔机安装的信息交合坐标图

图 3-9 中仅列示了部分可能的结果，单纯两两交合的结果从理论上来讲将有 $P_5^1P_5^1$=25 种，而实际上产生的结果将会更多，因为每两种因素相交合时，可能产生不止一种塔机构件。譬如说，形状与高度交合将产生塔帽、基础等。另外，如果不是两两交合，而是更多种要素交合，那么将产生更多的方案。把经过两两交合产生的构件设计方案进行配对组合，也将产生一些创新方案。这种做法将在后面的组合类方法中介绍。信息交合法中进行交合的要素是与构件有关的两个方面的特征要素，而不是构件本身。

第七节 形态分析法

形态分析法又称形态方格法、棋盘格法或形态综合法，最早于 1942 年由美籍瑞士科学家茨维基提出来。其原理是，将创新课题分解为若干相互独立的基本因素，找出实现每个因素的所有可能的手段，再将每个因素的各种手段进行组合，得出所有可能的总体方案，最后通过评价进行选择。形态分析法对于激发大量具有探索性的创新是十分理想的。

一、形态分析法的基本原理与方法

使用形态分析法时也可以召开智力激励会，在明确创新目标的前提下，进行因素分解、形态列举。

第一步，进行因素分解，将创新对象分解为若干相互独立的基本因素（如杯子，基本因素可分解为材料、结构、功能、形状、尺寸等）。

第二步，进行形态列举，运用发散思维，搜索每一个因素可能包含的形态（如因素为材料，其形态可能是钢、木、塑料等）。

第三步，以因素为横（或纵）列，以形态为纵（或横）列，做出因素—形态矩阵表，并进行排列组合，得到众多的组合方案。

第四步，方案评选。由于组合方案的数量往往很大，所以要进行评选，以找出最佳的可行方案。一般用新颖性、先进性、实用性进行初评，再用经济技术指标进行综合评价，好中选优。

下面用一个简单例子来说明。创新对象——体积一定的砂石料。

（1）首先将其分解成独立的基本因素：产源、技术要求、粗细程度。

（2）形态列举：产源可分为河砂、湖砂、海砂；技术要求可分为Ⅰ类、Ⅱ类、Ⅲ类；粗细程度可分为粗砂、中砂、细砂。

（3）以因素为纵列，以形态为横列，画出因素—形态矩阵表，如表 3-2 所示。

表 3-2 砂石料因素—形态矩阵表

因素	形态 1	形态 2	形态 3
产源	河砂	湖砂	海砂
技术要求	Ⅰ类	Ⅱ类	Ⅲ类
粗细程度	粗砂	中砂	细砂

对表 3-2 所列形态进行排列组合，所得组合数量应该是每一个因数形态数的乘积，即 3×3×3 = 27（个）组合方案。

（4）方案评选。有时因素多、形态多，形成的组合方案数量庞大，令人望而生畏，无从下手，不知如何择优。下面介绍一种方案评分法，可以快捷方便地找出较好的方案。这个评分法就是召开小组会，每人对每一个因素的每一个形态打分，取平均分，把每一个因素中得分最高的形态组合在一起，就是最好的方案，而不必列出其余众多的方案。

二、形态分析法的方案评分法

方案评分法是日本人志村文彦发明的，具体方法是把创新目标、因素、形态画成方案选择树状图，在图上对形态打分，并选出最佳组合方案。下面还以砂石料为例，画出树状图，如图 3-10 所示。召开小组会，对每一个形态打分（5 分制），取平均分标注在每一个形态的后面，把每一个因素中得分最高的形态在其后面圈出来，于是得到最佳方案为：产源用河砂，技术要求取Ⅰ类，粗细程度用粗砂。

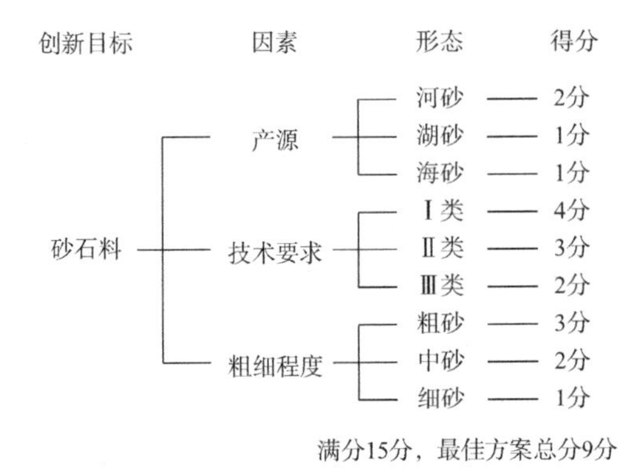

图 3-10　砂石料的方案评分法

方案评分法自 1970 年问世以来，已被日本、美国以及东南亚许多国家采用。应用方案评分法取得成功的案例不少，据报道，日本电气公司每年收入的 8%，是由推广此法取得的。用这种形态分析法进行技术革新，能取得很好的效果，如有一个电缆接线架，用方案评分法寻找最佳组合方案进行革新，使零件数目减少 74%，组装工时减少 80%，成本降低 77%，效果显著。

第八节　头脑风暴法及其变式

在正式介绍头脑风暴法之前，有必要声明一点：虽然我们把头脑风暴法列在创新技法中，但并不意味着这种方法仅适用于创新技法，它还适用于解决问题的所有不同方面，如问题的界定、寻求可能的问题解、方案的评价等。我们把它列在创新技法中介绍，只是因为它在这方面被应用得更加频繁，所发挥的作用也更大。

一、头脑风暴法

所谓头脑风暴（Brain-storming）最早是精神病理学上的用语，指精神病患者的精神错乱状态而言的，现在转为无限制的自由联想和讨论，其目的在于产生新观念或激发创新设想。头脑风暴法又称智力激励法、BS 法、自由思考法，是由美国创造学家 A・F・奥斯本于 1939 年首次提出、1953 年正式发表的一种激发性思维的方法。此法经各国创造学研究者的实践和发展，已经形成了一个发明技法群，如奥斯本智力激励法、默写式智力激励法、卡片式智力激励法等。它是一种通过大家的努力来寻求特定问题解答方法的过程，在这个过程中，小组成员即兴的想法受到重视，而会议过程本身就是收集所有即兴创意的过程。奥斯本又指出：判断一次会议是不是应用头脑风暴法，就要看在会议过程中创意的产生与评价阶段是不是分开进行的。也就是说，头脑风暴法的本质特征是，推迟评价阶段的进行。

在头脑风暴法背后隐含着这样一个假设：在大量的创意中，好的、可以付诸应用的只是少数。而同时只有在一定数量的前提下，才能保证在一次头脑风暴法的应用中产生好的创意，即：创意的质量要由一定的数量来保证。

头脑风暴法的理论基础来源于群体动力学。群体动力学认为，在群体活动中，群体成员的行为具有自我激发和互相激发的特性。当群体中的一员提出一种设想时，激发的不只是这个成员本身的想象力，其他成员的想象力同时也会受到激发，这是一个连锁反应的过程。在群体活动中，群体中的成员为了获取群体成员的尊敬而进行竞争，如果得到很好的利用，将会激发更多、更好的创意。

为了使头脑风暴法取得良好的效果，在应用过程中小组的每一位成员应当遵循如下原则：

（1）自由畅谈原则。参加者不应该受任何条条框框的限制，放松思想，让思维自由驰骋。从不同角度、不同层次、不同方位，大胆展开想象，尽可能地标新立异、与众不同，提出独创性的想法。

（2）延迟评判原则。头脑风暴，必须坚持当场不对任何设想做出评价的原则。既不能肯定某个设想，又不能否定某个设想，也不能对某个设想发表评论性的意见。一切评价和判断都要延迟到会议结束以后才能进行。一方面是为了防止评判约束与会者的积极思维；另一方面是为了集中精力优先开发设想，避免把应该在后一阶段做的工作提前进行，从而影响创造性设想的大量产生。

（3）禁止批评原则。绝对禁止批评是头脑风暴法应该遵循的一个重要原则。参加头脑风暴会议的每个人都不得对别人的设想提出批评意见，因为批评无疑会对创造性思维产生抑制作用。有些人习惯于用一些自谦之词，这些自我批评性质的说法同样会破坏会场气氛，影响自由畅想。

（4）追求数量原则。头脑风暴会议的目标是获得尽可能多的设想，追求数量是它的首要任务。参加会议的每个人都要抓紧时间多思考，多提设想。至于设想的质量问题，自可留到会后的设想处理阶段解决。在某种意义上，设想的质量和数量密切相关，产生的设想越多，其中的创造性设想就可能越多。

虽然头脑风暴法也适合个体思考问题的过程，但它最为普遍的应用形式是小组活动，而恰当的小组成员数量和成员构成对于头脑风暴法的成功也是非常重要的。

（1）合适的小组成员数量。传播理论的研究表明，要是小组成员之间能够保持充分沟通，必须对成员的数量加以必要的限制。一般认为，小组成员的数量应该限制在 5~12 人比较有效。一般来说，小组成员的经验越丰富，他们可能贡献的思想就越多，因此小组成员的数量可以少一些；反之，则应该增加小组成员数量。应该注意，无论小组成员在自己的业务领域内经验多么丰富，在头脑风暴法开始实施以前要对所有成员进行必要的沟通技巧培训，向他们介绍一些关于小组活动的知识，并反复声明应遵循的上述 4 条基本原则。

（2）恰当的小组成员结构。在小组成员构成上，头脑风暴法的组织者有必要挑选不同专业领域的成员参加。因为在小组成员具有相同学历背景的情况下，他们往往会循着相同的思路去思考问题，提出的创意可能会具有较大程度的相似性。来自不同专业领域成员的情况下，更容易增加考虑问题的维度，并且引入必要的不同学科领域的先进知识。但是在选择成员时，要保证所选成员对小组活动领域有一定的了解，或者是经过一定培训能够理解所讨论的问题，并能贡献出自己独特的想法。

二、经典头脑风暴法及其变式

在介绍了头脑风暴法的基本知识之后，接下来介绍经典头脑风暴法及其两种变式：戈登—李特变式和触发器变式。

1. 经典头脑风暴法

（1）热身阶段。此阶段的作用是向小组成员介绍有关头脑风暴法的基本知识，使他们熟悉头脑风暴法的基本规则，并调动其小组成员的思维，使他们活跃起来。

在介绍有关基本规则之后，提出一个问题预演头脑风暴法的基本过程。譬如说，提出这样一个问题：请大家考虑一下回形针可以有多少种用途？在正式开始头脑风暴法之前预演这一过程的必要性表现在：一方面，在通常状态下，人们的思维处于不活跃状态，有必要通过热身调动小组成员思考问题的积极性；另一方面，小组作为一个由人组成的组织，有它自身的生命周期。在正式活动之前，有必要让小组成员进行磨合。

（2）观念生成阶段。虽然前面讲过头脑风暴法可以运用在问题界定的过程中，但在对问题有了恰当的界定之后，才能生成观念。在观念生成阶段，小组成员针对界定清晰的问题提出自己的解决思路、解决办法。由一位书记员把小组成员的全部想法记录在大家都可以看得见的黑板或白板上，供大家随时据此引发新思想，或对自己及他人的思想进行修改。组织者应该在大家思维僵结的时候进行必要的引导，提醒和监督小组成员避免对别人的思想进行评价，鼓励不活跃的成员积极参与到“智力激荡”的过程中，并对活动节奏进行必要的控制。

（3）观念评价阶段。在头脑风暴过程的创意阶段结束之后，对所产生的创意进行整理，对小组每一位成员的积极参与表示感谢，并邀请他们为下一阶段的观念评价提供建议，评价阶段仍然可用头脑风暴法进行。

2. 戈登—李特变式

在经典头脑风暴法中，小组成员提出的创意，要么太理想，要么过于简单。这减弱了小组成员参与创意激发过程的积极性。为了解决这一问题，威廉·戈登和阿瑟·李特对经典头脑风暴法进行了一些改进，提出了这种变式。戈登—李特变式也称教诲式头脑风暴法。

戈登—李特变式在操作过程中，尽量避免一开始就将要解决的问题呈现出来。它把小组成员的注意力集中在问题的基本概念或基本原理上。在这种变式中，组织者的作用在于把小组成员的注意力引导到这些抽象的形式上去，随着观念的产生，组织者逐渐揭示越来越多的信息。具体操作步骤如下：

（1）组织者以抽象的形式引入问题的有关信息，并要求小组成员寻找解决抽象问题的办法。

（2）在观念形成过程中，组织者逐步引入一些关键信息，对问题进行重新界定，直到问题比较具体为止。

（3）组织者揭示最初的问题。

（4）小组以揭示问题前的想法为参考，激发对解决初始问题有帮助的创意。

在戈登—李特变式中，小组的组织者发挥的作用更大，因此在一定程度上，组织者的水平决定了创意的数量和质量。如果组织者对问题缺乏深入理解，不能正确地对小组活动进行引导，往往会使该变式的应用过程误入歧途。

3. 触发器变式

触发器变式与经典头脑风暴法相比，变化不大。它只是更多地把个人思考（或者是对整个小组进一步划分形成的更小的小组）与小组思考结合起来进行。具体操作步骤如下：

（1）组织者向全体小组宣布问题。

（2）把整个小组进行划分，或者是每人一组各自记录下他们的想法。

（3）各小组的代表或个人向全体成员宣布他们的想法，由书记员记录在大家都可以看得见的黑板或白板上。

（4）各小组对所产生的想法分别进行讨论，并提出受别的成员想法的启发而产生的新的创意，记在自己的记录册上。

（5）重复上述过程，直到再也提不出新的想法。

以上介绍的列举类方法、设问类方法、联想类方法、组合类方法、类比类方法、头脑风暴法及其变式六大类方法应用较为广泛。但由于目前在创新技法领域里，同一种方法有多个名称的现象是极为常见的，因此在介绍时尽量使用较为通用的名称，同时也附带提及了一些创新技法的其他名称。

第九节　逆向法

一、逆向法的原理

逆向不仅是一种创新思维形式，也是一种直接的创新技法。由于应用广泛，其内容丰富庞大，所以分成逆向思维与逆向法两部分论述，有利于巩固前面学习的成果。

逆向法是运用逆向思维，从事物反面探求创新创造途径的一种创造技法。如采用变大为小或变小为大、上下颠倒、左右颠倒、变开放为封闭、变害为利、变有为无、变压缩为放大、变果为因、变因为果等与原事物相反的一些构想，就有可能产生新的方案。

逆向法就是倒行逆施，因而往往打破常规而不乏新奇。在技术史上，有许多这样的事例，当发明家“山重水复疑无路”时，由于思维倒转，从反面去看问题，思想豁然开朗，迎来“柳暗花明又一村”，从而摘取技术发明之果。

逆向法可从功能、结构、原理、因果、属性、缺点逆用等许多方面进行逆向构想。

二、逆向法案例

（1）装配式建筑是逆向思维在工程中应用的经典案例。在现代工程施工过程中，总是将工程所需的原材料，如钢筋、混凝土、模板等运输至施工现场，再进行现场施工作业。这种作业方式在施工建造过程中，不仅需要大量的人力物力，而且因为主要施工作业均在现场进行，花费的施工时间一般较长。而装配式建筑正是利用了逆向思维，把传统建造方式中的大量现场作业工作转移到工厂进行，在工厂加工制作好建筑用构件和配件（如楼板、墙板、楼梯、阳台等），运输到建筑施工现场，通过可靠的连接方式在现场装配安装而成的建筑。这样建造的建筑不仅施工过程低碳环保，而且大大减少了建造时间。

（2）现代大坝排水系统也很好地运用了逆向思维。大坝在拦水过程中，总是会发生坝体、坝基位置处的渗流现象。开始人们设置防渗墙、帷幕灌浆、处理坝体裂缝等方式阻水渗流，结果发现无论采取什么手段，渗流现象还是会发生。因此，人们想到了逆向思维，如果不是一味地拦水，而是设置排水系统是否能阻止渗流现象的发生呢？因此，人们在坝体内外设置水平排水、坝体外设置棱体排水，很好地解决了这个问题。

（3）现代火车轨道也是运用逆向思维的卓越成果。最早的铁路工程中，火车机车是用齿轮在齿轨上滚动行驶。那时的人们认为，如果不这样，火车就会打滑或脱轨。所以当时的火车速度极慢。如何提高火车运行速度呢？美国一位火车司炉工司蒂文森想：不用齿轮、齿轨，换上平轮、平轨如何？这就是逆向思维。他成功地让车速提高了 5~10 倍。

（4）运用逆向思维开发建筑 BIM 逆向建模技术。现代工程建造过程中大量运用 BIM 技术，传统 BIM 技术需要根据图纸，利用专业三维绘图软件进行工程建模，这种方法耗时耗力，面对大型工程时，往往面临资源浪费、工程量巨大等问题。因此，随着计算机技术的不断发展，人们运用逆向法，发明了逆向 BIM 技术。逆向 BIM 技术不需要依据图纸绘制实物，而是利用激光扫描、三维扫描建模等一系列相关技术对实物进行扫描，直接绘制出三维实图。

（5）夜间施工照明优化方案也运用了逆向思维。如今，夜间施工现象越来越普遍，传统的照明方案认为布置越多的灯具，施工现场的照明条件就会越好，结果现实往往不尽如人意。布置更多的灯具固然会使现场亮度升高，但与此同时眩光、马赫带效应等现象也越发严重。因此，人们想到了逆向法，如果不是追求更多的灯具，而是通过研究灯具的合理布置，使现场照明条件满足要求的情况下，探求尽可能少的灯具布置是否更有意义呢？因此，创造出更多绿色环保、有价值的照明设计方案。

（6）逆向拆除法也是逆向思维在工程实例中的经典应用。传统房屋拆除分为人工拆除和机械拆除，一般都是自上而下逐层进行拆除，可称为“顺拆法”。而日本鹿岛建设采用的逆向拆除法，则利用临时支撑与千斤顶交替顶起整栋建筑，通过分次截断柱子，把建筑物逐渐降落，使得每一层的梁、板可以在接近地面的施工层拆除，是自下而上逐层对建筑进行拆除，因此叫作“逆向拆除法”。逆向拆除法相比顺拆法，具有以下优点：①由于在底层施工，粉尘和噪声对环境的影响小；②无须设置较高的脚手架，减少垂直运输量；③高空作业少，大大降低了高空坠落等风险；④由于施工操作面低，方便施工作业，也便于建筑垃圾装运。

（7）自下而上的灌浆方法是逆向思维的典型成果。在水利工程建设过程中，为了提高水工建筑物基岩的强度和整体性，往往会应用到岩石基础灌浆技术。传统的灌浆技术采用自上而下的钻灌法，其施工顺序为：钻一段、灌一段，待凝一定时间后，再钻灌一段，这种灌浆方法过程较为繁琐，且等待浆液凝结时间较长，灌浆效率较低。因此，工程中利用逆向思维，成功发明了自下而上的灌浆方法：一次性将孔钻到底，然后自下而上逐段灌浆，可一次性完成注浆，中间不需要停顿，灌浆效率高，很好地解决了传统灌浆方法的效率问题。

（8）在现代高层建筑地下室施工过程中，常见的建筑方式是先进行基坑垂直开挖，待基坑向下挖土至设计标高后，浇筑钢筋混凝土底板，然后再自下而上逐层施工地下结构。而现代工程大量运用逆向施工法，逆向施工法首先利用施工图纸，沿地下室轴线修筑底线连续墙等支护结构，然后利用连续墙作为支撑结构，进行逐层向上的地上结构施工，同时自上而下对地下室结构进行施工。这样做的最大优点是地上和地下结构可以同时施工，很大程度上提高了施工效率。因此，在高层建筑地下室施工中逆向思维也得到很好的体现。

（9）现代施工爆破技术也很好地利用了逆向思维。一般爆破工程为了获得平整的轮廓面、控制超欠挖和减少爆破损伤，往往会选择钻孔爆破技术作为主要的爆破施工工艺，这种方法主要是从外向内进行爆破开挖，通过钻孔装药爆破获得一定的岩石基础轮廓，适宜爆破方量较小的工程。而面对挖方量较大且集中的工程，这种方法则不实用。因此，利用逆向思维，人们发明了洞室爆破技术，通过开挖平洞或竖井在岩体深处挖掘洞室，将一定方量的炸药放置在洞室内，实现岩体从内而外进行爆破。这种爆破方法的主要优点是爆破方量大、爆破效率高，有利于加快施工进度。

（10）工程招标投标过程中也很好地应用了逆向思维。面对技术复杂的工程项目，一般由业主负责现场勘察，依照技术资料编制招标文件，进而进行招标投标活动。然而，在一些业主不熟悉的工程领域，业主无法独立编制技术文件，这里就应用到逆向思维，业主可以先要求投标人依据现场勘察情况自行编制技术资料文件，然后提供给业主，最后业主根据投标人提供的技术资料完成招标文件的编制。通过逆向思维的合理运用，很好地解决了工程招标投标过程中的难题。

通过以上 10 例逆向思维的工程创新技术分析可以看出，逆向思维就是对立的转化，而对立的事物、概念是多种多样的。

三、缺点逆用、变害为利、变废为宝

（1）缺点逆用、变害为利。这也是一种逆向思维，是逆向创造法的特例。和任何事物一样，缺点也有两面性。它有不利的一面，也有可利用的一面。例如，皮带传动中的打滑现象，对要求精密传动的地方，就会产生误差，这是不利的一面；但是另一方面，当机器过载时，带不动，皮带就会打滑，避免了零件损坏，这又是打滑可以利用的一面（需要打滑）。这里，打滑由缺点变成优点。同样，像摩擦、振动也具有这样的两面性，一方面，摩擦、振动会使机器损坏；另一方面，有的机器就是靠摩擦或振动工作的。

利用缺点，是一种逆向思维，是变害为利，变废为宝。接下来分析下面的案例，重视缺点逆用的创新技术，也要重视变害为利的思想方法。

①利用汽车内的噪声抑制噪声——以害制害。日本本田技研株式会社和松下电器联合开发利用噪声降低噪声的技术：箱体很大的客货两用汽车容易产生低频噪声。利用噪声抑制噪声的原理，使用话筒拾取噪声信号，输入饭盒大小的噪声控制器，然后在控制器内合成波形、峰谷与噪声信号相位相反的信号，输入车内音响系统，由喇叭放出来，以抵消噪声，至少可把车内噪声降低 10 dB。这种方法也可用在其他领域，如喷气式飞机内部的噪声、大楼内空调系统的噪声等。

②电火花加工技术与电火花线切割机床是一个典型的缺点逆用产物。电气开关闸刀在开合的时候会产生电火花，为消除电火花，不让其产生电腐蚀，进行了一系列电火花腐蚀机理和影响因素的研究。但经过研究发现电火花是无法消除的，正如走路时鞋底不可避免的摩擦磨损一样。通过长期研究，从电火花能把闸刀材料“啃出”一个个豁口的腐蚀现象联想到，可以利用电火花对金属进行加工，特别是对那些使用刀具切不动的硬金属。按照这个思路，经过反复的研究、试验，创造出电火花加工技术。其工作原理是用一根很细的金属丝，对着要加工的金属块放电，产生电火花，从而对金属块进行切割。

（2）逆向思维，变废为宝、变无用为有用。废物不废，可以说这世界上没有废物，废物也都是物质，往往是人们对它的认识还不清楚。各种各样的废物废料，经过科学分析之后，总可以发现其利用价值，做到物尽其用。

废物利用，变废为宝，大有可为。垃圾处理就是一个很有发展前途的行业。一些国家已建成大型垃圾处理工厂，连美国的洛克希德飞机公司和西屋公司也都参加了这个行业的技术协作。美国洛杉矶市垃圾成灾，但人们把垃圾分成 4 类：可燃性垃圾、不燃性垃圾、厨房垃圾、动物尸体。分类收集，每天得到的厨房垃圾大约是 1 头猪的饲料，每天多达 400 万 t 的不燃性垃圾，用磁选机回收 100~1250 t 铁屑，残余的用于填坑，可燃性垃圾送发电厂发电。

第十节　创意评价

在创意生成阶段，创新主体的大部分注意力都集中在产生尽可能多的创意上。但组织的资源、精力和时间都是有限的，不可能对所有创新方案（创意）都进行试验；同时，在创意阶段生成的创新方案中，有许多是彼此之间可以相互替代的，而另一些方案本身就过于理想化，甚至是荒诞的。如果把所有这些方案都付诸实施，那么结果只能是既浪费了宝贵的人力物力财力，又一无所获。因此，对创意生成阶段得到的创新方案（创意）进行评价，不但是必要的，而且是必需的。

一、创意评价过程

1. 创意的分类整理

各种方案产生之后，在对它们逐一进行评价之前，应首先对它们进行必要的整理。分类整理的目的在于把所产生的创意，按照适用的范围或性质进行分组，以便于查找和评价。

2. 创意的初评与筛选

在对产生的方案进行正式评价之前，应首先设定一些最基本的标准，对创意方案是否进入下一阶段进行更加严格的评价、筛选。对方案进行初评可以运用过滤法、分级筛选法和评分筛选法。

（1）过滤法

在运用过滤法的过程中，首先设定一些基本标准，对照这些标准对方案进行一票否决制评价，即只要方案不符合其中的某一项筛选标准，那么该方案就应被排除在后续评价过程之外。但需要注意的是，筛选标准应该是方案被接受的必要条件。如果超出必要条件范围的标准被用来作为筛选标准，结果只能是过早地丢掉一些好的方案，却没有达到进行初步筛选的目的。

（2）分级筛选法

分级筛选法在评价标准的选择上与过滤法不同。在分级筛选法中，对照所列的标准对方案进行评价时，如果该方案符合某一标准，则在该项目上得分，否则不得分。评价结束时，对各方案的得分进行汇总。最后，根据各方案得分的多少进行排序、分级，并在后续评价中优先对级别高的方案进行评价。

（3）评分筛选法

分级筛选法实质上是对所有评价标准都给予完全相同的权重（权数比重）。这种做法在创新主体对各种标准的重要性有所偏重的情况下是不合适的。因此，有必要对不同的标准赋予不同的权重，同时还可以对各方案符合某项具体标准的情况划分等级，并给每一等级赋予不同的分值；然后，对各方案的得分情况进行汇总，得出各方案的最终得分；最后，对方案进行排序、分级，再按照方案得分或级别的高低，进行后续评价。

在分级筛选法和评分筛选法中，还可以为方案的最低可接受标准设置最低分数限制，对低于分数线的不再进行后续评价。限制分数的高低取决于方案的多少和决策者对方案满意程度的要求。

3. 创意评价

在对生成的创新方案进行初步评价、筛选之后，应该再对每种进入后续评价的方案进行更为详尽的评价。此时，有必要对每种方案进行多种方法的综合评价，以发现每种方法的优缺点，作为方案改进的依据，或者在方案实施过程中加以注意。

二、创意评价技法

1. 城堡法

城堡法是创意评价方法中较为简单的一种，它的操作步骤如下：

（1）告诉评价小组各成员（评价小组成员不必是创意生成小组的全部成员，可以邀请其他外部成员参加，但最好有熟悉创意生成过程的成员在必要的时候进行一些解释）将要用来对所有方案进行评价的 3 个基本标准，并把这些标准记录在所有成员都看得见的黑板或白板上，以便小组成员能够随时对照。这 3 个标准是：一是方案的可接受性（方案满足既定目标的程度）；二是方案的实用性（方案满足企业面临的限制条件，即方案实现在资源上的可能性）；三是方案的新颖性（方案在多大程度上是新的）。

（2）小组成员对各方案符合上述 3 个标准的情况进行投票。每一位成员对每个方案只能投一票。

（3）对各方案的得票情况进行统计。

（4）把得票居前的几个方案选出来，对它们进行一些组合，看是否能形成更好的新方案。

值得注意的是，城堡法的缺点是显而易见的，它受制于小组成员的数量和个人偏好，如果小组成员数量太少，有可能难以形成具有优势的方案，因此，它对方案进行的评价是较为粗糙的。

2. 目标风暴法

目标风暴法遵循的是目标至上的原则。当创新方案危及既得利益集团、难以达成一致意见的时候，应用目标风暴法非常有效。此方法的操作步骤如下：

（1）陈述最为基本的目标。这一目标可以是项目组织的根本目标，也可以是一项活动的根本目标。这项目标要有足够的说服力，要对所有参与方案评价、取舍决策的人员有约束力。

（2）列举与基本目标有直接联系的二级目标，三级目标，……，目标应该细分到有利于进行方案评价，但又没有失去说服力为止。

（3）把所得到的最终细分目标进行排序。排序可以采用两两比较的方法进行，直到把所有细分目标排完为止。

对细分目标进行排序时可以遵循以下原则：一是大家对目标的相对重要性无异议；二是如果某一些细分目标之间难以进行比较，可以对它们进行必要的分解，确定下一级细分目标的重要性；三是可以对细分目标进行合并，以增加它的重要性；四是如果对两个细分目标相对重要性的评价有所改变，应该重复整个过程。

（4）将各方案按照实现细分目标的多少和程度进行评价，选择最优方案加以实施。

目标风暴法可能引发的问题是，由于只注重目标的相对重要性，即使顺利完成了方案的评价、选择，也可能在实施阶段遇到既得利益集团的消极抵抗。因此，采用目标风暴法评价获得通过的方案要注意加强实施阶段的协调、监督工作。

3. 反头脑风暴法

惠廷早在 1958 年对反头脑风暴法进行了描述。在实践中，反头脑风暴法经常与头脑风暴法结合在一起使用，不同的是，在反头脑风暴法的运用过程中，原来头脑风暴法小组的成员转而以一种完全批判的眼光，对经过初步筛选后的方案进行评判。

反头脑风暴法的操作过程如下：

（1）召集原创意生成小组的成员。

（2）把初选后的方案写在黑板或白板上。

（3）小组成员对写在黑板或白板上的方案依次进行彻底批判，并把每一个方案的缺陷记录在黑板或白板上。

（4）对每一个方案的缺陷进行分析归类，列在黑板或白板上，请小组成员分析、补充。

（5）选出公认较好的创新方案。

在使用反头脑风暴法的过程中要注意：一是对应用头脑风暴法产生的全部方案进行初选，因为在方案众多的情况下应用反头脑风暴法需要大量的时间，导致小组成员对每种方案的批评可能不够充分；二是评价小组是原来创意生成小组的成员，因为只有他们最熟悉方案产生的背景。

4. 量化分析法

在量化分析法中，对于每种因素在方案选择中的作用尽量进行量化处理，以便使方案评价与选择的过程更加规范化，并且通过不断地总结经验，逐步对评价系统内包括的因素及其权重进行分析确定。

量化分析法的一般过程如下：

（1）确定评价小组的成员。小组成员的组成要尽可能包括不同层次、不同部门的人员。

（2）确定评价标准。确定每种评价标准的最高与最低得分范围，并为每种标准分配权重，把它们列成评分表，见表 3–3。

表 3–3　创新方案评分表

评价人员部门：______		评价人员职务：______		
评价人员获得的权重：______				
评价标准及分值范围（分）	权重	方案 A	方案 B	方案 C
A（0~ 5）	0.25			
B（0~ 5）	0.25			
C（0~ 5）	0.2			
D（0~ 5）	0.2			
E（0~ 5）	0.1			
合计	1.0			

（3）请负责创意生成工作的人员对各方案的情况进行较为详尽的介绍，请负责创意评价工作的人员对每种标准的含义做尽可能准确的说明。

（4）评价小组成员对照评分表中的标准对每种方案进行评价。

（5）由负责统计工作的人员对每位成员的评价进行计算，得出各成员对每一个方案的评价分值。

（6）根据每位成员评价分值赋予的权重汇总计算出每一个方案的最终得分。

（7）根据各方案的最终得分情况进行方案选择。

虽然前面提到，用来进行创意评价的方法具有较强的通用性，但并不是说任何一种方法都适用于所有方案的评价。在实际选择评价方法的过程中，评价人员有必要针对各种评价方法的利弊和创新方案的特性以及组织内部的偏好状况，进行评价方法的选择。

第四章
发明问题解决理论（TRIZ）

第一节　TRIZ 的产生与发展

一、TRIZ 的产生是辩证唯物主义的重大胜利

TRIZ（俄文：теориирешенияизобретательскихзадач，俄语缩写“ТРИЗ”翻译为“发明问题解决理论”；用拉丁语标音可读为 Teoriya Resheniya Izobreatatelskikh Zadatch，缩写为 TRIZ；英文为 Theory of Inventive Problem Solving，TIPS）是苏联发明家、教育家根里奇·阿奇舒勒和他的研究团队，通过分析大量专利和创新案例总结出来的，国内也形象地翻译为“萃智”理论或者“萃思”理论，取其“萃取智慧”或“萃取思考”之义。顾名思义，“发明问题解决理论”，就是解决发明问题的理论、方法、程序、解法等。

当今世界创造学以美、日、苏联为主，分成 3 大流派。作为主导思想，意识形态对创造学的影响显而易见。以美国为代表的欧美创造学，重视思维的自由活动，把发明创造视为联想、想象、直觉、灵感等思维活动的结果；日本的创造学倾向于思维的实际操作；苏联的创造学则把发明创造建立在客观认识规律基础上和有组织的思维活动上，不靠偶然所得，而是按一定程序达到必然结果，在这样的指导思想下，以阿奇舒勒为代表的 TRIZ，力求使发明创造成为一门严谨而精密的科学。这里，所谓“客观认识规律基础”，就是“辩证唯物主义”。所以，TRIZ 的产生是建立在辩证唯物主义的基础之上。

阿奇舒勒发明 TRIZ 理论的哲学思路是：人们从事发明创造，解决技术难题，是否也可以像解数学题那样，有公式可套，有方法可鉴，有规律可循？他认为这是必然的，是客观存在的。若果真如此，那发明创造，解决难题，就变得容易了。那么，又如何获得解决发明问题、具有普遍意义的方法和规律呢？生长在社会主义社会的阿奇舒勒，遵循辩证唯物主义的认识论：“普遍性寓于特殊性”，又根据辩证唯物主义“从特殊到一般，又从一般到特殊”的认识规律，决定从现有发明创造的许多特殊案例中，寻找解决发明问题的一般普遍规律与方法。然后，再用这一般普遍规律与方法，去解决现实中各种各样的发明创造问题。在他的带领下，与苏联专家们一起，对世界上 250 万份高水平的专利进行研究、整理、归纳、提炼，终于建

立起一整套系统的、实用的解决发明问题的理论方法——TRIZ。TRIZ 理论具体包含以下三个方面的内容：

（1）理想化的方向：对于技术发展的新认识，所有技术系统都最终向理想化的方向进化，这使得发明有了明确的方向，不再依赖试错和灵感。

（2）系统化的流程：TRIZ 提供了系统化的“问题分析—问题解决”流程，能够将具体的工程问题转化为标准问题，进而运用结构化的知识库构建解决方案。

（3）结构化的知识库：TRIZ 认为“某人、某时、某地已经解决了你的问题或类似的问题。你只需找到那个答案，应用到目前的问题上”，因此学者开发了常用知识效应库，采用从功能/属性到所需知识（实现方法）的组织形式，有效帮助创新者迅速准确地找到所需要的知识，大大提高了发明的效率。

特别是 TRIZ 中一个重要内容“物场分析”，把对立统一规律演绎得淋漓尽致。如今在世界范围得到应用并取得巨大成功，因而被西方国家誉为“科技奇葩”。

相对于传统的创新方法，如头脑风暴法等，TRIZ 理论具有鲜明的特点和优势。它成功地揭示了创造发明的内在规律和原理，着力于澄清和强调系统中存在的矛盾，而不是逃避矛盾，其目标是完全解决矛盾，获得最终的理想解，而不是采取折中或者妥协的做法，它是基于技术的发展演化规律研究整个设计与开发过程，而不再是随机妥协的做法。TRIZ 理论大大加快了人们创造发明的进程，它能够帮助人们系统地分析问题情境，快速发现问题本质或者矛盾，它能够准确确定问题探索方向，不会错过各种可能，而且它能够帮助人们突破思维障碍，打破思维定式，以新的视角分析问题，进行逻辑性和非逻辑性的系统思维，根据技术的进化规律预测未来发展趋势，大大加快了人们创造发明的进程并产出有质量的创新产品。经过多年的发展，TRIZ 理论已经成为基于知识的、面向人的解决发明问题的系统化方法学。因此，TRIZ 获得成功，是辩证唯物主义的重大胜利。

二、TRIZ 理论的发源与发展

应用 TRIZ，有方法可鉴，有规律可循，可大大加快发明创造的进程，而且可以获得高水平、高质量的创新产品。但是，TRIZ 内容相当庞大而复杂，全面掌握不易，对应用者有相当高的要求。TRIZ 理论被公认为是使人聪明的理论，TRIZ 是苏联副博士研究生必修课程，对其他国家是保密的，在军事、工业、航空、航天等领域均发挥着巨大作用。苏联解体后，大批 TRIZ 研究者移居美国等西方国家，TRIZ 的研究与实践才得以迅速普及和发展。如今已有 TRIZ 世界大会——国际 TRIZ 协会，在俄罗斯、瑞典、日本、以色列、美国、欧盟等许多国家都成立了 TRIZ 研究中心，TRIZ 理论方法也已广泛应用于工程技术领域，并在多个跨国公司迅速得以推广并为其带来巨大收益。如今它已在全世界广泛应用，创造出成千上万项重大发明。可以说，科技奇葩 TRIZ，发源于苏联，发展于欧美。

三、TRIZ 是计算机辅助创新（CAI）的理论基础

在美国，许多公司都致力于以 TRIZ 为核心原理开发计算机辅助创新软件（CAI）。TRIZ 是唯一能开发成计算机辅助创新软件的创造技法。其中，Invention Machine 公司（以下简称亿维讯公司）的 TechOptimizer 是最为著名的计算机辅助创新软件。一些著名的公司如 Ford、Motorola、GM、GE、HP 等都已使用 TechOptimizer 软件解决工程技术问题并取得巨大收益。该软件已经成为国外企业、尖端技术领域解决技术难题、实现创新的有效工具，其用户遍及航空航天、机械制造、汽车工业、国防军工、铁道、石油化工、水电能源、电子、土木建筑、造船、生物医学、轻工、家电等领域。现在，TRIZ 理论已由工程技术领域向自然科学、社会科学、管理科学、生物科学等领域发展，以解决各领域遇到的问题。2003 年“非典”时期，新加坡 TRIZ 研究人员利用 TRIZ 中的 40 条发明原理，提出了防止“非典”的一系列方法，其中，许多措施被政府采纳，收到非常好的效果。

据统计，2003 年，三星电子采用 TRIZ 理论指导项目研发从而节约相关成本 15 亿美元，同时通过在 67 个研发项目中运用 TRIZ 技术成功申请了 52 项专利。仅一项创新技术就能对一个跨国企业产生如此大的影响，这种情况是不多见的。

从 1997 年三星集团引入 TRIZ 理论到 2003 年的 7 年时间里，三星集团应用 TRIZ 取得了显著的创新成果，但很多创新环节仍然需要 TRIZ 专家的协助才能完成，而且这些专家往往都有 10 年以上 TRIZ 应用经验并通晓不同的工程领域。我们因此称三星集团的这种创新模式为“专家辅助创新”（Expert-Aided-Innovation）。

目前我国众多企业普遍存在产品落后、创新能力不足等问题，关键在于企业缺乏快速响应市场的新产品开发及制造技术创新的机制和能力，因此，迫切需要获得新产品开发的具体技术支持。TechOptimizer 和 Knowledgist 软件恰恰能够满足这种需求。近几年 TRIZ 在我国也受到重视，也有机构和个人进行以 TRIZ 为基础的计算机辅助创新（CAI）的研究和推广。2004 ~2005 年国际 TRIZ 协会首次为中国企业中兴通讯股份有限公司（简称中兴通讯）举办了 TRIZ 技术及 CAI 软件应用培训班，并取得成效。

第二节　发明等级

阿奇舒勒开始对大量专利进行分析、研究之初，他就遇到了一个无法回避的问

题：如何评价一个专利的创新水平？海量的专利中，有的专利是在原有基础上，对技术系统内某个性能指标进行简单改进；有的专利则是提出原来根本不存在的全新技术系统（如蒸汽机、飞机、互联网的发明），这些是人类科技发展史上的里程碑，具有极高的技术含量。显然，这两种专利在创新水平上是有差距的，那么应如何制定一个相对客观的标准来评价它们在创新水平上的差异？这样的标准可以将专利分门别类，以便更加科学、有效地进行剖析。阿奇舒勒认为，克服技术系统中存在的矛盾，是创新最主要的特征之一。基于这样的思想，阿奇舒勒提出了发明专利的五个级别，如表 4-1 所示。

表 4-1　发明等级表

发明等级	典型特征		说明
第一级发明：合理化建议（占总体的35%）	原始状态	带有一个通用工程参数的课题	第一级发明大多数为参数优化类的小型发明，一般为通常的设计或对已有系统的简单改进。这一类发明并不需要任何相邻领域的专门技术或知识，问题的解决主要凭借设计人员自身掌握的知识和经验，不需要创新，只是知识和经验的应用。例如，为了提升隔热效果将单层玻璃改为双层玻璃，可以增加房间的保温和隔声效果；用承载量更大的重型卡车替代轻型卡车，以实现运输成本的降低
	问题来源	问题明显且解题容易	
	解题所需知识范围	基本专业培养	
	困难程度	课题不存在矛盾	
	转换规律	在相应工程参数上发生显著变化	
	解题后引起的变化	在相应特性上产生明显的变化	
第二级发明：适度新型革新（占总体的45%）	原始状态	带有几个通用工程参数、有结构模型的课题	第二级发明主要采用行业内已有的理论、知识和经验。解决这类问题的传统方法是折中法，利用折中设计思想降低技术系统内存在矛盾的危害性。例如，在焊接装置上增加一个灭火器、斧头空心手柄等。再例如，发动机有离地高度的要求，防止起飞着陆时，吸入跑道的杂物；某型号飞机更换更先进的发动机，但这个发动机的直径更大，导致原先的离地高度不够用。为了不重新设计机体结构和起落架，就对发动机的进气道布局作了调整，增大整流罩的直径，以便增加空气的吸入量，但为了不减少整流罩与地面之间的距离，将整流罩底部的曲线变为直线
	问题来源	存在于系统中的问题不明确	
	解题所需知识范围	传统的专业培训	
	困难程度	标准问题	
	转换规律	选择常用的标准模型	
	解题后引起的变化	在作用原理不变的情况下解决了原系统的功能和结构问题	

续表

发明等级	典型特征		说明
第三级发明：专利（占总体的16%）	原始状态	工作量大、只有功能模型的课题	第三级发明主要采用本行业以外的已有方法和知识，设计过程中要解决矛盾。例如，汽车上用自动传动系统代替机械传动系统；计算机使用鼠标；传统的活塞式发动机改进为喷气式发动机，把吸气、压缩、燃烧、喷射四个工作过程连接起来，效率更高
	问题来源	通常由其他等级系统和行业中的知识衍生而来	
	解题所需知识范围	发展和集成的创新思想	
	困难程度	非标准问题	
	转换规律	利用集成方法解决发明问题	
	解题后引起的变化	在转变作用原理的情况下使系统成为有价值的、较高效能的发明	
第四级发明：综合性重要专利（占总体的3%）	原始状态	有许多不确定的因素，结构和功能模型都没有先例的课题	第四级发明主要是从科学的角度而不是从工程的角度出发，充分控制和利用科学知识、科学原理实现新的发明创造。例如，第一台内燃机的出现、集成电路的发明、充气轮胎、记忆合金管接头。用金刚石刀具进行切割高强度部件，如果金刚石内部有微小裂纹，刀具容易磨损，切割效果大打折扣。如何制作出没有内部裂纹的金刚石？解决该问题，需用到其他领域的知识。在食品工业中，从坚果中剥离出果实，采用了升压与降压原理：首先将坚果放在容器中，将容器中的气压升至一定的大气压，之后快速降压，这样坚果皮与其中的果肉就分开了。采用同样的原理，将大块的金刚石放入耐压容器之后升压，然后突然降压，大块的金刚石将沿内部微小裂纹分开
	问题来源	来源于不同的知识领域	
	解题所需知识范围	渊博的知识和脱离传统概念的能力	
	困难程度	复杂问题	
	转换规律	运用效应知识库解决发明问题	
	解题后引起的变化	使系统产生极高的效能并将会明显地导致相近技术系统改变的“高级发明”	
第五级发明：新发现（占总体的1%）	原始状态	没有最初目标，也没有任何现存模型的课题	第五级发明主要依据自然规律的新发现或科学的新发现。如计算机、形状记忆合金、蒸汽机、激光、灯泡、电动机的首次发明
	问题来源	来源或用途均不确定	
	解题所需知识范围	运用全人类的知识	
	困难程度	独特异常问题	
	转换规律	科学和技术上的重大突破	
	解题后引起的变化	使系统产生突变，并将会导致社会文化变革的“卓越发明”	

由表 4-1 可知：

（1）96% 的发明专利利用了行业内的知识；

（2）只有少于 4% 的发明专利利用了行业外乃至整个社会的知识。

因此，如果企业遇到技术矛盾或问题，可以先在行业内寻找答案；若不可能，再向行业外拓展，寻找解决方法。若想实现创新，尤其是重大的发明创造，就要充分挖掘和利用行业外的知识。平时人们遇到的绝大多数发明都属于第一、第二和第三级。虽然高等级发明对于推动技术文明进步具有重大意义，但这一级的发明数量相当稀少。而较低等级的发明则起到不断完善技术的作用。

对于第一级发明，只是对现有系统的某些参数进行简单改进，并没有针对性地解决矛盾，阿奇舒勒认为不算是创新。而对于第五级发明，他认为如果一个人在旧的系统还没有完全失去发展希望时，就选择一个完全新的技术系统，则成功之路和被社会接受的道路是艰难和漫长的。因此，发明几种在原来基础上的改进系统是更好的策略。他建议将这两个等级排除在外，TRIZ 理论工具对于其他三个等级的发明作用更大。通过不断实践，综合利用 TRIZ 所有工具，可以帮助人们程序化、快速地解决大部分课题。一般来说，等级二、等级三称为“革新（Innovative）”，等级四称为“创新（Inventive）”。

第三节　技术系统进化理论

技术系统是指人类为了实现某种目的而设计制造出来的一种人造系统。该定义阐述了技术系统的两点本质：第一，技术系统是一种人造系统，它是人类为了实现某种目的而创造出来的，这也是与自然系统的最大差别；第二，技术系统能够提供某种功能，实现人类期望的某种目的。因此，技术系统具有明显的“功能”特征，在对技术系统进行设计、分析的时候，应该牢牢地把握住“功能”这个概念。

技术系统进化理论是 TRIZ 的核心。曾经为人类带来光明的电灯泡就要寿终正寝，会有更好的产品——半导体发光管代替它，这就是技术系统进化。技术系统进化就是不断地用新技术替代老技术、用新产品替代旧产品的发展观点。如运输系统汽车替代马车；对于洲际旅行，飞机替代了汽车；到外部空间绕地球旅行，宇宙飞船又替代了飞机等。TRIZ 强调技术系统一直处于进化之中，也就是要不断更新、不断发展。技术系统生命周期包含 4 个阶段：婴儿期、成长期、成熟期、退出期（图 4-1）。婴儿期发展缓慢，成长期发展迅速，成熟期有所减缓，处于衰退期该技术系统可能不再有需求、将被新的技术系统取代，新系统又开始新的技术生命周期。

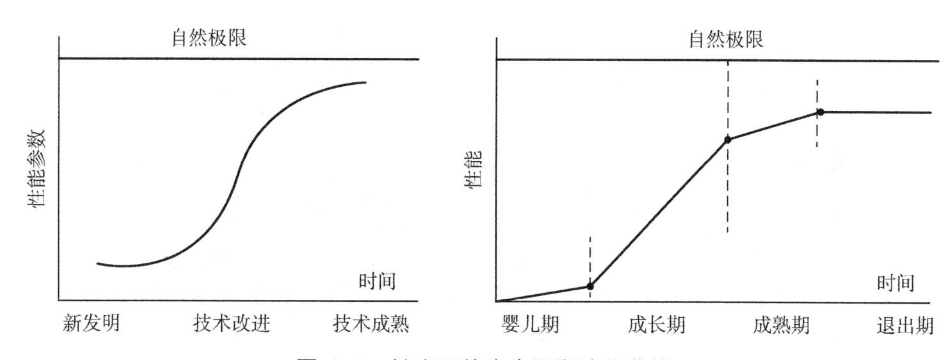

图 4-1　技术系统生命周期演化曲线
（a）S 曲线；（b）分段 S 曲线

TRIZ 为技术系统进化理论制定了 8 大进化法则：

1. 完备性法则

要实现某项功能一个完整的技术系统必须包括以下 4 个部件：动力装置、传动装置、执行装置、控制装置（图 4-2）。

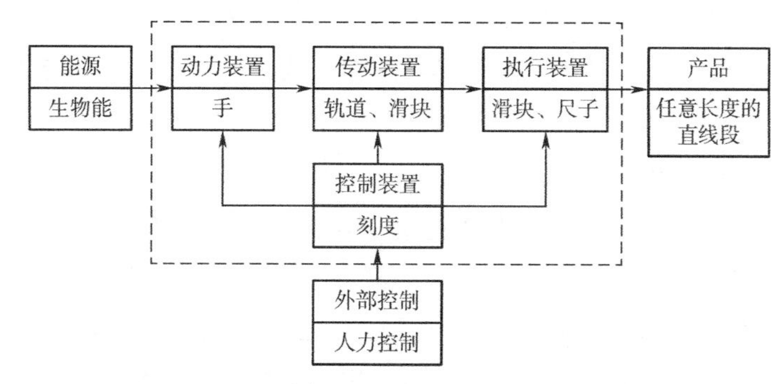

图 4-2　技术系统的完备性法则

（1）系统如缺少其中任一部件就不能成为一个完整的技术系统。

（2）如果系统中任一部件失效，整个技术系统也无法“幸存”。

2. 能量传递法则

（1）技术系统要实现其功能，必须保证能量能够从能量源流向技术系统的所有元件。如果某个元件不接收能量，就不能发挥作用，整个技术系统就不能执行其功能。例如，放在金属壳内的收音机。

（2）技术系统的进化应沿着能量流动路线缩短的方向发展，以减少能量损失。例如，用手摇绞肉机代替菜刀。

3. 动态性进化法则

技术系统的进化应该朝着结构柔性、可移动性、可控性增强的方向发展，以适应环境状态或执行方式的变化，提高技术系统的高度适应性。

（1）提高柔性法则。提高系统柔性是创新设计的一个方向。例如，门锁的进化：挂锁→链条锁→电子锁→指纹锁。再例如手机充电器进化（图4-3）。

图4-3 手机充电器的柔性进化

（2）提高可移动法则。技术系统的进化应朝着系统整体可移动性增强的方向发展。例如电话机（最早的电话机都是座机）、移动电话。

（3）提高可控性法则。技术系统的进化要沿着系统内各部件的可控性增加的方向发展。例如：

①照相机的调焦：手动→按钮→感光线→自动调焦。

②路灯开关：单个开关→总闸开关→感光开关→感光开关自动调节亮度→声光开关。

4. 提高理想度法则

随着技术系统的不断进化，其理想度会不断提高，极限的情况是系统的有用功能趋向于无穷大，有害功能和成本则趋近于零，二者的比值（即理想度）为无穷大，这样的状态称为理想化最终结果（Ideal Final Result，IFR）。基于理想系统的概念而得到的针对一个特定技术问题理想化解决方案的过程，称为最终理想解。

最理想的机器是没有机器、不用机器。作为一个特例就是顺流而下地放木排，不用船运输，不消耗人工能量。最理想的技术系统应该是不消耗能量，却能够实现所有必要的功能。提高理想度法则包括：

（1）技术系统是沿着提高其理想度，向最理想系统的方向进化。

（2）提高理想度法则代表着所有技术系统进化法则的最终方向。

理想度定义式为：

$$理想度=\frac{\sum 有用功能}{\sum 有害作用+COST} \quad (4-1)$$

以价值工程理论为基础的提高理想度法则，其原理式为：

$$V=\sum F/\sum C \quad (4-2)$$

式中，F（function）——功能；

C（cost）——成本；

V（value）——价值。

例如，手机的进化是追求各项性能理想化的范例。第一部手机：1973 年诞生，重 800 g，功能仅电话通信。现代手机：仅重数十克；功能超过 100 种，包括通话、闹钟、SMS、游戏、MP3、上网、照相机、录像……

5. 子系统不均匀进化法则

每个技术系统都由多个实现不同功能的子系统组成，而每个子系统的进化是不均匀的。子系统不均匀法则是指：

（1）任何技术系统所含子系统都不是同步、均匀进化的，每个子系统都沿着自己的各个发展阶段向前发展。

（2）这种不均匀的变化经常会导致子系统的矛盾出现。

（3）整个技术系统的进化速度取决于系统中发展最慢的子系统的进化速度。

掌握这一法则，可以帮助人们及时发现并改进不理想的子系统，使技术系统朝着成熟的方向发展。

早在 19 世纪中期，自行车还没有链条传动系统，脚蹬直接安装在前轮轴上，自行车的速度与前轮直径成正比；为了提高速度，人们采用增加前轮直径的方法；但是，一味地增加前轮直径，会使前后轮尺寸相差太大，从而导致自行车在前进中的稳定性差，很容易摔倒；后来，人们开始研究自行车的传动系统，在自行车上装上了链条和齿轮，用后轮的转动来推动车子的前进，且前后轮大小相同，以保持自行车的平衡和稳定，见图 4-4。

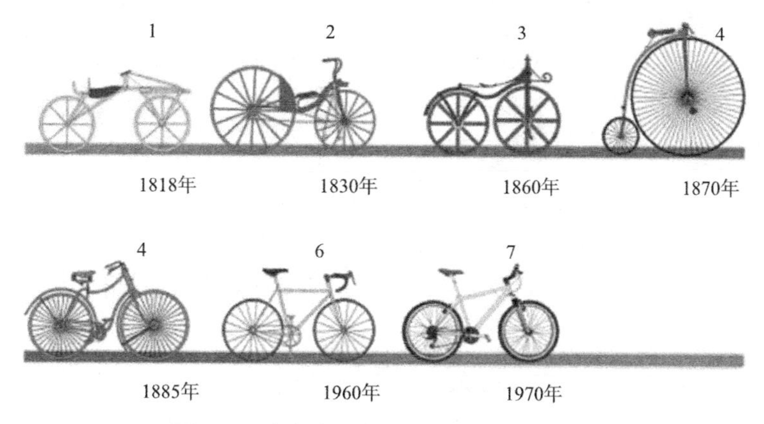

图 4-4　自行车子系统的不均匀进化过程

6. 向超系统进化法则

（1）技术系统的进化是沿着单系统→双系统→多系统的方向发展。

子系统的逐一加入使系统向更多功能的方向发展。如单一的瑞士军刀，后来加入取瓶盖的起子成为双系统，后来又加入许多小工具，演变成组合五金器具。

（2）技术系统进化到极限时，实现某项功能的子系统会从系统中剥离，转移到超系统，成为超系统的一部分。

最初，燃油箱是飞机的一个子系统，进化后，燃油箱脱离了飞机，进化至超系统，以空中加油机的形式给飞机加油；飞机系统进行简化，不必携带沉重的燃油，见图 4-5。

图 4-5　轰油—6 空中加油机

7. 向微观级进化法则

技术系统的进化是沿着减小其元件尺度的方向发展，即元件从最初的尺度向原子基本粒子的尺度进化，同时能够更好地实现相同的功能。电子元件的进化：真空管→晶体管→集成电路→大规模集成电路→超大规模集成电路。播放器：原来庞大的收音机，到现在的 MP3 及耳环播放器，也是一个向微观级进化的范例。如今已经制成纳米级的电池、电动机、汽车，不久将会制成纳米级的机器人。

第一代纳米机器人：是生物系统和机械系统的有机结合体，这代纳米机器人可以注入人体血管内，进行健康检查和疾病治疗。

第二代纳米机器人：直接从原子或分子装配成具有特定功能的纳米尺度分子装置，能够执行复杂的纳米级别任务。

第三代纳米机器人：将包含强人工智能和纳米计算机，是一种可以进行人机对话的智能装置。

例如，2019 年 5 月，南京师范大学毛春教授团队开发了一种血小板膜修饰、可自主运动的多级孔纳米机器人，用于连续靶向给药以实现短期溶栓和长期抗凝的目的。

8. 协调性法则

协调性法则表明：技术系统的进化是沿着各子系统相互之间更协调的方向发展

的。系统各个部件在保持协调的前提下，充分发挥各自的功能，这也是系统发挥其功能的必要条件。

子系统相互协调可表现在：

（1）结构上的协调。如早期积木只能摞搭，现代积木可自由组合，随意插接成更多的形状。

（2）性能参数的协调。如网球拍轻击球力量小，为保证挥拍时产生较大的惯性力矩，增加了球拍头部的重量。

（3）工作节奏／频率上的协调。如混凝土浇筑施工，为保证浇筑质量，一面浇灌混凝土，一面用振动器振动，使混凝土更密实。

下面举一个从节奏不协调到协调的例子：

为了提高采煤效率，在煤层上打孔并注入水，以便通过水传递压力脉冲。脉冲频率由偶然因素决定，而煤层有自己的振动频率。显然，两个系统是以不同的节奏工作，协调规律受到破坏。7 年后出现了一项发明，提出使脉冲频率与煤层固有频率相等。损失的这 7 年，是对技术系统协调性法则无知的惩罚。

第四节　TRIZ 理论的矛盾分析

事物发展变化的根本原因，在于事物内部的矛盾性。技术系统之所以进化，其根本原因在于技术系统内部的矛盾、也就是冲突的解决。TRIZ 理论认为，发明问题的核心是化解矛盾、克服冲突，未能化解矛盾、克服冲突的设计，不是创新设计。产品进化过程，就是不断解决产品在矛盾冲突的过程。解决矛盾，也就是解决冲突，是进化的唯一方法，解决阻碍技术系统进化的问题，就是解决更深层次的冲突。所以，TRIZ 的根本任务，就是化解矛盾、克服冲突。

1. TRIZ 的冲突分类

阿奇舒勒将冲突分为管理冲突、技术冲突和物理冲突。

（1）管理冲突

管理创新就是消除冲突，在对冲突某一方面进行改善的同时，实现不降低冲突另一方面的期望。发展中遇到的各种冲突被不断地化解，带来管理创新的不断飞跃。因此，管理冲突本身带有创新的内涵，对管理冲突的研究，同时也是为管理创新提供一条研究的思路。

管理冲突是指在管理系统中一个管理原则或规定的改进而导致的另一方面管理目标的达成削弱或呈现出两种相反的状态。从管理能力角度界定的管理冲突，是指由于施行一项管理行为来提高组织的某项能力，导致组织的另一项能力下降的状况。化解冲突的目标，是运用一种新的工具和方法，在提高管理系统中某一项能力的同时，不降低甚至优化另一项能力。

TRIZ 没有提供直接求解管理冲突的方法，它主要考虑的是后两类冲突：技术冲突和物理冲突。

（2）技术冲突

当人们试图用某种方法实现所需功能（有利效应）时却产生了另一方面的不足（不利效应）时，TRIZ 称之为出现了技术冲突。技术冲突的具体描述为：在一般情况下，一个系统总是存在着多个评价参数，如有两个基本参数 A、B 构成参数集对，试图改善 A 时，B 的性能变差了，或反之。此时，问题解决过程中出现了矛盾（冲突），这种涉及系统 2 个参数相反表现的矛盾称为技术矛盾。例如：

①波音公司改进 737 的设计时，需要将使用中的发动机改为功率更大的发动机。功率越大，工作时需要的空气越多，发动机罩的直径就越大，这样，机罩离地面的距离就越小，这是不允许的（发生冲突）。希望吸入更多的空气，却引起距离减少，这就是技术矛盾——一部分的改进引起另一部分的恶化。

②管道上管子与管子之间用法兰连接，有些连接处要承受高温高压，而且密封要好，以防泄漏。为了满足密封性要求，法兰上要采用较多的螺栓，有的重要大法兰用到 100 多个螺栓。螺栓多，密封好了，但重量增加、安装时间和维修拆卸时间增加，一部分改善引起另一部分恶化，这也是一个技术矛盾。

③寒冷地区架空输电线会融雪而结冰，冰越结越厚，为了防止把电线压断，就要给电线通上很强的电流加热融冰，这时用户就要停电，而且要多次加热、多次停电。要加热，就要停电，这就是一个技术矛盾。

④有一种锅炉，为了提高生产率，就要提高喷煤粉的气流速度，但这又导致煤粉对炉壁的磨损，需要停机修理，不能继续生产，造成巨大损失（一个技术矛盾）。解决的办法是在炉壁添加阻磨涂层。

（3）物理冲突

物理冲突与技术冲突有着截然不同的定义。物理冲突只涉及系统中的一种性能指标，其矛盾在于：为了某种功能的实现，对某个性能指标提出完全相反的要求（或对该子系统或部件提出相反的要求）。物理冲突是一种“自相矛盾”的冲突，所以相对于技术冲突而言，物理冲突是更尖锐的冲突，通常情况下也是更为接近问题本质的冲突。例如：

①一个典型的案例是手机，既要求手机有电磁辐射，以完成通信功能，又要求手机不能有电磁辐射，以避免伤害人体健康。如何生产出这样的手机？这是一个物理矛盾。这正是 TRIZ 要研究的对象，要解决的矛盾。

②为了容易起飞，飞机的机翼应有较大的面积，但为了高速飞行，机翼又应有较小的面积，这种矛盾的要求，对于机翼设计就是物理矛盾。

③侦察机应飞行得很快，以便尽快离开被侦察地区，但又要求飞行要慢，以便收集更多的数据。要求快，又要求慢，这就是物理矛盾。

④自行车在链轮链条发明之前就存在两个物理矛盾。其一，为了高速行驶速度，车轮的直径要大，但为了乘坐舒适车轮直径又不能大。这样，车轮既要大又要小，形成一个物理矛盾。其二，骑车人既要快蹬以提高速度，又要慢蹬以感觉舒适。要快蹬又要慢蹬，又是一个物理矛盾。正是采用了链轮链条以及大链轮小飞轮，才解决了这两个物理矛盾。

⑤飞机发动机罩应该加大直径，以便吸入更多的空气，但又不应该加大直径，以不使罩与地面之间的距离减少。

综上所述，技术矛盾、冲突的存在，往往隐含物理矛盾、冲突的存在。

2.TRIZ 理论冲突分析

技术矛盾通常和总体系统或系统中几个部分有关，而物理矛盾只和系统中的一个部分有关。理解这一点也许会大大增加找到正确答案的机会。技术矛盾通常以温和的形式表现出来。例如，为了增加卡车的速度，就需要减少货物重量。速度和重量互相矛盾、冲突。但是，可能会找到一个折中的方案。相反，物理矛盾在于：为了某种功能的实现，对某个性能指标提出完全相反的要求或对该子系统或部件提出相反的要求。物理冲突是一种“自相矛盾”的冲突，所以相对于技术冲突而言，物理冲突是更尖锐的冲突，通常情况下也是更为接近问题本质的冲突。幸运的是，发明创造领域有自己的法则，冲突的程度越强，就越容易发现并解决它。

矛盾、冲突广泛存在于工程方案设计之中，彻底解决矛盾、冲突，是创新设计的核心。设计人员如能发现待设计中的矛盾、冲突，将是工程技术创新的关键步骤，这需要详细分析，深刻理解。

对于冲突（矛盾）的认识以及如何解决冲突（矛盾）的问题是 TRIZ 理论中重要的基础思想之一。TRIZ 有一个重要的精神：“未克服冲突的设计不是创新设计”，TRIZ 理论认为创新必须克服冲突，而技术进化的过程就是不断解决冲突的过程。并且认为，当技术因前一冲突解决而获得进化后，技术的进化又将出现停滞不前的现象，直到又一个冲突被解决。

TRIZ 是为了解决冲突而产生的，它不承认任何折中的解决方法。TRIZ 认为：“创新必须解决某种不调和，必须解决矛盾，否则就不是创新”。与传统的折中法相比，TRIZ 提出了完全不同的解决问题的目标，给了创造者更大的压力，但也给了人们更多的遐想和动力，“不必关注被发现问题的领域是否普通和平凡，只要能从这些被发现的问题中发现冲突和矛盾，并能用解决冲突而不折中的方式去解决问题，那么所解决的普通问题就是一个创新问题。”

为了提高 TRIZ 工具实际使用的效率，浙江大学公共管理学院姚威团队将 TRIZ 中常用的两项工具——矛盾模块和知识库模块开发成云软件（创新咖啡厅），以便于学员学习和使用。创新咖啡厅是针对 TRIZ 工具的应用开发的辅助工具，打造了以 TRIZ 经典工具为基础、以 CAFE-TRIZ 为进阶、以其他创新工具为辅助的完善的计算机辅助创新平台。输入网址：www. cafetriz. com（微信公众号为“创新咖啡厅”），进入创新咖啡厅官网首页，注册登录后可以免费使用。

第五节　管理矛盾解决原理

管理矛盾（Administrative Contradiction）：需要做某件事，但怎样做却不知道，这种矛盾就叫作管理矛盾。管理矛盾指示了存在于达到期望目标和可用于应对它的手段之间的矛盾。

TRIZ 从一开始只能解决技术问题逐渐发展成为促进技术创新的方法论，其解决技术发明问题的思路被逐渐迁移到技术管理、商业管理等领域。在大量商业应用和技术管理方面案例的基础上，仿照 TRIZ 从专利中抽象出发明原理和工程参数的过程，建立了管理矛盾矩阵。管理矛盾矩阵包含 31 个参数、40 条发明（商业）原理，能够为解决技术管理、供应链管理、生产管理等过程中存在的一系列问题提供参考。“创新咖啡厅”提供的管理矛盾矩阵进行了相应的改进以确保适用于中国文化情境，同时还新加入了大量案例，便于使用者能够更好地理解管理矛盾矩阵，从而更好地解决管理中存在的矛盾问题。管理矛盾矩阵 31 个参数分为研发 (R&D) 、产品、供应、售后支持等类型的参数。

1. 研发（R&D）类参数

是指所有与概念化有关的活动，包括实验、功能测试，以及验证任何一种新颖的产品、流程或服务，然后将其作为最终实体提供给顾客的整个过程。

（1）研发能力（专业化 / 手段）：研发能力（专业化 / 手段）和产品、流程或服务的质量相关，涉及在研发过程中实现预定目标的质量、方式和效率。研发能力应该同时包括有形和无形的要素，如知识、情感因素等，以及实际的人工制品或功能服务。

（2）研发成本：在研发过程中和财务有关的任何因素。成本可以是直接的或间接的，可观的或不可见的，有形的或无形的。这个参数隐含的意义是：成本意味着对金钱或其他形式财务资源的浪费。

（3）研发时间：在研发过程中与时间有关的任何因素。这包括完成任务所需的可见的与不可见的、有形的和无形的时间和付出。这里需要强调的是“时间”，是我们的主要关注点（符合公理“时间就是金钱”，如果我们对财务影响感兴趣，而不是实际时间本身，则应优先使用研发成本参数）。

（4）研发风险：在研发过程中因失败发生的可能性或将导致偏离既定计划所带来的相关后果。风险与质量规格、时间或成本等都有关联。这个参数主要是让用户把注意力集中在更一般意义的风险上。

（5）研发界面（Interface）：研发过程中，在不同系统之间存在（或本应该存在但实际上不存在）的连接因素。可以解释为个人与个人、同行与同行、部门与部门、区块与区块或 B2B、B2C 以及其他各种实体与实体之间的关联。界面可以是内部的或外部的，也可以是正式的或非正式的，还可以是有形的或者无形的因素，如语言、文字、法律和画面等。

2. 产品类参数

是指将设计者的意图转化为消费者最终所能够接受实体产品的活动或者是指将顾客的期望转换成为他们可以接受的输出。

（1）产品质量（专业化 / 手段）：与产品、过程和服务有关的各种质量。从更广泛的意义上来讲，这个术语指的是所生产产品的质量和完成这个生产过程的手段能力。这个参数既可以指有形元素也可以指无形元素，包括知识、情感因素、物理制品和提供某种功能的服务。

（2）产品成本：在产品的生产制造或流通过程中，和财务有关的任何因素。成本可以是直接的或间接的，可观的或不可见的，有形的或无形的。这个参数隐含的意义是：成本意味着对金钱或其他形式财务资源的浪费。

（3）产品时间：在产品生产制造或流通过程中，与时间有关的任何因素。这包括完成任务所需的可见的与不可见的、有形的和无形的时间和付出。这里需要强调的是时间是我们的主要关注点（符合公理“时间就是金钱”，如果我们对财务影响感兴趣，而不是实际时间本身，则应优先使用产品成本参数）。

（4）产品风险：风险是指因失败发生的可能性和将导致偏离既定计划所带来的相关后果。风险与质量规格、时间或成本等都有关联。这个参数主要是让用户把注意力集中在更一般意义的风险上。

（5）产品界面：在产品生产制造或流通过程中，在不同系统之间存在（或本应该存在但实际上不存在）的连接因素，可以解释为个人与个人、同行与同行、部门与部门、区块与区块或 B2B、B2C 以及其他各种实体与实体之间的关联。界面可以是内部的或外部的，也可以是正式的或非正式的，还可以是有形的或者无形的因素，如语言、文字、法律和画面等。

3. 供应类参数

任何将产品或服务配送到顾客手中的过程都叫作供应。在生产的语境下，“供应”可以解释为与“包装”有关的所有逻辑要素，包括交通运输、收据、打开包装、确认顾客预定的东西已经被投送出去。在服务部门，“供应”可以解释为提供顾客所需服务的活动集合。在零售银行的交易中，“供应”在这个语境下是指出纳员成功地按照顾客要求执行指令（通过给顾客每月银行清单来提醒他们）。“供应”还意味着一个组织展现给他的顾客的方式：以品牌、广告面等多种形式。

（1）供应能力（专业化 / 质量 / 段）：供应能力是指与产品、过程和服务有关的各种质量。从更广泛的意义上来讲，这个术语是指所生产产品的质量和完成这个生产过程的手段 / 能力。这个术语既指有形元素也指无形元素，包括知识、情感因素、物理制品和提供某种功能的服务。

（2）供应成本：在供应过程中，和财务有关的任何因素。成本可以是直接的或间接的，可见的或不可见的，有形的或无形的。这个参数隐含的意义是：成本意味着对金钱或其他形式财务资源的浪费。

（3）供应时间：在供应过程中，与时间有关的任何因素。这包括完成任务所需的可见的与不可见的、有形的和无形的时间和付出。这里需要强调的是时间是我们的主要关注点（符合公理“时间就是金钱”，如果我们对财务影响感兴趣，而不是实际时间本身，则应优先使用供应成本参数）。

（4）供应风险：在供应过程中，是指与失败发生的可能性和将导致偏离既定计划所带来的相关后果。风险与质量规格、时间或成本等都有关联。这个参数主要是让用户把注意力集中在更一般意义的风险上。

（5）供应界面：供应过程中，在不同系统之间存在（或本应该存在但实际上不存在）的连接因素。可以解释为个人与个人、同行与同行、部门与部门、区块与区块或 B2B、B2C 以及其他各种实体与实体之间的关联。界面可以是内部的或外部的，也可以是正式的或非正式的，还可以是有形的或者无形的因素，如语言、文字、法律和画面等。

4. 售后支持类参数

在顾客接受和购买他们预定的产品和服务的情况之后的所有活动。以生产为例：这可能包含这个产品的维护、可靠性、寿命和生命后期等（以一个循环为例）。在服务当中，更倾向于描绘出与顾客有关的多种相关活动，“支撑”这个参数可以被用于所有的售后服务活动，从与顾客建立联系的第一次活动开始。时间长短取决于不同的市场，在这期间的所有支撑活动都有可能从几分钟持续到几十年。

（1）售后支持能力（专业化 / 手段）：在售后服务或支持过程中，产品过程和服务有关的各种质量。从更广泛的意义上来讲，这个术语是指所生产产品的质量和完成这个生产过程的手段 / 能力。这个术语既指有形元素也指无形元素，包括知识，情感因素、物理制品和提供某种功能的服务。

（2）支持成本：在售后服务或支持过程中，和财务有关的任何因素。成本可以是直接的或间接的，可见的或不可见的，有形的或无形的。这个参数隐含的意义是：成本意味着对金钱或其他形式财务资源的浪费。

（3）售后支持时间：在售后服务或支持过程中，与时间有关的任何因素。这包括完成任务所需的可见的与不可见的、有形的和无形的时间和付出。这里需要强调的是时间是我们的主要关注点（符合公理“时间就是金钱”，如果我们对财务影响感兴趣，而不是实际时间本身，则应优先使用支持成本参数）。

（4）售后支持风险：在售后服务或支持过程中，将导致偏离既定计划所带来的相关后果。风险与质量规格、时间或成本等都有关联。这个参数主要是让用户把注意力集中在更一般意义的风险上。

（5）售后支持界面：在售后服务或支持过程中，在不同系统之间存在（或本应该存在但实际不存在）的连接因素。可以解释为个人与个人、同行与同行、部门与部门、区块与区块或 B2B、B2C 以及其他各种实体与实体之间的关联。界面可以是内部的或外部的，也可以是正式的或非正式的，还可以是有形的或者无形的因素，如语言、文字、法律和画面等。如果说存在一个处于组织间不同部分的界面或者说在支撑和产品之间，这就成为一个处于“支撑界面”和“产品界面”两个参数之间的矛盾。

（6）顾客反馈（包括顾客的消费、需求以及投诉的意见）：从客户那里来，回到供应商那里的信息。虽然这个参数看起来相当普遍，但是对于这个矩阵的研究清楚地表明：当这个参数的改进是基于客户对服务和产品的期望或需求时，达成双赢的策略具有很高的相似性，是客户准备提供给供应商的信息。这个参数的关键概念就是缩短从客户到供应商的回路，包括有形的或无形的、潜意识的或有意识的、明确的或隐含的、一次性的或可再生的。在客户和组织的某部分之间存在的沟通问题可以通过这个模型将该参数与“界面”相关的参数“研发界面”“产品界面”“供应界面”和“售后支持界面”结合起来。

（7）信息总量：系统的信息资源的数量、质量和总数。“信息”可以按照它最常见的形式来解释，即包含可以在任意两个或多个人、部门、区块或系统之间相互传递的任何形式的信息，不管是有形的还是无形的，明言的还是暗含的，也给出了几个信息丢失或存在信息丢失风险的案例。

（8）沟通渠道：和沟通渠道有关的方面。其他的参数像多个版本的“界面”或“顾客反馈”等用于解释和利用任何沟通。这个参数尤其关注沟通过程中的能力和手段。解决沟通流动问题的策略常常被认为是与沟通产生和解释的过程不同。

（9）影响系统的有害因素：该参数用于表明所有在系统周围并对系统产生有害作用的所有动作或现象，是系统外部因素施加给系统的有害作用。

（10）系统产生的有害作用：该参数用于泛指一个系统内部对系统周围产生任何形式的低效率或者负面作用的因素，这些都可以被视为系统产生的有害因素。

（11）便利性：人们能够学会如何学习、操作或控制一个系统的方便程度，这个系统可以是一个产品、流程或服务，即使用的便捷性。

（12）适应性/通用性：一个系统、组织或人对外部变化进行响应的程度。也和一个系统能够以多种方式被利用、该系统能够用于多种不同环境有关，即操作或使用的灵活程度，可定制程度。

（13）系统的复杂程度：系统的复杂程度是指要素、人、元件等的数量和多样性程度及其它们之间的相互关系，包括在系统边界之内和在系统边界流动的部分。这个系统可以是一个组织，也可以是组织与组织的结合，影响系统复杂性的因素有功能数、界面数、连接数，过量的要素数量，或者是与这些部分相连的有形的或无形的因素。这个参数被用于说明复杂系统视角下“主要部分”的某些要素。

（14）控制的复杂性：系统控制手段变得复杂（不管是系统中包含的人、人际交互、物理元件还是算法变得复杂）的目的往往是希望能够更好地促进系统发挥其有用功能。本参数和之前的“系统的复杂程度”这个参数有一定的相似性，但控制的复杂性这个参数假定了一个高水平的、对整个系统控制的视角。它与“系统的复杂程度”的不同点在于本参数值和控制能力方面相关。一个高度复杂的系统可能很容易控制，同样地，一个明显简单的系统可能会很难控制，所以这两个参数是有所不同的。

（15）紧张/压力：紧张或压力可以是组织或个人水平的，紧张或压力都采用相似的策略来达成双赢的局面。紧张是外部影响的结果，它是与接受者的感知、信念或行为相冲突的。压力导致的后果比紧张更为严重，压力在内部影响超出极限水平并出现冲突时产生。这并不意味着压力是一个医学意义上的词语，这里的解释是迫使一个人或组织超出它的舒适区。但是在另一个极端，缺少力或紧张感也会导致一些问题。这个参数完全覆盖了上述范围。

（16）可靠性：系统的完整性（Integrity），系统的子组件之间的关系。一个系统处理使其可靠性降低的影响因素的能力，这种影响因素可以是内部的，也可以是外部的，既可以是真实的，也可以是虚拟的。这个参数能够应用于宏观（系统）

或微观（个人）。在这个快速变化的世界中，过分可靠有时候也能造成与可靠性不足相同的问题。这个参数完整地覆盖了上述范围。

第六节　技术矛盾解决原理

解决技术矛盾有 2 种途径：一是直接依靠 40 条发明原理，二是利用 40 条发明原理与 39 个通用工程参数组合而成的技术矛盾解决矩阵表。

1.40 条发明原理

为了解决技术矛盾，提出 40 条发明原理，它比较抽象，下面配实例说明，如表 4-2 所示。

表 4-2　40 条发明原理与示例

发明原理	实例说明
1. 分割 （1）把一个物体分成几个独立部分； （2）使物体易于组装； （3）提高物体的分割程度	（1）以若干台计算机代替主计算机； （2）组合家具、组合夹具、集装箱运输； （3）以百叶软帘代替整体窗帘
2. 分离 （1）从系统中分离产生干扰的部分或属性； （2）将系统中的关键部分挑选或分离出来	（1）将空调中产生噪声的压缩机放于室外； （2）飞机场候机厅中的专用吸烟室
3. 局部质量 （1）将物体或环境的均匀结构变成不均匀结构； （2）使组成物体的不同部分完成不同的功能； （3）使组成物体的每一部分都最大限度地发挥作用	（1）汽车 Logo 只是在表面镀上了一层薄薄的金属层，内部还是塑料的成分，这是将均匀结构变成不均匀的思路； （2）午餐盒具有分别盛放冷热食品的隔筋； （3）多功能折叠刀、可起钉子的榔头
4. 不对称性 （1）将对称性物体变成不对称； （2）对非对称物进一步提高非对称性	（1）用不对称型混合容器或不对称搅拌叶片，以强化拌合效果（混凝土运输车、打蛋器、搅拌机）； （2）把 O 型密封圈截面由圆形变成椭圆乃至特殊形状，以改善密封性
5. 合并 （1）把相同或相似的物体组合在一起并行运行； （2）把临近的或并行的作业安排在同时进行	（1）多台个人计算机联网； （2）利用生物芯片可同时化验多项血液指标
6. 多用性 使一个物体、部件具有多项功能同时取代其余部件	沙发可同时当床用；门铃和烟气报警组合

续表

发明原理	实例说明
7. 嵌套 （1）一物套一物，再套一物，形成多层； （2）一部分可收进另一部分的空腔中	（1）收缩式旅行杯、布置在墙内的电缆； （2）拉杆式钓鱼竿、伸缩天线
8. 重力补偿 （1）用一个能产生提升力的物体补偿另一个物体的重力； （2）通过介质（气动力、液动力、弹簧力）平衡物体重量	（1）氦气球提起广告条幅； （2）气垫船
9. 预制反作用 （1）如果某项运动同时具有利弊两方面，则需以某种反作用限制（抵消）其弊端； （2）在部件上建立预应力以抵消事后出现的不希望有的工作应力	（1）航天服预先充气加压，以适应太空高真空、高辐射的恶劣环境； （2）在灌注混凝土之前施加预应力钢筋
10. 预操作 （1）预制必要的功能； （2）预先进行特殊安排，在时间上有准备	（1）邮票背面预先刷胶再出售； （2）在停车场安置的预付费系统
11. 预先设置防范 针对物体的薄弱环节设置应急措施加以补救	（1）飞机上的降落伞、应急灯； （2）在图书中放置射频智能卡，防止被盗
12. 等势性 改变工作状态或在重力场中限制高度变化，以减少物体提升或下降的需要	如汽车维修设置地下坑道；三峡五级船闸是分层船闸，通过注水系统完成轮船一级一级的平缓过渡
13. 反向 （1）用相反的动作替代常规的动作； （2）让物体可动部分不动，不动部分可动	（1）对内置件预先冷却处理，缩小其尺寸，使两个紧配的零件分离； （2）电梯；风洞中的飞机
14. 弯曲 （1）将直线、平面变成曲线、曲面，将立方体变成球面体； （2）使用滚子、球体、螺旋及拱形物； （3）改直线运动为回转运动，利用离心力	（1）在建筑结构上使用弧形、拱形代替直线形，如旋转楼梯、节省空间； （2）圆珠笔利用小珠均布笔油且书写流畅； （3）洗衣机桶高速旋转甩干水分代替手工拧干衣物
15. 动态化 （1）使物体外部环境或过程具有动态性、能自行优化寻找到优化的运行状况； （2）把物体分割成相对移动的几个部分； （3）使固定的（或刚性的）物体或过程可以移动或具有柔性	（1）可调的汽车方向盘（或座椅、靠背、反光镜）的位置及角度； （2）计算机分为驱动器、显示器、键盘、鼠标等； （3）医用微型内镜摄像机，可弯成各种角度的吸管
16. 局部作用和过量作用 假如某既定方法难以 100% 地达到目的，应采取略小或略大的方法	粮斗装入粮食后，再用刮尺刮平；丝网印刷，油墨量不可能刚刚好，那就索性多上一些油墨，再将多余的油墨用刮板刮走

续表

发　明　原　理	实　例　说　明
17. 空间维度变化 （1）将一维变为二维或三维； （2）使物体倾斜或侧向放置； （3）用多位置存储代替单位置存储	（1）立体车库； （2）自卸车，省了人力； （3）智能身份证有多扇存储区，可分别存储个人的生物、健康、资信等信息
18. 机械振动 （1）使物体振动； （2）提高振动频率（甚至高达超声波）； （3）利用物体共振频率； （4）利用压电振动代替机械振动； （5）电磁场综合利用	（1）混凝土振捣，电动牙刷； （2）振动送料机；超声清洗；超声探伤； （3）利用超声波共振击碎胆、肾结石； （4）石英晶体振动驱动高精度钟表； （5）在感应熔炉中搅拌粉碎枝晶，制造半固态合金
19. 周期性动作 （1）以周期性或脉冲动作代替连续动作； （2）已是周期性动作，改变其频率和幅值	（1）利用冲击力将桩贯入地层的桩工机械；使报警器声音脉冲变化，代替连续报警声音； （2）改变流水节拍等参数，优化流水作业；通过变频改变电动机转速，调频广播代替调幅广播
20. 有效作用的连续性 （1）保持连续运转，使各部件始终满负荷工作； （2）取消工作中所有的间隙和中断（空程）； （3）用旋转运动代替往复运动	（1）抽水蓄能电站利用电力负荷低谷时的电能抽水至上水库，在电力负荷高峰期再放水至下水库发电的水电站；高速飞轮（或液压蓄能器）在车辆停止时储存能量，使机动车发动机得以补充能量； （2）打印头回程也执行打印任务； （3）用转子发动机代替往复式发动机
21. 减少有害作用的时间，高速越过某一过程，以减轻危害	预缩砂浆，就是将搅拌好的砂浆，就地存放1 h左右的干硬性砂浆，减少砂浆收缩量，一般用来修补裂缝或其他缺陷的砂浆。发动机快速越过共振转速；高速牙钻；照相闪光灯；护士打针
22. 变害为利 （1）利用有害因素获得有益结果； （2）将两项有害要素叠加以消除危害； （3）加大有害因素的程度，直至不再有害	（1）利用垃圾发热发电；接种疫苗也是采用此原理； （2）发电厂利用炉灰碱性中和废水的酸性； （3）森林着火时，采用逆火灭火，再点个火，将可能烧到的草木提前烧掉，防止火势蔓延
23. 反馈 （1）引入反馈以改善过程或动作； （2）如果反馈已经存在，改变反馈信号的大小或灵敏度	（1）音响的音量自动控制电路； （2）飞机接近机场时，改变自动驾驶系统的灵敏度
24. 借助中介物 （1）利用媒介传递某一物体或某中间过程； （2）把一个物体附加到另一个物体上	（1）砂石料系统的传送带或输送廊道；混凝土料罐；蜜蜂传播花粉；齿轮传动中的惰轮；弹琴用的拨子（琵琶、月琴）；饭店上菜用的托盘； （2）失蜡铸造；将射频智能芯片贴到汽车的某一部位，可为侦破汽车被盗提供信息

续表

发明原理	实例说明
25. 自服务 使物体有自助自补偿功能	在混凝土传统组分中掺入特殊组分或者在混凝土内部形成智能型仿生自愈合网络系统，当混凝土材料出现裂纹时，部分胶粘剂流出并深入裂缝，使混凝土裂缝重新愈合；在玻璃表面上涂抹一层特殊的涂料后，使得灰尘或者污浊液体（包括含水甚至含油的液体）都难以附着在玻璃的表面
26. 复制 （1）利用简单且价廉的复制品代替复杂、稀有、昂贵的物体； （2）用按比例放大或缩小的影像代替实物； （3）可见光复制外，还有红外、紫外光复制	（1）工程机械驾驶模拟器；听录音代替出席报告会； （2）利用太空遥测摄影代替实地勘察绘制地图；AR 眼镜； （3）X 射线探伤
27. 利用低值易耗物品 利用低值易耗物品代替昂贵的耐用物品	工地板房；一次性纸杯代替玻璃杯；建筑保温结构一体板，也称免拆复合保温外模板，指保温芯材与水泥砂浆复合，实现工厂预制
28. 机械系统的替代 （1）用光学、声学、味觉等传感系统代替机械； （2）利用电场或电磁场作用于物体	（1）楼梯里的声控灯让你不用再去开灯；洗手间手一伸，自来水就自动出水，不再需要打开水龙头这种机械动作； （2）以门铃替代手动敲门
29. 用气压和液压结构 使用气动或液压部件代替固体部件（利用液体、气体缓冲）	不用锤子敲的气动钉枪；利用可伸缩的液压支柱代替木材坑柱；充气床垫
30. 柔性壳体或薄膜 （1）利用柔性壳体或薄膜取代通常结构； （2）利用柔性壳体或薄膜隔绝物体和外部环境	（1）在货物装卸货时采用充气薄膜结构作为门扇遮雨装置；充气城堡； （2）在蓄水池表面漂浮一层薄膜以减少水分蒸发
31. 多孔材料 （1）使物体变成多孔或加入多孔性物质； （2）若物体已有多孔结构，孔中可添加有用物质或功能	（1）加气混凝土做成的轻质墙体；在物体上钻孔减轻重量；充气砖； （2）药棉
32. 改变颜色 （1）改变物体或其外部环境的颜色； （2）改变物体或其外部环境的透明度或可视性	（1）建筑外墙粉刷白色，有利于反射阳光，减少对太阳辐射的吸收； （2）地基处理中，采用示踪剂追查跑浆点；透明玻璃做的幕墙
33. 同质性 相互作用的两物体用同种或相近材料制成	钢筋和混凝土具有相近的温度线膨胀系数（钢筋的温度线膨胀系数为 1.2×10^{-5}/℃，混凝土的温度线膨胀系数为（1.0~1.5）$\times10^{-5}$/℃）；以金刚石粉粒为切割金刚石的工具；为减少化学反应，包装材质尽量与物品一致

续表

发 明 原 理	实 例 说 明
34. 废弃和再生 （1）把一些用尽了功能的机器零件废弃（溶解或蒸发掉）或加以改造； （2）在运转中自动恢复物体的消耗部分	（1）用冰块作模板夯土筑坝，完工后，冰块融化（干冰板升华）只剩下土坝； （2）矿石粉体润滑组合，在摩擦表面生成耐磨保护层
35. 改变物体参数 （1）使物体发生物理相变； （2）改变物体的浓度或黏度； （3）改变柔性的强弱； （4）改变温度	（1）以加热、高温等方式焊接金属；石油气液化以减小体积便于运输； （2）混凝土中加入减水剂可以改善拌合物泌水、离析、缓凝； （3）空气压缩机的减震座； （4）升温至居里点以上使铁磁性物质为顺磁性
36. 相变 利用物质相变时所产生的物理现象（如体积变化、放热或吸热）	热泵利用地层和温水的热，使工质蒸发和压缩冷凝发热用于建筑物供暖；利用相变材料吸热特性做成的降温服
37. 热膨胀 （1）使用热膨胀（或收缩）材料； （2）组合使用不同热膨胀系数的材料	（1）零件安装时冷冻，完毕后恢复常温，形成紧密配合； （2）不同热膨胀系数材料做双金属温度计
38. 加速氧化 （1）以富氧空气代替常规空气； （2）以纯氧代替富氧空气； （3）利用电离的氧气	（1）高炉富氧送风可以提高铁的产量； （2）使用纯氧乙炔法进行更高温度的切割； （3）在空气清洁器中用电离的空气分离污染物
39. 惰性气体； （1）以惰性气体取代普通环境； （2）向物体加入中性或惰性成分	（1）将金属硫化后，用高压惰性气体可制造各种高纯度金属粉末； （2）用氩气等惰性气体填充灯泡，做霓虹灯
40. 复合材料 以复合材料取代均质材料	（1）钢纤维混凝土；三合土；在钢中加入复合材料改善钢的各种性能； （2）玻璃纤维（玻璃钢）冲浪板比木制的更轻，更容易操作（控制），而且更容易制成各种所需的形状

2. 39 个通用工程参数

针对一个具体的技术矛盾，又该用哪一条发明原理解决问题呢？如果问题比较明显，可以直接从 40 条发明原理中选择相关的原理进行分析，确定哪一条比较合适。但是，由于问题的隐蔽性，有时就是逐条对照也不容易解决。于是，为了能够准确、快速地找到相应的发明原理，又对技术冲突中改善一方和恶化一方提出了共用的 39 个“通用工程参数”，如表 4-3 所示。由于覆盖面宽，这些参数相当抽象，所以把 39 个参数的序号列为纵坐标（改善的一方），把 39 个参数的序号列为横坐标（恶化的一方），纵、横坐标在平面上的交点，就是 40 条发明原理的序号。这样，就把冲突双方与40条发明原理联系在一起，建立对应关系，形成一个矩阵，称为“技术冲突矩阵”。使用方法是，先确定改善一方和恶化一方的性质各属于哪一个工程参数，然后到冲突矩阵的纵、横坐标上找到相应的参数序号，纵、横坐标在平面上的交点所标数值，就是40条发明原理的序号，于是，就找到了解决这个技术矛盾可能适用的发明原理。这个冲突矩阵中，发明原理与工程参数之间的关系，是事先经过研究而设计出来的。有时找到的发明原理有几个，这就需要判断、选择、试验、比较，确定最好的方案。有时，给出的几个原理可能都得不到实际应用，就需要重新确定技术矛盾，重新选择冲突双方的适用参数，再做一遍，直到找出可操作的解决方案为止。

表4–3　通用工程参数名称表

序号	名称	序号	名称
No.1	运动物体的重量	No.21	功率
No.2	静止物体的重量	No.22	能量损失
No.3	运动物体的长度	No.23	物质损失
No.4	静止物体的长度	No.24	信息损失
No.5	运动物体的面积	No.25	时间损失
No.6	静止物体的面积	No.26	物质或事物的数量
No.7	运动物体的体积	No.27	可靠性
No.8	静止物体的体积	No.28	测试精度
No.9	速度	No.29	制造精度
No.10	力	No.30	物体外部有害因素作用的敏感性
No.11	应力或压力	No.31	物体产生的有害因素
No.12	形状	No.32	可制造性
No.13	结构的稳定性	No.33	可操作性
No.14	强度	No.34	可维修性
No.15	运动物体作用时间	No.35	适应性及多用性
No.16	静止物体作用时间	No.36	装置的复杂性
No.17	温度	No.37	监控与测试的困难程度
No.18	光照强度	No.38	自动化程度
No.19	运动物体的能量	No.39	生产率
No.20	静止物体的能量		

3. 技术矛盾解决矩阵表

确定了39个通用工程参数（标准参数）后，阿奇舒勒对由标准参数所表达的技术冲突与40条发明原理之间的对应关系进行研究，建立了所谓的矛盾矩阵（Contradiction Matrix），或称为冲突矩阵（Conflict Matrix），见附录1。矛盾矩阵是专为技术冲突的解决而设置的，只要用标准参数定义了技术冲突，即可从矩阵中发现可用的发明原理，就可以提出解决许多现实问题的创新方法。下面说明矛盾矩阵的应用过程：

（1）矛盾矩阵中的首行与首列均由39个标准参数组成，横向表示矛盾对中性能被恶化的参数，纵向表示矛盾对中性能被改善的参数。需要注意的是，正向/负向参数与这里的被改善、被恶化参数的概念是不同的，提出正向/负向参数的主要目的是更好地分析参数变化方向的影响；而在确定改善/恶化时，则应该根据与你希望得到的需要是相同或相反来确定。

（2）矛盾矩阵中间单元上的数字给出了TRIZ建议的、用于解决相应技术冲突的发明原理号，与40条发明原理中的序号相对应。

（3）由于矛盾矩阵是专为解决技术冲突（两个不同参数之间所存在的冲突）而设计的，而在对角线元素上的冲突双方为同一参数，根据定义，当冲突发生在同一参数的两个方向时，就不再是技术冲突而成为物理冲突，当然也就不可能用矛盾矩阵求解。所以，矛盾矩阵的对角线元素均为空元素。

（4）除了对角线元素外，TRIZ的矛盾矩阵中还存在一些空白元素，这说明对于由这些标准参数元素所构成的矛盾集对，TRIZ的研究者尚未发现相应的原理解。

TRIZ是一个基于现有知识的创新技法，所以矛盾矩阵本身也在发展过程之中。在已有原理解的矩阵元素中，原理解可能进一步增加或有所调整；而对于尚不存在原理解的矩阵元素，可能会被加入新原理解。如该矩阵元素中的原理解永远为空，那只能说明：元素所对应的技术矛盾在现实中是不存在的；或者TRIZ的40条发明原理需要进一步的扩展。

4. 技术矛盾矩阵在地基处理中的应用分析

（1）技术矛盾分析

地基处理的工程目标是采用更少、更廉价的材料，采用更简便的施工方法使得地基强度更大、稳定性更好或使地基中的附加应力更小。但实际地基工程中，往往采用更少、更廉价的材料就可能导致地基的强度和稳定性变差；如果要提高地基的强度和稳定性，那可能会增加地基的施工难度。

我们通过分析地基处理中需要改善的性能和可能恶化的特性，来确定相应的工程参数。工程参数的确定是矛盾矩阵运用中的难点，不仅需要充分理解 39 个通用工程参数，更要有丰富的专业知识与经验。

查阅 TRIZ 矛盾矩阵表，可得地基处理的技术矛盾矩阵，如表 4-4 所示。

表 4-4　地基处理的技术矛盾矩阵

改善恶化		1	2	3	4
		稳定性	强度	物质的量	可制造性
1	重量	26，39；1，40	28，2，10，27	19，6，18，26	28，1，9
2	应力	35，33，2，40	9，18，3，40	10，14，36	1，35，16
3	稳定性	—	7，9，15	15，32，35	35，19
4	强度	13，17，35	—	29，10，27	11，3，10，32
5	物质的量	15，2，17，40	14，35，34，10	—	29，1，35，27
6	可制造性	11，13，1	1，3，10，32	35，23，1，24	—

说明：其中，物质的量对应实际工程中地基处理建筑材料的用量；可制造性是可施工性的参数。

分析表 4-4 中的技术矛盾矩阵可知，出现次数排名前三位的创新原理编号为 10 号（6 次）、35 号（6 次）、1 号（5 次），分别对应的创新原理是预操作原理、改变物体参数原理、分割原理。此外，还有其他创新原理在地基处理技术中用到：9 号（3 次）预先反作用原理、18 号（2 次）机械振动原理、28 号（2 次）机械系统的替代原理（代替力学原理）。

（2）创新原理的应用分析

①预操作原理

预操作原理是指在真正需要某种作用之前，预先执行该作用的全部或一部分。如，预压加固法是在建筑物的软土地基上，预先堆放足够的堆石等重物或以大气负压（抽真空）作用或真空—堆载联合作用作为预压荷载，对地基预压使土壤固结、密实以加固地基的工程措施；达到预压标准后，撤去重物，开挖地基，再修筑建筑物或闸坝，以减小建筑物沉陷，提高地基承载力及建筑物的稳定性。

②分割原理

分割原理是指增加物体的分割度，将一个有形或无形的物体分成若干部分，或独立存在，或可合并和装拆。例如，软黏土地基的渗透系数小、含水量大，如果采用排水固结法处理时隙孔水压力下降慢，有效应力升高也慢，很难在短时间内提高地基承载力。根据固结理论，减少软土固结时间最有效的方法是增加土层的排水途径，缩短排水路径。砂井、塑料排水板等就是采用多个竖向排水体分割较厚的土层，增加土层的排水通道，缩短排水距离，加速地基的固结，达到提高地基承载力和稳定性的目的。

③改变物体参数原理

改变物体参数原理的方法包括改变物体的相态、改变温度、改变物体的密度或稠度等。在地基处理中该原理应用是非常普遍的，例如水泥搅拌桩和高压旋喷桩等通过水泥水化反应产生胶凝物质，将原本离散状态的土改变成块状的水泥土，增加土的强度，提高地基承载力；还可以通过改变温度即冷冻法将集中的水从液态变为固态，从而达到提高强度和止水的目的。

④地基处理技术的多创新原理应用

技术创新中往往不只采用一种创新原理，而是同时采用多种创新原理。近年来，地基处理领域产生了许多新兴的联合应用技术。如真空联合堆载预压、真空联合电渗法、真空—堆载—电渗联合法以及低能量强夯—电渗联合法等。

地基承受荷载时会产生超孔隙水压力，真空预压法就是施加负压，抽出土中空隙水和气，达到加速固结的目的。该技术特点符合预先反作用原理描述：如果必须完成某种作用，可以提前完成对应的反作用。

电渗排水法是利用电场的作用加速土的排水和固结。电渗排水法的技术特点符合机械系统的替代原理（代替力学原理）的描述：用电场或者磁场和电磁场等替代物体直接接触的相互作用。

采用真空联合电渗法加固软黏土地基，就是将电渗法的阴极与真空预压塑料排水板同排相邻布置，实现真空预压、塑料排水板和电渗共同作用，利用电场将阳极区水分向阴极汇集，又利用真空预压通过塑料排水板排出阴极附近土体中的水。

这种方法综合了多种地基处理技术，提高了土体排水的效率和地基处理的效果，改善了土体处理不均匀的问题。该项技术同时采用了预操作原理、分割原理、预先反作用原理和机械系统的替代原理（代替力学原理）等多项发明原理，从而达到各单项技术都无法达到的效果。

第七节　物理矛盾解决原理

物理矛盾是当一个工程技术系统参数具有相反的需求，就会产生物理矛盾。例如，要求系统的某个参数既要出现又不存在，或既要高又要低，或既要大又要小等。相对于技术矛盾，物理矛盾是一种更尖锐的矛盾，创新中需要加以解决。技术矛盾和物理矛盾都反映技术系统的参数属性，就定义而言，技术矛盾是技术系统中两个参数之间存在着相互制约；而物理矛盾是技术系统中一个参数无法满足系统内相互排斥的需求。物理矛盾和冲突是 TRIZ 要研究解决的关键问题之一。

1. 常见的物理冲突类型

具体来讲，物理矛盾表现在：

（1）系统或关键子系统必须存在，又不能存在；

（2）系统或关键子系统具有性能 F，同时应具有性能 -F，F 与 -F 是相反的性能；

（3）系统或关键子系统必须处于状态 S 及状态 -S，S 与 -S 是不同的状态；

（4）系统或关键子系统不能随时间变化，又要随时间变化。

从功能实现的角度，物理矛盾可表现在：

（1）为了实现关键功能，系统或子系统需要具有有用的一个功能，但为了避免出现有害的另一个功能，系统或子系统又不能具有上述有用功能；

（2）关键子系统的特性必须取大值，以取得有用功能，但又必须是小值以避免出现有害功能；

（3）系统或关键子系统必须出现以获得一个有用功能，但系统或子系统又不能出现，以避免出现有害功能。

物理矛盾可以根据系统存在的具体问题，选择具体的描述方式来进行表述。总结归纳物理学中的常用参数，主要有 3 大类：几何类、材料及能量类、功能类，如表 4-5 所示。

表 4-5　常见物理冲突类型表

几　何　类	材料及能量类	功　能　类
长与短	多与少	喷射与卡住
对称与不对称	密度大与小	推与拉
平行与交叉	导热率高与低	冷与热
厚与薄	温度高与低	快与慢
圆与非圆	时间长与短	运动与静止
锐利与钝	黏度高与低	强与弱
窄与宽	功率大与小	软与硬
水平与垂直	摩擦系数大与小	成本高与低

2. 用分离原理解决物理矛盾

（1）空间分离。所谓空间分离，是将矛盾双方在不同空间分开来，避免让它们同时在同一空间出现，以获得问题的解决或降低解决问题的难度。使用空间分离前，应先分析矛盾双方在整个空间各处的出现情况。当在某一空间只出现矛盾一方时，可以运用空间分离来解决问题。例如，大坝浇筑过程中，缆机运输与仓面混凝土浇筑易产生立体交叉作业；为此利用空间分离原理，根据吊罐影响空间范围变化规律，通过调整缆机配置参数、优化缆机运输路径、改变缆机初始位置等，可避免或减少吊罐影响空间与碾压机械工作空间发生空间交叉。再例如，用声呐可以在黑暗的海洋中感知、收集海域中的信息，如果把声呐探测器安装在潜艇的某一部位，潜艇上的其他仪表会形成各种干扰，影响声呐测量精度，如果将声呐探测器单置于潜艇后面千米之外，再用电缆连接，使声呐探测器和潜艇的各种干扰在空间上分离，就可提高测量效果。

（2）时间分离。所谓时间分离，是将矛盾双方在不同时间段上分开来，避免让它们在同一时间出现，以获得问题的解决或降低解决问题的难度。使用时间分离前，应先分析矛盾双方在整个时间段的出现情况。当在某一时间段只出现矛盾一方时，可以运用时间分离来解决问题。例如，某些路段存在明显的早高峰及晚高峰车流方向不一致问题，如早上人们从居住区到商业办公区上班，晚上人们从商业办公区回到居住区，这些路段可以设置部分潮汐道路，根据需要调整驾驶方向；此外，还可以进行统筹安排，将商业办公区域的不同企业的上下班时间错开。再例如，飞机起飞时，要求升力大，因此机翼面积要加大，而在正常航行时要求阻力小，需要机翼面积要小，理想的方案是设计能调节机翼面积的活动机翼，以适应各飞行时段的不同要求。

（3）条件分离。所谓条件分离，是将矛盾双方在不同条件下分开来，避免让它们在同一条件出现，以获得问题的解决或降低解决问题的难度。使用条件分离前，应先分析矛盾双方在各种条件下的出现情况。当在某一条件下只出现矛盾一方时，可以运用条件分离来解决问题。例如，水射流可以是软物质，用于洗澡时按摩；也可以是硬物质，将水增压至100~400 MPa后，经节流小孔喷出，流速可达900 mm/s，用这种高速密集的水射流可进行金属、非金属等各种材料的切割。

（4）层次分离。所谓层次分离，是将矛盾双方在不同层次、同系统级别下分开来，避免让它们在同一层次、同一级别出现，以获得问题的解决或降低解决问题的难度。使用层次分离前，应先分析矛盾双方在各个层次、各个级别的出现情况。当在某一层次只出现矛盾一方时，可以运用层次分离来解决问题。使物体在某一层次上表现为某种特性，另一层次上表现为另一种特性；或整体具有一种特性，而部分具有相反的特性，确保在不同层次上实现相反需求。例如，自行车链条总体上是柔性的，部分则是刚性的。再例如，无线电水壶在烧水时，壶体置于底座上与底部电源相连；在倒水时，壶体从底座上移去，确保与电源分离。该设计具有使用方便和防触电、防漏电功能，增加了电水壶使用时的安全性。

（5）分离原理与发明原理的对应关系。英国巴斯大学的曼通过研究提出，解决物理冲突的分离原理与解决技术冲突的发明原理之间存在关系，对于一条分离原理，可有多条发明原理与之对应，其研究结果如表 4-6 所示。

表 4-6　分离原理与发明原理的对应关系

分离原理	发明原理
空间分离	1、2、3、4、7、13、17、24、26、30
时间分离	9、10、11、15、16、18、19、20、21、29、34、37
条件分离	1、7、25、27、5、22、23、33、6、8、14、25、35、13
整体与部分分离	12、28、31、32、35、36、38、39、40

只要能确定物理冲突及分离原理的类型，就可从表 4-6 中找到对应的发明原理，可帮助技术创新者尽快确定新的技术概念。例如，对于物理冲突中发动机罩问题，现已采用空间分离原理解决这个物理冲突；空间分离对应的发明原理中，有序号 No.4 不对称性原理，按照这个原理，可以将原对称设计的圆形罩，改为不对称设计的扁形罩，这就保证了机罩与地面之间的距离。

第八节　物理效应知识库

应用 TRIZ 之所以能化解矛盾、消除冲突还有赖于其强大的科学效应知识库支持。科学是打开发明之门的钥匙，它为发明提供了强大且几乎是万能的工具库，只不过人们通常不会应用这些工具。在宏观水平上主要是一些简单的组合技法；而在微观水平上都是一些复杂的技法，几乎总是引入科学效应。因此，应该为发明家提供科学效应方面的知识。效应知识库包括物理效应、化学效应、几何效应与生物效应等。所谓效应就是给定一个输入量，通过效应的作用产生一个与输入同性质或不同性质的输出量，效应是对系统输入 / 输出间转换过程的描述，该过程由科学原理和系统属性支配，并伴有现象发生。每一个效应都有输入和输出，还可以通过辅助量来控制或调整其输出，可控制的效应模型扩展为三个接口（三级）。例如，用力拉一根金属丝，输入的是力，由于金属丝变细变长电阻会发生变化，所以输出就是电阻的变化，称之为电阻应变效应。再例如，两根轴用摩擦盘连接起来，在一根轴上加扭矩，另一根轴就会输出扭矩，称之为摩擦效应。

到目前为止，人类已总结出大量的物理、化学和几何效应。每一个效应都可能是很多问题的解决方案，特别是其他领域的一些效应，往往成为解决本领域问题的关键，如用数学、化学、生物、电子等领域中的效应、原理，往往能突破工程技术中的难题。

有时对于一个给定的问题，运用物理、化学、几何效应，可以使解决方案更理想、更简单地实现。效应是 TRIZ 中一种基于知识的问题解决工具。所以学习、掌握更多的效应知识，可以得心应手地解决许多发明问题，这一点是很重要的。

1. 解决发明问题的物理效应知识库

由于物理效应在科学效应中占比大、数量多，容易为新学者所掌握，本节主要介绍解决发明问题的物理效应知识库，见表 4–7。

表 4–7　解决发明问题的部分物理效应

序号	要求作用、用途	物理现象、效应、因素、方法
1	测量温度	热膨胀及由其引起固有频率的变化，热电现象；辐射光谱物质的光；电的变化；经过居里点的变化；霍普金斯及巴克豪森效应
2	降低温度	相变；焦耳—汤姆逊效应；兰卡效应；磁热效应；热电现象
3	提高温度	电磁感应；涡流；表面效应；电解质加热；电加热；放热；物质吸收辐射；热电现象
4	稳定温度	相变（包括经过居里点的转变）
5	制定物体的位置和位移	引进标记物质，它能改变外界的场（如荧光粉）；或能形成自己的场的铁磁体，因此易于发现。光的反射和发射；光效应变形；伦琴和无线电辐射；发光、电磁和磁场的变化；发电；多普勒效应
6	控制物体位移	磁场作用于物体和作用于与物体相结合的铁磁体；以电场作用于带电的物体；通过液体和气体传递压力；机械振动；离心力；热膨胀；光压力
7	控制液体及气体的运动	毛细管现象；渗透压；汤姆斯效应；伯努利效应；波动；离心力；威辛别尔格效应
8	控制气性溶胶液（灰尘、烟、雾）	电离；电场及磁场；光压
9	搅拌混合物形成溶液	超声波；空隙现象；扩散；电场；与铁磁性物质相结合的磁场；电泳；溶解
10	分解混合物	电分离与磁分离；在电场与磁场作用下液体分选剂密度发生变化；离心力；吸收；扩散；渗透压

续表

序号	要求作用、用途	物理现象、效应、因素、方法
11	稳定物体位置	电场及磁场；液体在电场中固化；回转效应；反冲运动
12	力的作用、力的调节、形成很大压力	磁场通过铁磁物质起作用；热膨胀；离心力；改变磁性液体或等电位液体在磁场中的视在密度使液体静压力变化；应用爆炸物；电水效应；光水效应；渗透压
13	改变摩擦	约翰逊·拉别克效应；辐射作用；克拉格尔斯基现象；振动
14	破坏物体	放电；电水效应；共振；超声波；气蚀现象；感应辐射
15	积蓄机械能与热能	弹性变形；回转效应；相变
16	传递能量、机械能、热能辐射能、电能	振动；亚历山大罗夫效应；波动；冲击波；辐射；热传导；对流；光反射现象；感应辐射；电磁感应；超导现象
17	确定活动（变化）物体与固定物体（不变化）的相互作用	利用电磁场（从“物质”的联系过渡到“场”的联系）
18	测量物体的尺寸	测量固有振动的频率；标上电或磁的标记并能读校
19	改变物体尺寸	热膨胀；形变；磁致与电致伸缩；压电效应
20	检查表面状态和性质	放电；光反射；电子反射；穆亚洛维效应；辐射
21	改变表面	摩擦；吸收；扩散；包辛格效应；发电；机械振动和声振动；紫外辐射
22	检查物体内状态和性质	引进标记物质，它改变外界的场（如荧光粉）；或形成取决于研究物质状态及性质的场（如铁磁体）；改变取决于物体结构及性质变化的比电阻，与光的相互作用，电光现象及磁光现象；偏振光；伦琴及无线电辐射；电子顺磁共振和核磁共振；磁弹性效应；经过居里点的转变；霍普金斯效应及巴克豪森效应；测量物体的固有振动频率；超声波；缪斯鲍艾尔效应；霍尔效应
23	改变物体空间性质	电场及磁场作用下改变液体性质（表观密度、黏度）；引进铁磁性物质及磁场作用、热作用；相变；在电场作用下电离；紫外线；伦琴射线；无线电辐射；形变；扩散；电场及磁场；热磁及磁光效应，气蚀现象，光电效应；热电效应、内光电效应
24	形成要求的结构稳定物体结构	波的干涉；驻波；穆亚洛维效应；电磁场；相变；机械振动和声振动；气蚀现象
25	指示出电场和磁场	渗透压；物体电离；放电；压电及塞格涅特电效应；驻极；电子发射；光电现象；霍普金斯效应；核磁共振；回转磁现象及磁光现象
26	指示出辐射	光声效应；热膨胀；光电效应；发光；照片底片效应

续表

序号	要求作用、用途	物理现象、效应、因素、方法
27	产生电磁辐射	约瑟夫逊效应；感应辐射现象；隧道效应；发光；汉思效应；切林可夫效应
28	控制电磁场	屏蔽；改变截止状态；使其导电性增加或减少；改变与场相互作用的物体的表面形状

2. 物理效应应用案例

（1）磁悬浮列车

磁悬浮列车是一种靠磁悬浮力来推动的列车，它通过电磁力实现列车与轨道之间无接触的悬浮和导向，再利用直线电机产生的电磁力牵引列车运行。

磁浮技术运用了 3 个基本物理效应：第一个效应是当靠近金属的磁场改变，金属上的电子会移动，并且产生电流；第二个效应是电流的磁效应，当电流在电线或一块金属中流动时，会产生磁场，通电的线圈就成了一块磁铁；第三个效应是磁铁间会彼此作用，同极性相斥，异极性相吸。见图 4-6。

（2）重力坝

重力坝是由混凝土或浆砌石修筑的大体积挡水建筑物，其基本剖面是直角三角形，整体由若干坝段组成，主要依靠坝体自重来维持稳定的坝。重力坝上窄下宽的物理原理主要根据水力学原理增强其自身拦截水源冲击的牢固性和长期性。河水对河堤产生压力，越往下压力越大。上宽下窄的大坝能挡住不同的压力，还可省料，也能防止泥沙滑落，更可以减轻自身压力，使河堤“站”得更牢固。所以，大坝是上宽下窄的。见图 4-7。

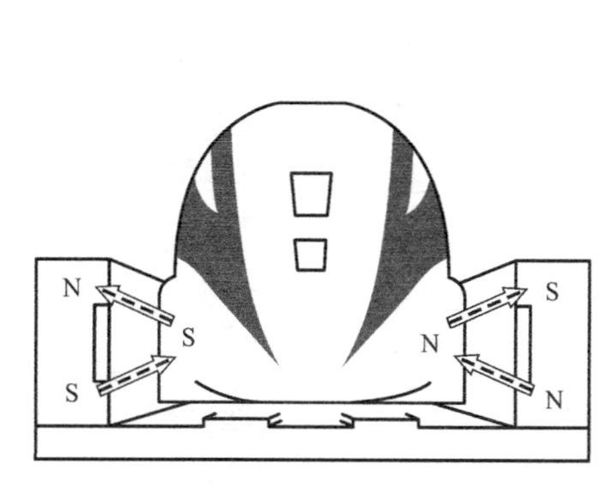

图 4-6　磁悬浮列车的基本工作原理

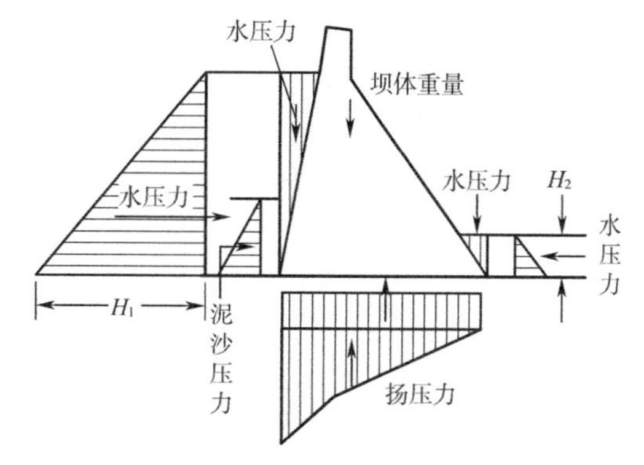

图 4-7　重力坝的基本工作原理

（3）倒虹吸工程

当渠道与道路或河沟高程接近，处于平面交叉时，需要修建建筑物，使水从路面或河沟下穿过，此建筑物通常叫作倒虹吸。它是一种经过山谷、河流、洼地、道路和其他渠道的压力输水管道，是一种渠道交叉建筑物，其主要有竖井式。倒虹吸现象是利用水柱压力差，使水上升后再流到低处。由于管口水面承受不同的大气压力，水会由压力大的一边流向压力小的一边，直到两边的大气压力相等，容器内的水面变成相同的高度，水就会停止流动。管道两端水体都是自由水面（事实上是两端的静水压强相等），连接两端的管道中水流“低—高—低”的流动现象。见图 4-8。

图 4-8　引大济湟工程倒虹吸工程

由于倒虹吸具有工程量少、施工方便、节省动力及三材、造价低、便于清除泥沙等特点，现广泛用于农田水利建设、城市供水、大型调水工程。

第九节　物场分析

物场分析是对辩证唯物主义中对立统一规律具体而灵活的应用。物场分析是阿奇舒勒对“发明问题解决理论”的重要贡献之一。物场分析是 TRIZ 理论中重要的问题描述和分析工具，用以建立与已经存在的系统或新技术系统问题相联系的功能模型。在解决发明问题的过程中，可以根据物场模型分析，查找相对应问题的解法。

1. 物场的概念

物场就是把能产生相互作用的两个物和一个场联系在一起形成的一个最小系统，也就是一个对立统一体。事实上，世界上的物体本身是不能实现某种作用的，只有同某种“场”发生联系后才会产生对另一物体的作用或承受相应的反作用。技术系统中最小的单元由两个元素以及两个元素间传递的能量组成，从而实现一个功能。阿奇舒勒把功能定义为两个物质（元素）与作用于它们中的场（能量）之间的交互作用，也即物质（Substance）S_2 通过能量 F（Field）作用于物质 S_1，产生的输出功能（Function）。所谓功能，是指系统的输出与系统的输入之间的正常的、期望存在的关系，如图 4-9 所示。

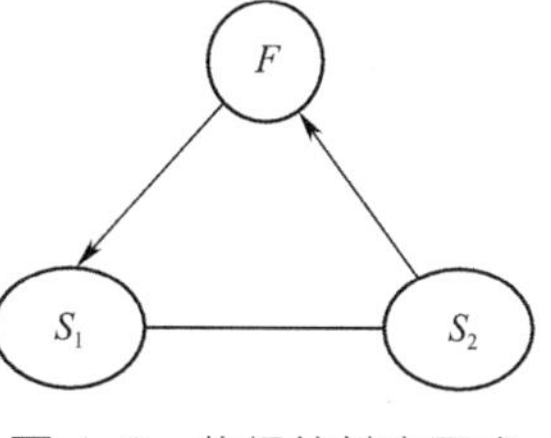

图 4-9　物场的基本图式

物质是指某种物体或过程，可以是整个系统，可以是系统内的子系统或单个的物体，甚至可以是环境，取决于实际情况，物质之间依靠场来连接。

场是指完成某种功能所需的手法或手段，通常是一些能量形式。

构成一个物场需要 3 个要素——两个物质和一个场，可以定义一个函数：

$$Y=F(x_1, x_2, \dots, x_n) \tag{4-3}$$

式中，Y——输出；

x_1，x_2，…，n——输入；

F——功能，即用方法解决问题的过程。

在 TRIZ 理论中，关于功能有 3 条定律：

（1）所有的功能都可以最终分解为 3 个基本元素（S_1，S_2，F）；

（2）一个存在的功能必定由三个基本元素构成；

（3）将 3 个相互作用的基本元素有机组合将形成一个功能。

其中，S_1、S_2 是具体的，即是“物”（一般用 S_1 表示原料，用 S_2 表示工具）；F 是抽象的，即是“场”，这就构成了物场模型。S_1、S_2 可以是材料、工具零件、人、环境等；F 可以是机械场（Me）、热场（Th）、化学场（Ch）、电场（E）、磁场（M）、重力场（G）等。从科学领域广义视角来说，温度场、机械场、声场、引力场、磁场、电场等都是物场的具体存在形式，典型场的类型如表 4-8 所示。

表 4-8　典型场及其子范畴

场的类型	场的子范畴
机械场	重力、摩擦、惯性、离心、拉伸、压缩、弹性、反应、振动
气压 / 液压场	静水力、动水力、空气静力、空气动力、表面张力
热场	传导、对流、辐射、静态温度梯度、总温度梯度、膨胀、绝缘
压强场	静压、总压、静压力梯度、总压力梯度、浮力、升力、真空、超声冲击波
电场	静电、电动、电泳、交变、感应、电磁、电容、压电、整流、转化
化学场	氧化、还原、扩散、燃烧、溶解、组合、转化、电解、吸热、放热
生物场	醇、光合作用、分解、同化、渗透、繁殖、腐烂、发酵
磁场	静电、交变、铁磁、电磁

续表

场的类型	场的子范畴
核引力场	相对论中观察者的位置与运动很关键：在原子核的表面有较大的时空弯曲，但没在那里的你则不会感到时空有何异常。物体有物体的时间，你有你的，两者可以不一致，但不影响你在你的世界里对同时性的确认
视觉场	反射、折射、衍射、干涉、偏振、红外、可见光
听觉场	声波、超声波
嗅觉场	香味、臭味

例如，建筑物建在地基上，建筑物和地基是两个物，由重力场把它们联系在一起，构成一个物场（图 4-10）；再例如，边坡危岩体锚固工程中，锚杆通过锚固力将危岩体和锚杆联系在一起，也构成一个物场，完成一个功能，锚杆和危岩体就是两个物，锚固力就是一个力场（图 4-11）。

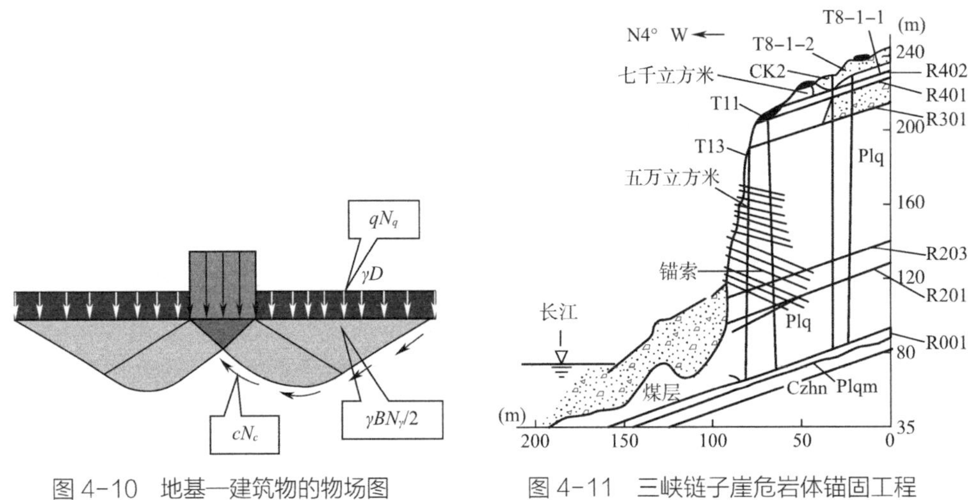

图 4-10　地基—建筑物的物场图　　图 4-11　三峡链子崖危岩体锚固工程

（1）完整物场。一般来说，有两个物和一个场联系在一起，就是一个完整的物场。如果这个物场中，没有冲突，没有矛盾，能完成一个功能，那就是一个有效的理想物场。如果物场中有冲突，有矛盾，那就是一个无效的、不理想的、不完善的完整物场，这正是 TRIZ 物场分析要研究的对象、要解决的问题。下面举一个不完善的完整物场的案例：

锥体连接问题。如图 4-12 所示，加工中心（数控机床）上切削刀具的安装锥柄，靠轴向力与安装座上的锥孔相配合，完成一个连接功能。这是一个完整物场，有两个物：S_1（物 1）—锥孔，S_2（物 2）—锥柄；一个场 F：由锥柄和锥孔之间的作用力形成，称为机械场。但是这个完整物场，是一个不理想物场，存在矛盾冲突。因为，为了提高安装刚度，锥体的锥面和端面都应该接触，事实上，由于加工误差的存在，难以做到锥面和端面都能接触（这里接触上了，那里就接触不上），这就是矛盾冲突，是物场分析要化解的矛盾，要克服的冲突。后面会讲到这个问题应如何解决。

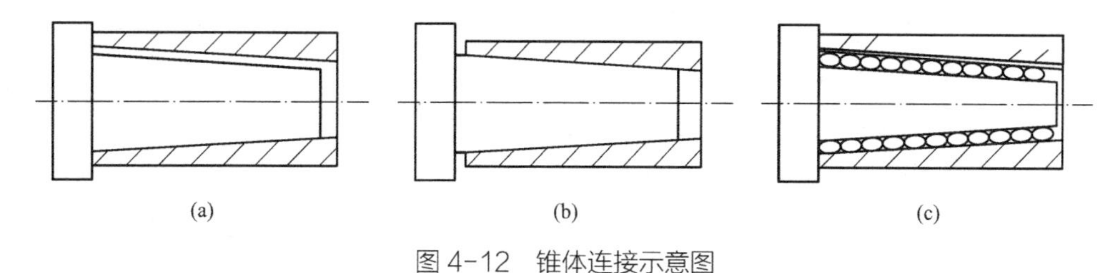

图 4-12　锥体连接示意图

图 4-13 表示一个完整物场的模型。其意义是，场或能量 F 通过 S_2（物质 2）作用于 S_1（物质 1），并可能改变 S_1（物质 1）。用一个简单的案例解释为：人手产生的机械能（F）驱动牙刷（S_2）刷牙（S_1）。这里的物和场都具有广泛的含义，场 F 是能量的总称，可以是核能、电能、磁能、机械能、热能等，或是磁场、电场、重力场、温度场、声场、离心力场等。物质可以是任何东西，如太阳、地球、轮船、飞机、计算机、水、X 射线、齿轮、分子等。S_1 为被动物质，是被作用、被操作、被改变的角色 S_2 为主动物质，起工具的作用（如锤子），它操作、改变或作用于被动物质 S_1（钉子），所以，S_2 又常被称为工具。

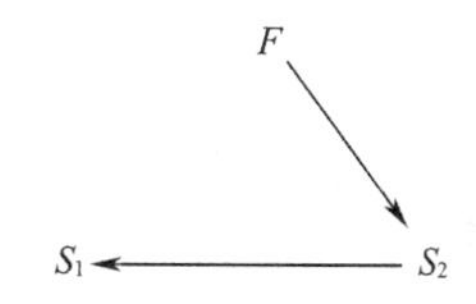

图 4-13　完整物场模型

（2）不完整物场。完整物场中的 3 个要素，缺少任意一个，就成为不完整物场。例如，要实现钉钉子这一功能，必须要有钉子（S_1）、锤子（S_2）和打击力（F 机械场），两物一场，这就是一个完整的物场了，其中缺少任意一个，都是不完整物场。例如，只有钉子，或只有锤子，或有钉子和锤子，没有打击力，这个钉钉子的功能显然不能实现，要实现功能，首先要把不完整物场补充成完整物场。有时，补充成完整物场之后，就没有了矛盾冲突，就能完善地实现功能；有时，补充成完整物场之后，依然会出现矛盾冲突，还需要再次化解矛盾，克服冲突。

2. 物场变换规则

物场变换规则，就是完善物场和改造物场。具体方法是引进物和引进场以及改变、置换原有的物或场，其目的都是化解矛盾、克服冲突，以完善功能。包括以下几种情况：

（1）对不完整物场要进行补充，缺物补物，缺场补场，补建成一个完整的物场需要注意以下两点：

①补充的要素，应该能使完整的物—场相互之间发生作用。

②给定两个物，补充一个场，但是不发生相互作用。这时，应该再补充一个能与场发生作用的物质，使它和给定的两物质之一相混合，组成复合体，则补充的场就可以发挥作用。

例如，冷冻机密封问题。冰箱冷冻机中充满氟利昂和润滑油，如果密封不良，就会渗漏，如何检测出渗漏部位？

物场分析：如果有渗漏，说明就有了两物：冷冻机（S_1）和润滑油（S_2）。没有场（F），是不完整物场。要检测渗漏部位，就要补充一个场。补充什么场？显然，这里应该用光去照，用什么光？参考有关机械故障检测方面的资料，应该用紫外线去照。但是，这个补充的场 F 和 S_2 不发生作用。怎么办？按照上述规则，应该再补充一个能和场发生作用的物，并和原有的一个物混合在一起。在这里，这个物应该是荧光粉，把它和润滑油混在一起，在暗室中用紫外线照射，渗漏处的荧光粉就会发光，于是就完成了检测功能。这是苏联的一项发明。

（2）对不完善的有矛盾冲突的完整物场，可依照如下规则完善系统，化解矛盾，克服冲突。

①增加 S_2（工具）的分散程度，使物场有效性增加；

②场作用于 S_2（工具）比作用于 S_1（制品）有效；

③电磁场比非电磁场（温度场、机械场、引力场等）有效；

④ S_2（工具）颗粒越小，控制工具越灵活；

⑤改变 S_2（工具由人决定）比改变 S_1（制品不易改变）有利。

例如：

①燃气除尘问题。为从燃气中消除非磁性尘粒，常使用过滤网，它由许多层金属网构成。这种过滤网虽可挡住尘粒，但滤网清洗非常困难。清洗时，必须将滤网拆散，长时间向相反方向鼓风，才能使网上砂粒脱掉。

物场分析：清洗功能的物场有两个物——金属网和尘粒，一个场——空气流。虽然它是一个完整物场，但不能令人满意（要拆卸，清理时间太长）。现在用物场分析，置换物和场，对其进行改造。

按照上述规则①、③、⑤，①用磁场代替机械场（空气流），②分散 S_2 即用铁磁性颗粒使其与磁场相作用代替过滤网，于是得到一个新的物场。两个物——铁磁颗粒与尘粒，一个场——磁场。新物场体系对应的技术系统的工作原理如下：利用铁磁性颗粒作为过滤物质，颗粒之间形成多孔隙结构。接通磁场或关闭磁场可以有效地改变、控制过滤器的孔隙大小。当需要阻挡尘粒时，接通磁场孔隙便缩小；当需要清洗时，关断磁场孔隙则变大，便于清洗，这是一个改造原有物场比较典型的案例，把物和场都进行了置换。

②前面的锥体连接问题，是一个完整物场，但不理想，锥面和端面不能同时接触，要对物场进行改造。但只有一个锥体和一个锥孔，改造哪个？根据规则⑤改造 S_2（工具），比改造 S_1 有利。这里锥体充当工具（S_2）的角色，应该改造锥体。显然要使锥面、端面都接触，理想的情况是作为工具（S_2）的锥体在受力塞入锥孔以后能够变形，从而使锥面、端面都能贴合接触。事实上锥体为刚体，是不变形的。要使其变形，只有在锥体外面加可变形材料。具体做法是，用弹性变形的小珠组成一个锥套套在锥体上；由于小珠子的变形，锥体装进锥孔中就能使锥面、端面都能接触，如图 4-12（c）所示。这是“以柔克刚”思维方法得到充分发挥的范例。这是一项美国专利。

（3）破坏物场，可解决两物质间有害的相互作用。具体破坏规则如下：

①去掉一个元素；

②割断联系；

③引进第三种物质代替场；

④引进第三种物质，它应该是原物质中之一或其变种。实践证明，这个规则最有效。

例 1：形状复杂的晒图机镜面被击碎，制造新镜子花费时间太长，如用有机玻璃代替，又会使描图纸移动时带电，产生静电吸附而贴在有机玻璃上，怎么办？

一般情况下，工程技术人员都会想到排除电荷，但静电是不易克服的。按上述物场破坏规则，就不难解决。这里是描图纸与有机玻璃之间产生了有害的相互作用，按照规则②、④，在玻璃与描图纸之间加入第三种物质（描图纸或有机玻璃的变种），问题就可以解决。把透明不遮光的描图纸（比玻璃便宜）作为引入的第三种物质吸附在玻璃上，带图的描图纸就不会被吸附了。

例 2：在输送管道中，用气压输送小钢球。可是，在拐弯处钢球撞击管壁，使管子损坏，怎么办？

这是一个完整物场。两种物质：管子与钢球；一个场：机械场。但物场不理想，导致管子被撞坏。问题是管子与钢球之间产生有害的相互作用（与例 1 是同一类型）。按照规则②、④，应该在钢球与管子之间加入已有物质之一的钢球或管子的变种，如果在拐弯处的管内固定垫板，很快也会被撞坏，而且不好安装。显然，用钢球把钢球与管壁隔开比较理想。问题是，如何使钢球附着在管壁上呢？因为钢球是铁磁物质，在管子拐弯处的外面装上磁铁（附加磁场），就可把部分钢球吸附在管壁上，运动的钢球就撞不到管壁，对管壁起保护作用。而且由于钢球的撞击力，吸附的钢球有的被撞走，后来的又补上，这也是一个破坏物场的案例。

（4）构成链锁状物场的规则。原有物场保留，同时再引进新的相互作用客体。

例如，由于地下岩石变形，钻杆被卡在钻孔中。解决办法是在卡钻处放振动器予以消除，但不知卡钻的深度在哪里，怎么办?

这里首先要解决的问题不是卡钻的问题，而是要确定卡钻的位置。位置找到了，卡钻问题也就解决了。由于钻杆（钢制）的磁场随其所受冲击载荷的张力大小而变化，利用这种磁弹性效应就可测出卡钻的部位。在钻杆中放上一个仪器，每隔100 m 做一个磁记号，然后用卷扬机向上提一下钻杆，由于提升力的冲击，卡钻部位以上的磁记号消失，卡钻部位以下钻杆没有响应，磁记号不变，再放进测磁仪下去测磁记号的位置，就可以确定卡钻的位置。这里引进了磁记号和测磁仪这一新的物场。

（5）结合两个场形成一个效应的规则。如果有的物质需要把一种作用于它的场，转换成另一种场，形成一个效应（例如，不可见光→物质→可见光，光→物质→声等），就可以用这个结合两个场的规则。

例如，紫外线照射在混合于润滑油中的荧光粉上，显出荧光。紫外线→荧光粉→荧光，荧光粉把作用于它的紫外线（一个场）转换成荧光（另一个场）。从紫外线到出现荧光，就是一个效应。

第十节 标准解

对于物场分析，除了采用上面所列的物场变换规则化解矛盾、克服冲突之外，还有更强大的 76 个标准解。标准解是阿奇舒勒等对现有专利研究之后，在 1975~1985 年完成的。标准解显示了解决问题的标准条件与标准方法。在 TRIZ 中，标准这一术语，表示解决不同领域问题的通用解决模式。如果问题可用标准解描述与解决，就不必再确定冲突和解决冲突。76 个标准解分成 5 级，各级中解法的先后顺序也反映了技术系统必然的进化过程和进化方向。第 1 级是物场模型的建立或破坏 (13 种标准)，第 2 级是物质—场的发展 (23 种标准)，第 3 级是从基本系统向高级系统或微观等级系统转变 (6 种标准)，第 4 级是测量或检测技术系统内部 (17 种标准)，第 5 级是简化与改进系统 (17 种标准)。

在 1~5 级的各级中，又分为数量不等的多个子级，共有 18 个子级，每个子级代表一个可选的问题解决方向。在应用前，需要对问题进行详细的分析，建立问题所在系统或子系统的物—场模型，然后根据物—场模型所表述的问题，按照先选择级再选择子级，使用子级下的几个标准解法来获得问题的解，见图 4-14。

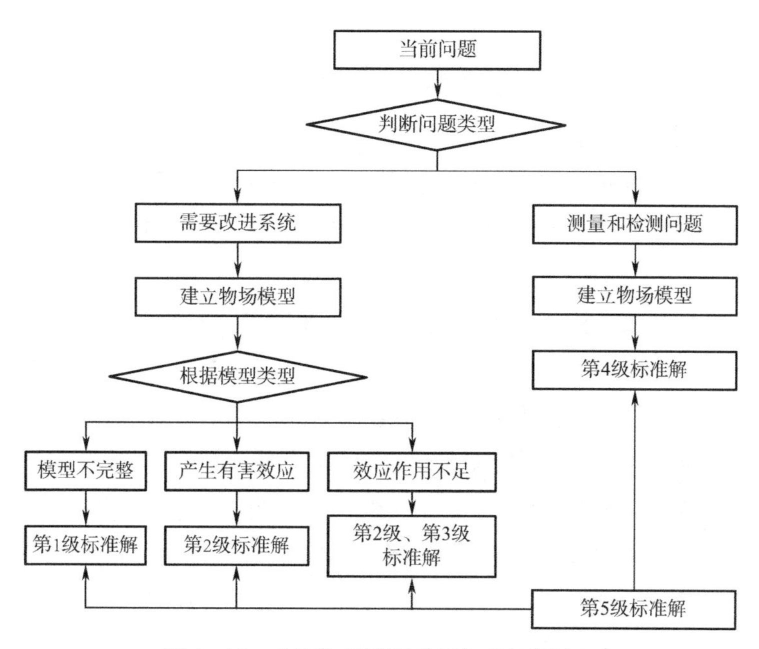

图 4-14　应用物场模型分析标准解的流程

1. 第 1 级标准解

改进一个系统使其具有所需要的输出或消除不理想的输出，对系统只有少量的改变或不改变。

第 1 级标准解包含完善不完整系统或不理想完整系统的解。

（1）改进具有非完整功能的系统

No.1 完善具有不完整功能的系统：假如只有 S_1，增加 S_2 及场 F。

例如，假如系统仅有锤子，什么也不能发生。假如系统仅有锤子和钉子，也什么都不会发生。完整系统必须包括锤子、钉子及锤子作用于钉子上的机械能。

No.2 假如系统不能改变，但可接受永久的或临时的添加物，则可以在 S_1 或 S_2 内部添加来实现。

例如，引气剂溶于水后加入混凝土拌合物内，在搅拌过程中能产生大量微小气泡。这些微小气泡能改善混凝土拌合物的流动性、黏聚性和保水性，提高混凝土流动性。

No.3 假如系统不能改变，但永久的或临时的外部添加改变 S_1 或 S_2 是可接受的。

例如，系统由雪（S_1）、滑雪板（S_2）及重力（F）组成，加蜡（S_3）到滑雪板（S_2）底部，可增加滑雪速度。

No.4 假如系统不能改变，可用环境资源作为内部或外部添加。

例如，航道标记浮标在大海中会摇摆得十分厉害，在浮标中充入海水，可使其比较稳定。

No.5 假如系统不能改变，可以改变系统所处的环境。

例如，采用换气等方法为隧道及地下建筑工程的空间创造所需的空气环境，以保证施工人一机系统的工作效率。虽然不同的隧道和地下工程都有各自的通风要求，因所处的地理和气候条件、建筑结构和内部生产工艺不同，采取的通风技术措施也应有所不同，但最终目的都是改善空气环境。

No.6 微小量的精确控制是困难的，但可以通过增加一个附加物来控制微小量，并在之后去除附加物。

例如，隧洞衬砌施工时要使流态混凝土拌合物充满微小的顶拱空腔是困难的，通常采用回填灌浆方法来解决。在南水北调穿黄隧道施工中，回填注浆范围为从顶拱线往两侧各 60° 的范围内，顶拱一共 120° 范围内进行注浆，一序灌浆标准段布置为环向 4 排、纵向 3 排，共 12 个注浆孔；环向排距为 2 m，纵向排距为 1.92 m，二序灌浆孔标准段为环向 3 排、纵向 2 排，共 6 个注浆孔。同时在顶孔中心线位置布置 2 个排气孔，注浆时使空腔内的空气排出，同时也使一部分浆液流出，再将其去掉。

No.7 一个系统中场强不够，增加场强又会损坏系统，将强度足够大的一个场施加到另一个元件上，再把该元件连接到原系统上。同理，一种物质不能很好地发挥作用，但连接到另一种可用物质上则能发挥作用。

例如，在制作预应力混凝土时，采用电热法将钢筋加热，伸长之后固定并冷却，使之产生拉应力，混凝土浇筑后，松开固定处，混凝土便产生压应力。

No.8 同时需要大的（强的）及小的（弱的）效应时，小效应的位置可由物质 S_3 保护。

例如，盛注射液的玻璃瓶（安瓿瓶）是用火焰来封口的，但火焰的高温将降低药液的质量，若封口时将玻璃瓶放在水中进行，就可保持药液在一个合适的温度。

（2）消除或抵消有害效应

No.9 在一个系统中，若有用及有害效应同时存在，则 S_1 及 S_2 不必直接接触，可引入 S_3 消除有害效应。

例如，房子用的支撑木（S_2）将损害承重梁（S_1），在两者之间加一块钢板（S_3），将负载分散，就可以保护承载梁。

No.10 在一个系统中，若有用及有害效应同时存在（与 No.9 类似），但不允许增加新物质，通过改变 S_1 或 S_2 消除有害效应。该类解包括增加“虚无物质”，如空位、真空、空气气泡、泡沫等，或加一种场，场的作用相当于增加一种物质。

例如，为了将两个工件装配到一起，将内部工件冷却收缩，之后将两个工件装配，然后在自然条件下让其膨胀，采用热伸缩性代替润滑剂，使装配容易。

No.11 有害效应是由一种场引起的，可引入物质 S_3 吸收有害效应。

例如，电子部件发出的热量将使安装该部件的电路板变形，可在该部件下放一个散热器吸收热量，并将热量散到空气中。

No.12 在一个系统中，有用及有害效应同时存在，但 S_1 及 S_2 又必须处于接触状态。此时可增加场 F_2，使之抵消 F_1 的影响，或者得到一个附加的有用效应。

例如，水泵工作时产生噪声，水是 S_1，泵是 S_2，场是机械场 F_1，增加一个与产生的噪声场相差 180° 的声学场，以抵消噪声。

No.13 在一个系统中，由于一个元件存在磁性而产生有害效应，可将该元件加热到居里点以上，使磁性消失；或者引入一个相反的磁场，消除原磁场。

例如，汽车上常放有指南针指引方向，但汽车本身的磁场影响指南针的正确指向。在指南针内部安装一个永久磁铁，就可以消除汽车本身磁场的影响，这是该类指南针设计的特点。

2. 第 2 级标准解

第 2 级标准解的特点是以较大的改变来改善系统。

（1）变换到复杂物场系统

No.14 串联物场模型：将第一个模型的 S_2 及 F_1，施加到 S_3，S_3 及 F_2 施加到 S_1。串联的两个模型应是独立可控的。

例如，锤子（S_2）直接破碎岩石（S_1）效率很差，可通过串接另一物场而得到改善。在锤子与岩石之间加一錾子，锤子（S_2）的机械设备能（F_1）直接加到錾子（S_3）上，錾子（F_3）将机械能（F_2）传递到岩石上。

No.15 并联物场模型：一个可控性很差的系统需要改进，但已存在的部分不能改变。此时可并联第二个场，并作用在 S_2 上。

例如，用电解法生产铜板（S_1）的过程中，少量的电解液会留在铜板表面，仅用水（S_2）洗不是很有效，增加机械设备能使铜板处于微振动状态，可使水冲更有效。

（2）加强物场

No.16 对于可控性差的场，用一个易控场代替，或增加一个易控场。

例如，如机械力比重力容易控制，所以用锤子钉钉子，而不是抛石头砸钉子。

再例如，用液压转向系统代替机械转向系统。

No.17 将 S_2 由宏观变为微观。

例如，很难设计一个支撑系统将重力均匀分布在不平的表面上，而充液胶囊能将重力均匀公布。

No.18 改变 S_2 成为允许气体或液体通过的多孔的或具有毛细孔的材料。

例如，汽车保险杠在汽车撞击时起保护作用，但早期的保险杠是硬质实体，防护效果并不好；后来改进为空腔，防护效果也不是太好；继续改进为多孔机构、毛细孔机构，直至充满活性物质。

No.19 使系统更具有柔性或适应性。通常方式是由刚性变为一个铰接到连续柔性系统。

例如，汽车变速箱无论是标准的，还是自动的，其速比都是一些定数，而液压变速系统其速比在一定范围是连续的。

No.20 使一个不能控制的场具有永久或临时确定的模式。

例如，驻波被用于液体或粒子定位。超声波焊接利用调节元件将振动集中到一个小的面积上。

No.21 将单一物质或不可控物质变成空间结构的非单一物质，这种变化可以是永久的或临时的。

例如，预应力钢筋改变了混凝土构件的性质。

（3）控制频率使其与一个或两个元件的自然频率匹配或不匹配，以改善性能

No.22 使 F 与 S_1 或 S_2 的自然频率匹配或不匹配。

例如，将肾结石暴露在与其自然频率相同的超声波中，可在体内破碎结石。再例如，18 世纪中叶，法国昂热市一座 102 m 长的大桥上有一队士兵经过。当他们在指挥官的口令下迈着整齐的步伐过桥时，桥梁突然断裂，造成 226 名官兵和行人丧生；后来被物理学家找出共振的物理机制，于是制定军事条例：戎行过桥时，禁止走齐步。

No.23 与 F_1 或 F_2 的固有频率匹配。

例如，加一个振幅相同、幅角相差 180° 的信号，可消除振动。

No.24 两个不相容或独立的动作可以一个接一个地完成。

例如，首先夹紧工件，再进行机械加工。

（4）铁磁材料与磁场结合

No.25 在一个系统中增加铁磁材料和（或）磁场。

例如，推土机、挖掘机等大型工程机械的机油润滑或液压传动系统会不断产生铁屑，这些铁屑对工程机械是有害的，一般用过滤网过滤。但时间长了，过滤网就会被堵塞而影响供油。在油路过滤前设置一个特殊的磁性装置，可以很好地解决这一问题。再例如，移动磁场推动轨道车辆—磁悬浮车辆。

No.26 将 No.16 与 No.25 结合。利用铁磁材料与磁场，增加场的可控性。

例如，增加铁磁材料及磁场，可使橡胶模具的刚度被控制。

No.27 磁流体的应用。磁流体是 No.26 的一个特例。

例如，使用带有磁流变或电流变液体的电镀槽，在大功率的电磁作用下，磁流体的密度会出现可控制的变化，通过变化的磁流体的密度，从而使废金属可以严格安装自己的比重逐个“浮出液面”。人们就可以在磁流变液体的液面上很容易地把它们收集起来。

No.28 利用含有磁粒子或液体的毛细结构。

例如，汽车发动机等机油过滤器，可以过滤较大的铁销颗粒。但细小的铁销颗粒会回到机油管中，这对高速运转的发动机是有害的。磁性机油滤芯器是在滤芯的毛细管中填充铁磁颗粒，用于吸附细小的铁销，以减小机械磨损。

No.29 利用附加物，如涂层，使非磁物体永久或临时具有磁性。

例如，在理疗过程中，在药物粒子中增加一些磁性粒子，体内的磁性粒子将被吸引到外部磁力线周围，达到磁力线精确定位的目的。

No.30 假如一个物体不能具有磁性，可将铁磁物质引入环境中。

例如，将一个涂有磁性材料的橡胶垫子放在汽车内，把工具吸在垫子上，使用起来很方便。

No.31 利用自然现象，如物体按场排列，或在居里点以上物体将失去磁性。

例如，在高压输电线外包裹一层居里点在 0° 左右的磁性物质可有效消除低温时电线结冰现象。

No.32 利用动态、可变或自调整的磁场。

例如，非规则空腔壁厚的测试可采用放于空腔外面的感应式传感器，内部放一个铁磁体。为了增加精度，可在一个气球表面涂上铁磁粒子，气球放在空腔内，具有空腔的内部形状。

No.33 加入铁磁粒子改变材料的结构，施加磁场移动粒子。通过这种途径，使非结构化系统变为结构化，或反之。

例如，为了在塑料垫子表面形成某种图案，在塑料液体内加上铁磁粒子，用结构化的磁场拖动铁磁粒子形成所需要的形状，一直到液体凝固。

No.34 与 F 场的自然频率相匹配。对于宏观系统，采用机械振动增强铁磁粒子的运动。在分子及原子水平上，材料的复合成分可通过改变磁场频率的方法用电子谐振频谱确定。

例如，微波炉加热食品的原理是微波使水分子在其自然频率处振动。

No.35 用电流产生磁场并可以代替磁粒子。

例如，电磁场在不使用时可以关闭，改变电流可获得所需磁场。

No.36 电流变流体具有被电磁场控制的黏性。可以与其他方法一起使用。

例如，电流变流体“万能夹具”；电流变流体被用作阻尼器；电流变流体轴承。

3. 第 3 级标准解

第 3 级标准解的特点是系统传递到双系统、多系统或微观水平。

（1）传递到双系统或多系统

No.37 系统传递（a）：产生双系统或多系统。

例如，在进行室内装修时，配置单光源，只能解决室内一般的适当亮度问题，如果用多光源替代，可以达到多种装饰和照明效果，并能满足个别特殊功能的需要。

No.38 改进双系统或多系统中的连接。

例如，由相同的常开触点 S_{01} 元件（相同的元素）组合的多系统向具有常开触点 S_{01} 元件和常闭触点 S_{02} 元件（元素和反元素）组合的多系统转换，用以提高系统的可操作性和灵活性。

No.39 系统传递（b）：在元件之间增加其不同性质。

例如，现代复印机不仅能复印不同介质、不同尺寸的复印件，还能实现自动分类、排序、装订等功能。

No.40 双系统及多系统的简化。

例如，瑞士军刀在一个共用的外壳内装上数种工具，组成多用刀具。功能增加了，体积缩小了，实现了多功能。

No.41 系统传递（c）：整体与部分之间的相反特性。

例如，自行车链条每一节是具有刚性的零件，但整体产生柔性的运动。

（2）传递到微观水平

No.42 系统传递（d）：传递到微观水平。

例如，在浮法玻璃生产线中，传递玻璃板的滚轮，改用被熔化的锡液所替代，确保传递中玻璃板的平整度。

4. 第 4 级标准解

第 4 级标准解是检测与测量。检测与测量是典型的控制环节。检测是指检查某种状态发生或不发生。测量具有定量化及一定精度的特点。一些创新解采用物理的、化学的、几何的效应完成自动控制，而不采用检测与测量。

（1）间接法

No.43 替代系统中的检测与测量，使之不再需要。

例如，用电磁感应对金属零件进行热处理时，为提供要求的温度（750~800℃），在感应器和零件间的空间注满化学盐，盐的熔化温度（800.7℃）就等于进行热处理所需要的温度，因此，对温度的测量已不再需要。

No.44 假如 No.43 不可能，测量一复制品或肖像（影像）。

例如，铁水的温度很高，人们不可能靠近它来直接测量。为此，利用光学高温计，通过接收器测量物体在高温计透镜上所形成的图像亮度，即可得知铁水的温度值。

No.45 如 No.43、No.44 不可能，可利用两个检测量代替连续测量。

例如，进行加工过程中使用的量规，为测量抛光球体直径，通常预先做成量规（间距为 0.01 mm 的许多圆孔），然后，抛光轮子直径的测量问题就变为在量规上检测能否通过和不通过某个圆孔的问题。

（2）将零件或场引入到已存在的系统中

No.46 假如一个不完整物场系统不能被检测或测量，可增加单一或双物场，且一个场作为输出。假如已有的场是非有效的，在不影响原系统的情况下，可改变或加强该场。加强的场应具有容易检测的参数，这些参数与设计者所关心的参数有关。

例如，塑料制品上的小孔很难被检测到。将塑料制品内充满气体并密封，之后置于压力降低的水中，如果水中有气泡出现，则存在小孔。

No.47 测量某一引入的附加物。引入的附加物在原系统中发生变化，可测量附加物的这种变化。

例如，生物标本可在显微镜下观测，但其细微结构很难区分与测量，增加化学试剂可使其能够区分与测量。

No.48 假如系统中不能增加其他附加物，可在环境中增加附加物使其对系统产生场，以检测或测量场对系统的影响。

例如，卫星提供了覆盖整个地球表面的连续信号，手持全球定位系统接收器，运用卫星全球定位系统，就能接收卫星提供的信号，根据信号可以测量出自己的精确位置。

No.49 假如附加物不能被引入到环境中（No.48），可分解或改变环境中已存在的物质，使其产生某种效应，并测量这种效应。

例如，在气泡室内，存在低于沸点温度及压力的液态氢，当能量粒子穿过时，便局部沸腾，形成气泡路径，该路径可以被拍照，用于研究粒子的动特性。

（3）加强测量系统

No.50 利用自然现象。利用系统中出现的已知科学效应，通过观察效应的变化，决定系统的状态。

例如，导电流体的温度可由电导率的变化来确定。

No.51 假如系统不能直接或通过场测量，可测量系统或元件被激发的固有频率以确定系统的变化。

例如，有限元分析。在一定频率范围内变化的力加到物体的不同位置上，计算不同位置所产生的应力，以评价设计是否合理。

No.52 假如 No.51 不可能，可测量与已知特性相联系的物体的固有频率。

例如，不直接测量电容。把一个未知电容的物体插入一个已知电感的电路中，改变施加到电路上的电压频率，找到电路的固有频率，以此计算插入物体的电容。

（4）测量铁磁场

No.53 增加或利用铁磁物质或系统中的磁场以便测量。

例如，交通控制通常通过红绿灯控制，如果要知道何时有车轮等待及等待的车队有多长，可在人行道内设置传感器（含有铁磁部件），将使测量很容易。

No.54 增加磁性粒子或改变一种物质成为铁磁粒子以便测量，测量所导致的磁场即可。

例如，铁磁粒子被加到某种墨水中，用于纸币的印刷，还可防伪。

No.55 假如 No.54 不可能，可建立一个复合系统，添加铁磁粒子附加物到系统中。

例如，处于压力下的液体导致岩层的液体爆炸，为了控制液体，可加上铁磁粉末。

No.56 假如系统中不允许增加铁磁物质，可将其加到环境中。

例如，模型船的运动将产生波浪，为了研究波浪的形成，可将铁磁粒子加到水中。

No.57 测量与磁性有关的现象。

例如，测量居里点、磁滞等。

（5）测量系统的进化方向

No.58 传递到双系统或多系统。假如单一测量系统不能给出足够的精度，可应用双系统或多系统。

例如，为了测量视力，验光师使用一系列的仪器测量远处聚焦、近处聚焦、视网膜整体的一致性，而不仅是其中心。

No.59 代替直接测量，可测量时间或空间的下一阶或二阶导数。

例如，测量速度或加速度，代替测量位移。

5. 第 5 级标准解

第 5 级标准解是简化或改进上述标准解，以得到简化的方案。

（1）引入物质

No.60 间接方法。

No.60-1 使用无成本资源，如空气、真空、气泡、泡沫、空洞、缝隙等。

例如，制造水下用的潜水服。为了保持温度，传统的办法是增加橡胶的厚度，其结果是增加了质量，很重，这是不合适的设计。通过使橡胶产生泡沫，不仅减轻了质量，还提高了保暖性，这是目前的设计。

No.60-2 利用场代替物。

例如，为了发现墙内的钢筋又不能在墙上钻孔，通常可用 3 种场的探测方法。第 1 种方法是敲墙，有钢筋的位置发出的声音与其他位置不同。第 2 种方法是用磁铁探测钢筋。第 3 种方法是用超声波发生器及接收器，因在钢筋处会返回较强的回声。

No.60-3 用外部附加物代替内部附加物。

No.60-4 利用少量但非常活化的附加物。

例如，利用铝热剂爆炸将铝焊接到某物体上。

No.60-5 将附加物集中到某一特定的位置上。

例如，将化学去污剂准确地放到有污点的位置上就可以去掉污点。

No.60-6 暂时引入附加物。

例如，为了治疗骨伤，金属钉要固定到骨头上，等骨头治愈后，再将金属钉去掉。当骨折打石膏、缠绷带时，预先放入一根钢锯条，拆除时，用锯条把绷带锯开。

No.60-7 假如系统中不允许附加物，可在其复制品中增加附加物。这包括仿真器的使用。

例如，网络会议系统允许与会者不在同一会场。

No.60-8 引入化合物，当它们起反应时产生所需要的化合物，而直接引入这些化合物是有害的。

例如，人体需要钠，但金属钠对人体有害。食盐中的钠则可被人体吸收。

No.60-9 通过环境或物体本身的分解获得所需的附加物。

例如，在花园中掩埋垃圾代替使用化肥。

No.61 将元件分为更小的单元。

例如，为了增加飞机的速度，需要加长螺旋桨，但长螺旋桨的尖端速度超过音速，会引起振动。采用两个小一些的螺旋桨，反而优于一个大螺旋桨。

No.62 附加物被使用完后自动消除。

例如，使用干冰人工降雨，不会留下任何痕迹。

N0.63 假如环境不允许大量使用某种材料，可使用对环境无影响的东西。

例如，为了升起陷入沼泽地中的飞机，采用一种膨胀式升起装置。而机械式千斤顶不能采用，因其自身会陷入沼泽地。

No.64 使用一种场来产生另一种场。

例如，在回旋加速器中，加速度可产生切伦克夫辐射，这是一种光，而变化的磁场可以控制光的波长。

No.65 利用环境中已存在的场。

例如，电子装置利用每个元件产生的热量引起空气流动来进行冷却，而不用附加电扇。这种方法可改善整体设计的性能。

No.66 使用属于场资源的物质。

例如，在汽车内，采用热机冷却剂作为一种热能（场）资源使乘客取暖，而不是直接使用燃料。

（2）状态传递

No.67 状态传递 1：替代状态。

例如，利用物质的气、液、固三态。为了运输某种气体，先使其变为液态，使用时再变成气体。

再例如，用铸铁代替黄铜（不常动的滑动轴承）。

No.68 状态传递 2：双态。

例如，在滑冰中，使冰刀下的冰变成水则减少摩擦力，之后水再变成冰以恢复冰的表面。

No.69 状态传递 3：利用状态转换过程中的伴随现象。

例如，当金属超导体达到零电阻时，它变成一种非常好的热绝缘体，可以用作热绝缘开关，隔开低温装置。

No.70 状态传递 4：传递到双态。

例如，利用不导电金属相变材料制造可变电容。该类电容极板之间采用不同的材料制成，当加热某些层时变为导体，冷却时变为绝缘体，电容的变化是靠温度控制的。

No.71 部件或物相之间的相互作用。引入系统中元件或物相之间的相互作用使系统更有效。

例如，利用化学反应的材料作为热循环发动机的工作元件。加热时材料分解，冷却时材料组合，以此改善发动机的功能。

（3）应用自然现象

No.72 自控制传递。假如某物体必须具有不同的状态，应使其自身从一个状态传递到另一个状态。

例如，摄影玻璃在有光线的环境中变黑，在黑暗的环境中又变得透明。

再例如，用于保护无线望远镜的避雷针是充满低压气体的管子，在雷电之前，区域内的静电势处于高水平，管中气体处于离子态，将雷电引入地下通道。当雷电结束后，气体组合，被保护装置的环境处于自然状态。

No.73 当输入场较弱时，加强输出场。通常在接近状态转换点处实现。

例如，真空管与晶体管都可以用小电流控制大电流。

（4）产生高等或低等结构水平的物质

No.74 通过分解获得物质粒子。

例如，假如物质中需要的氢不存在，而水存在，则用电离法将水转换成氢和氧。

No.75 通过结合获得物质。

例如，通过水与二氧化碳及光合作用，产生木材、树叶及果实。

No.76 应用 No.74 及 No.75 时，假如高等结构物质需要分解，但又不能分解，可由次高一级的物质状态代替；反之，如果物质是通过低结构物质组合而成，而该物质不能应用，则采用高一级的物质代替。

例如，在 No.72 的案例中，气体分子处于离子态，并形成一个通道，离子和电子结合又使自然状态得以恢复。

对于你所遇到的产品设计，要把问题用简练的语言说明，并且包括约束或限制条件的说明，当问题符合 76 个标准解之一的条件时，就可以用其作为解决问题的模板。

第十一节　计算机辅助创新（CAI）

经验告诉我们，一项优秀技术的大规模普及和应用，软件化是关键。随着计算机软件技术的发展和成熟，基于 TRIZ 理论而构建的计算机辅助创新（CAI）软件技术也应运而生。CAI 的出现，在很大意义上依赖于 TRIZ 创新理论和创新技术的发展。这些创新理论和创新技术之所以能够软件化，其主要原因是发现了创新的规律并包含有易于流程化（如上所述）的许多创新问题解决工具，从而将以前杂乱无章、毫无规律可循的创新活动，通过 CAI 变成一项普通的技术工作。基于 TRIZ 的 CAI，为产品创新设计提供了强有力的辅助工具。可为工程技术领域新产品、新技术的创新提供科学的理论指导，指明探索方向。CAI 的出现，为 TRIZ 在行业中的大规模、系统化应用，铺平了道路。在国外，福特、波音、施乐和三星集团等公司，早就在产品的不同设计阶段，运用 CAI 软件解决问题。运用 CAI，在产品设计和质量改进方案的形成速度上可提高 70%~300%。

关于现有 CAI 软件的状况：亿维讯公司的新一代计算机辅助创新设计工具，借助其强大的综合分析工具和基于世界优秀专利而创建的创新方案库，使不同工程领域的技术人员在面临每一项技术难题时，可打破思维定势、拓宽思路，所以，TechOptimizer 是最为著名的计算机辅助创新软件。

自 1999 年以来，河北工业大学开发了计算机辅助创新设计系列软件，包括单机版本、局域网版本和广义网版本，每个版本都进行了功能及性能的不断进化过程。软件包含 3 个模块：技术进化模块、效应模块、冲突解决原理模块，分别与 TRIZ 理论中技术进化、效应、冲突解决原理相对应。

（1）冲突解决原理模块（包括标准工程参数和发明原理）；

（2）技术进化模块（包括进化模式和进化路线）；

（3）效应模块（包括功能分类、物理、化学和几何效应及相关实例）。

该计算机辅助产品创新系列软件将 TRIZ 中的概念、原理、工具与知识库紧密结合，应用该软件，设计者能充分利用全世界优秀的工程设计实例，为正在开发中的产品提供设计参考，使设计快速、有效、高质量地完成。其特点包括：

（1）树视图清晰显示工程参数、进化模式及效应；

（2）可扩展的用户知识库允许用户添加新的发明原理、概念和实例，作为后续创新工作的工程实例；

（3）解决方案及应用过程的完整描述；

（4）软件可以将每一阶段产生的新概念以报表文档的形式输出，有助于数据的交流和使用。

2004~2005 年，为提高自主创新能力，中国最大通信设备提供商中兴通讯首家引入 TRIZ 体系，与亿维讯公司合作，由国际 TRIZ 协会（MATRIZ）首次对中国企业举办 TRIZ 培训，30 名中兴通讯研发一线的技术骨干参与了培训。在亿维讯计算机辅助创新（CAI）软件 Pro/Innovator 的辅助下，中兴通讯有 21 个技术难题取得突破性进展，6 个项目已在申请相关专利。中兴通讯认识到，为提升核心竞争力，推广 TRIZ 理论和 CAI 技术工具，不仅可行，而且必要。将 TRIZ 与 CAI 软件结合在一起进行创新，就像借助计算器进行数学运算一样方便高效。

美国亿维讯科技有限公司是一家专注于计算机辅助创新技术的研究、相关工具开发及技术咨询的高新技术集团公司，公司总部在美国，并在不同地区设有相关的研发中心。其计算机辅助创新设计平台——Pro/Innovator 是以发明问题解决理论（TRIZ）、本体论、现代设计方法学、自然语言处理技术与计算机软件技术相结合的新的视角和思路分析问题，可快速得到可操作的高效解决方案。

本体论是研究世间万物之间内在联系的科学理论，主要内容有以下 4 个方面：

（1）产品创新需要与自然科学和工程技术领域中的基本原理以及人类已有的科研成果建立千丝万缕的联系。

（2）构建大千世界普遍联系的关系网，研究自然科学及工程领域中万物之间的关系及其边缘科学。

（3）关系是本体论的灵魂。

（4）得到没有意识到的有用方案。

Pro/Innovator 的一般应用流程如图 4-15 所示。

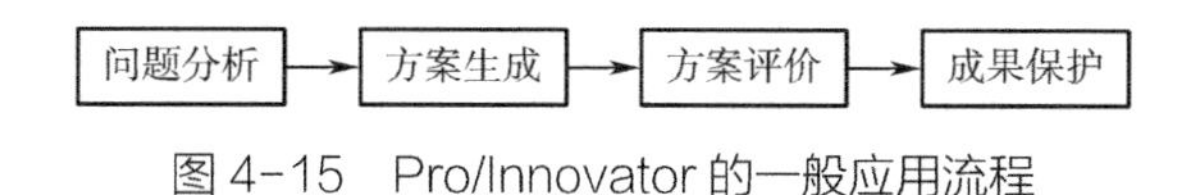

图 4-15　Pro/Innovator 的一般应用流程

Pro/Innovator 内含问题分析器、创新方案库、创新原理、预测、评价器和专利生成器，以完成相应的功能。

1. 问题分析

由于内置问题分析器，用户不必掌握复杂的系统分析和功能建模方法及工具，只需应用自然语言进行问题输入或描述，问题分析器就能从外部环境、内在因素、时间历程、直接诱因等多角度、多方位地分析产生问题的原因。

例如，如何净化含树脂微粒的水？

恰当地描述问题，并将问题输入问题分析器。

2. 方案生成

该软件的内置创新方案库是基于本体论和语义处理技术，在对世界上 900 万件发明专利系统进行分析的基础上构建起来的，是目前世界上最大的创新知识库，功能十分强大。应用 TRIZ 理论的创新原理与预测，通过创新方案库，Pro/Innovator 能够对提出的问题给出正确的解决方案。

当问题分析器完成工作后，内置的创新方案库继续工作，自动调出一些解决方案，提供给用户选择，用户可根据自己的客观条件选择可行方案，进行具体设计。

精确方案：用树脂过滤装置净化水。特例方案：吸附树脂净化地下水。通用方案：电渗析净化液体。

类比方案：离子性液体净化气体；金属硅净化碱性水溶液。

再举一个有趣的实例：曾有用户提出“如何清洁船用发动机的冷却水过滤器”的问题。结果创新方案库给出的解决方案是：“爆米花”。“爆米花”与“清洁船用发动机的冷却水过滤器”有什么联系呢？这就是 TRIZ 理论与本体论的妙处。靠瞬时的压力差使过滤器中的污物冲出。“爆米花”的原理可应用在许多领域，如：

（1）利用瞬间压力差可以打破物体的外壳。

①迅速批量剥除松子、葵花籽和花生的外壳；

②迅速批量去除青椒的籽和蒂。

（2）利用瞬间压力差使人造宝石沿内部原有的微裂纹分割。

（3）清除下水管道淤泥。

3. 方案评价

通过评价器，对生成的方案进行评价。评价器是基于 CTU 模型，实现对备选方案多目标、多专家的综合评价；并通过对 900 万件发明专利的统计结果来评价方案的优劣性，为最终确定方案提供客观依据。

4. 成果保护

创新方案形成并不是产品设计终点，新产品设计只有完成了专利申请，才能进行生产，进入市场。在 Pro/Innovator 中，成果保护功能通过专利生成器来完成。其中备有多种专利申请模板，程序可自动完成相关项目的填写，根据本体论所描述的关系，程序可自动将所得方案的应用形式转化为专利申请中相应的内容。

第五章
工程技术创新课题选择

第一节　课题来源

发明创造要有对象、有目标，也就是说，发明创造必须要有课题。所以，发明创造过程的第一阶段就是要确定课题。课题是如何产生的呢？课题是从哪里来的呢？总的来说，一切课题都是为了满足社会生产、人类生活发展变化的需要，以及为了解决社会生产、人类生活中的矛盾而产生的。特别是，面对今天国际激烈的竞争，要赶超世界先进水平、自主创新，还必须开发前沿课题。具体来说，发明创造课题可以来源于以下3个方面：

1. 来源于上级主管部门

上级主管部门根据本系统今后发展规划的需要或根据目前存在的主要矛盾、困难、问题，提出创新课题，通过招标或直接下达给下级业务部门。

2. 来源于本单位或其他生产部门

本单位或其他生产部门根据发展需要或要解决当前的矛盾、问题，需要创新，以下达任务、招标或协作、联合开发等形式落实到人。

3. 来源于自选课题

这是当前发明创造者课题的主要来源。

第二节　选题方向与启示案例

发明创造者当然希望所选课题要比较理想，下面给出几个选题的参考方向。

一、从当前国民经济发展的紧迫问题中寻找

希望通过以下案例分析，能真正起到启示作用，使读者能够举一反三乃至超越。

1. 节能优先

2020年9月中国政府明确提出2030年“碳达峰”与2060年“碳中和”目标。然而，能源浪费是现代社会的弊端之一，在“双碳”目标的激励下，节能成为当前一大热点，主要案例如下：

（1）开发各领域的节能元器件

①用长寿节能半导体发光灯代替灯泡；

②节能空调器：使用美国研制的一种银币大小的微型热泵，供热系统可节能一半；

③节电器：由法国发明，可使家电和工业用电节约一半，原理是降低电压，并把频率提高到 300 Hz，相当于变频器。

（2）工业生产节能

①高压输电线路在雾天、下雨、下雪天气，电线会发光，产生电火花等电晕现象，导致电力损失，拉脱维亚发明了在几秒钟内就可发现并予以消除的方法；

②苏联改变窑体截面形状，采用新的耐火材料，使燃料减少到使用普通耐火砖的 1/4；

③起重机势能回收原理：在起升机构下降时，主电机不工作，通过电机励磁动态控制器控制辅电机投入工作，对下降的货物进行制动，同时将货物下降时的位能转换为电能，其电能储存在超级电容内。例如，当门机（MQ1030，日照港股份有限公司第二港务分公司）起重量为 10.08 t，起升 10 m，下降 10 m，10 次循环耗电量，节能 52.12%；当起重量为 5.16 t，起升 10 m，下降 10 m，10 次循环耗电量，节能 61.11%。

（3）节能建筑物

①采用保温墙体；

②统一控制空调，夏、冬可分别节能 8% 和 14%；

③充分利用太阳能；采用燃料电池为能源。

（4）交通工具节能

①汽车上采用新型空气动力整流罩，可降低空气阻力 10%；

②把汽车损失的能量收集起来予以利用，最多可节约燃料达到 50%；

③目前的汽车每百千米耗油约 10 L，日本推出装有太阳能电池与汽油发动机共用的汽车，1 L 汽油可望行驶 120 km 以上；

④“飞船”是苏联早已使用的一种贴近地面或水面行驶的水翼气垫船，时速可达 485 km，耗能仅为常规飞机的 1/5。

2. 开发新能源

（1）核能。核能有很多优点：不冒黑烟，不产生二氧化碳，清洁环保，价格低；不产生有害的重金属成分；相对安全。排名第一为法国（69%），排名第二为乌克兰（55%），我国占比 5%。

（2）太阳能。研究的主要方面为：

①寻找新材料提高太阳能电池的光电转换率（已达 35% 以上）；

②增大太阳能聚能器的规模，提高单机发电功率；

③将太阳能直接利用在建筑物低热供暖，直接用于农业生产；

④建造月球太阳能发电站，供电量可达现在地球用电量的 10 倍；

⑤太阳能直接用于开动汽车、飞机；

⑥把太阳光直接用于室内照明；

⑦利用太阳能集热器把太阳能收集起来存放地下，慢慢使用；

⑧光纤采光是一种将收集的太阳光通过光纤传导至室内的照明技术，能部分取代人工光源，提供健康、舒适的照明效果，是一种节能环保且符合绿色生态概念的绿色技术。光纤照明系统主要由采光装置、光导纤维和光输出元件组成。

（3）风能。瑞典、丹麦等北欧国家风力发电单机功率达 300 kW，并联入电网。我国西北地区有小型风力发电机，问题是如何提高单机功率，降低起动风力，提高转换效率。真正的风力资源如高空环流、破坏性风能还没被利用。

（4）地热。地球蕴藏的地热，是其全部石油、天然气、煤炭总蕴藏量的 10 倍。除了直接利用地下热水之外，把水或其他工作物质注入地下，吸收岩石的热能，再利用被加热的工作物质，推动涡轮机发电。

（5）氢能。这是地球上最丰富的元素之一，有很多办法把它提炼或分离，无污染，成本低，有望作为飞机、汽车、宇航燃料以及用于发电。

（6）生物燃料。包括酒精燃料乙醇、甲醇和酯。酒精可从农作物中获得，清洁，环保；甲醇虽有毒，从长远看仍有意义。

（7）燃料电池。这是一种利用氢和氧进行电化学反应的直接发电方式，发电效率高达 40%~60%，无污染，空气冷却，原料来源充足。日本投运的燃料电池输出功率高达 11000 kW。

（8）其他能源。磁流体发电直接把内能转化为电能，还在研制之中；海洋波浪能、潮汐能、温差能以及海面风能还很少得到应用；光合微生物发电；沼气发电，沼气由生物或有机物腐化生成，可直接燃烧，也可发电。

3. 交通运输

交通运输对于发展现代经济显得越来越重要。快速、大容量、安全、舒适、低能耗、少污染、小成本是交通运输的发展方向。

（1）飞机。欧美正在建造 500 个座位以上的大型客机；日本、美国、欧盟、俄罗斯正研制 2 马赫以上高速喷气客机。

（2）汽车。电动汽车无污染，是城市汽车未来发展趋势。降低重量、提高时速、扩大电池容量、电池改进、寻找新型电源是其研制方向。

（3）铁路。向高速化发展，列车更追求平稳、舒适、宽视野；磁悬浮列车已经运行，如轨道放进真空隧道，则可减少阻力、降低能耗、减少噪声。

（4）船舶。我国船用关键设备大多数引进国外专利技术或中外合作生产，缺少自主品牌和技术，平均装船率只有 50%，高附加值船舶的船用设备本土化装船率只有 10% 左右；通信导航及自动化系统、特种船舶专用设备等领域基本空白。而日本、韩国除部分高精度的船用导航设备尚需进口外，其他设备基本可实现自给自足，本土化装船率达 90% 以上。

4. 通信与信息

这是当前迅猛发展的相关的两大行业。涉及面很宽，与每个人息息相关。量子通信是利用量子态作为信息载体来进行信息交互的通信技术。作为一种新型通信方式，量子通信具有保密性好、抗干扰性强、信道容量大、高效率、高安全等特点，在军事国防、政府机关、能源、金融网络、云存储、科研院所等高保密通信场景应用前景较好。近年来，随着我国信息安全市场快速增长，量子通信市场规模不断扩大。量子通信行业存在一定的技术、研发壁垒，行业门槛较高。在国际市场上，量子通信相关企业有美国 MagiQ Technologies、荷兰皇家电信、瑞士 IDQ 等；国内从事相关研究的企业主要有浙江九州量子信息技术股份有限公司（九州量子）、科大国盾量子技术股份有限公司（科大国盾）、安徽问天量子科技股份有限公司（问天量子）、武汉航天三江量子通信有限公司（三江量子）等。

5. 材料

新材料是当前科技发展的焦点之一，其主要方向是高性能：耐高温、高压、低温和大功率；新性能：记忆、超导、智能等；研究对象：金属、合金、聚合物、陶瓷、复合材料、生物材料、纳米材料等。

（1）塑料及聚合物建材。美国、加拿大、芬兰等国都在试建全塑房屋，墙、地乃至楼梯都由塑料制成；以色列用新型聚合物材料做路面，使用寿命延长 1 倍；法国用聚氨酯做隔热砖，降低了取暖费用。

（2）工业用塑料及高分子材料。欧洲已制成全塑汽车发动机；德国发明了聚氯乙烯高分子材料，在进行房屋建筑的墙体建造时，加入聚氯乙烯无纺纸可以起到很好的防火效果；日本在透明的塑料中加荧光物质制作塑料管，做成荧光灯；日本发明了一种水溶性高分子材料，渗入土壤，以绿化沙漠。

（3）耐高温材料以及高强度材料。这方面比较突出的是陶瓷材料。西北工业大学研制成功的耐高温、高强度陶瓷，2005 年获得已经空缺 6 年的国家科技一等奖。

（4）生物材料。用动物、植物的机体作为原料，可制造出许许多多的新产品。

法国用珊瑚作为人造器官的材料，可减少排异现象。

（5）纳米材料。纳米是一种尺度，1纳米 = 1/1000微米。把材料、器件乃至机器、机器人做到纳米级大小，称为纳米技术。预计未来的宇宙飞船只有2000~3000纳米，可飞到其他星球上从事生产性工作。和其他新兴技术一样，现在纳米技术已渗透到许多领域，显示革命性的产业化前景。目前可制备的有各种纳米粉，还有纳米管。我国是继日本之后第二个可以工业化宏量制备金属纳米粉的国家，尺寸可控在10~100纳米。下面举几个纳米技术应用的案例，以使读者得到一些启发：

①新加坡研制出仅次于钻石的高硬度纳米粉。是用普通碳化硼粉制成，可硬度要高15~20倍。可涂覆在飞机或汽车的刹车片上，比以往更耐磨；也可在混凝土中掺入纳米粉，提高混凝土强度和抗渗性能，降低其动弹性模量。

②纳米材料在耐高温陶瓷的应用。在微米级基体中引入纳米分散相进行复合，可使材料的断裂强度、断裂韧性大大提高2~4倍，使最高使用温度提高400%~600%，同时还可提高材料的硬度、弹性模量、抗蠕变性和抗疲劳破坏性能。

③纳米隐形军服：在特种纤维中掺杂大量纳米微型发光粒子，形成独特的电流系统，可调整颜色与周围环境混为一体，雷达、红外探测都难以发现。

④香港科技大学研究出一种旧轮胎制造的建筑泥土，这种新型泥土以废轮胎为原料，结构为纯塑料粒、水泥和塑化液体。可以代替建筑道路、桥梁、填海用的泥土，坚硬度可以抵御8级地震，而成本却比一般泥土至少要低20%。

⑤中药纳米化。全球中药市场年贸易额300亿美元，我国只占1%~2%，大部分被韩国、日本、德国占有。他们用现代化技术改造中药生产，做成针剂，保证质量。原材料绝大多数从中国廉价购得。特别是，中国中成药的出口受到欧盟及美国的封杀，正是纳米中药饮片为中药国际化创造了条件，快速替代被限制的中药出口，并形成闪亮的经济增长点。

⑥纳米钢铁防锈剂。其附着力强、不挥发，用于武器、火箭、导弹、卫星的维护与封存。涂层薄，如炮弹可直接上膛，而不像以前要擦抹掉很厚的防锈油。也可用于桥梁、船舶等各种钢结构的防锈。

⑦纳米涂料可防玻璃起雾。纳米技术的应用范围正在不断扩大，其隔热性、耐磨、紫外屏蔽等功能都可用于建筑物。

⑧用纳米大小的超细粉末制成的金属材料，其硬度比普通粗晶粒金属的硬度高24倍。

⑨作为添加剂，将金属铝和镍的超微粒子掺到火箭的固体燃料中，可使燃烧效

率提高 100 倍左右，美国和俄罗斯的火箭中已普遍使用这种方法。

⑩将纳米材料均匀地涂在磁带、录像带和磁记录器上，能使记录磁信号系统的能力大大增强。

⑪有些新药物制成纳米颗粒，注射到血管内可顺利进入微血管，大大提高了药物的疗效。

6. 环境

（1）减少汽油污染。美国发明了一种汽油不含铅，丁烷含量少，不易蒸发，废气排放量可减少 15%；德国生产出“生态轮胎”，其天然橡胶含量增加，耐热、耐磨性能得到提高，节能达 30%，也间接降低了污染。

（2）寻找无害代用品。德国一家工厂用丙烷和丁烷混合气体制冷，取代氟利昂等，成为“绿色冰箱”；法国推出不含铬、硫、锌等有害物质的“生态火柴”，1993 年取代了传统火柴。

（3）减少垃圾污物排放。德国发明出对环境无害的褐煤煤砖，即加入氢氧化钙，使硫酸排放量降至 1/6；美国热动力公司把废物加热到 2400℃，使其汽化，再回收各种物质，重新利用。

（4）可降解塑料。日本发明了生物塑料；巴西用甘蔗制成塑料薄膜；日本用木材生产可降解塑料。

（5）降低噪声。英国研制与噪声同幅值、同频率、反相位的声源，以抵消噪声。

二、从科学技术发展的规律性及前沿中寻找

1. 把基础科学理论用于工程技术实践

把基础科学应用于实际的时间间隔越来越短。

光学：日本住友商事株式会社使用光纤可测 1 km 以外的温度，以监视输电线路状况或作为建筑物火灾检测。

磁学：磁共振除用于医疗做断层摄影，还可检测蔬菜水果中的糖分；磁性犁利用磁场改变土壤结构。

超导：超导电机和超导蓄电装置已问世；超导滚珠轴承使电机转速达到 3 万转 /min；超导集成电路正在被开发。

2. 开发下一代

技术总是处在不断的进化之中。当一个新产品问世之后，马上就要考虑造出它的改进型，即第二代、第三代，例如计算机至今已发展到第五代，家电如电视机等新产品也是层出不穷。

3. 二次开发、深度开发、综合开发

二次开发就是在已有发明的基础上，去做进一步的发明，如激光器原用于金属打孔，后用于给戴耳环者穿耳孔，实际上是一种移植；深度开发是不断改进，从而在性能上或功能上有突破性的新进展，如深加工，在电器设备安装智能监控，在电子屏幕前可以高效完成设备巡检工作；综合开发，一是产品本身的综合利用，二是该产品与其他产品或技术联合开发。

三、从工业产品设计的原则中寻找

工业产品设计、更新的原则有实用性、美观性、经济性和启迪性，根据这些原则，可以发明新产品，或改进现有产品。

（1）实用性。包括可靠、安全、有效、使用方便、减少辅助时间、容易修复、舒适等，可以就一些产品逐条对照检查，寻找问题。

（2）经济性。价格低就有竞争力，所以要尽量从以下几个方面降低成本：节省原材料、节省工时、改进工艺、使用高科技、改变形状、结构、节能、增值副产品、节省辅助成本等。

（3）美观性。包括形态美、色彩美、质感美、产品与环境的协调美。

（4）启迪性。一个产品还应表现出人文价值，给人以启迪，如宣传性、教育性、启发性等。

第三节　创新课题参考

发明创造者首先要熟悉各种创新技法，碰到任何对象都能连得上、用得活。任何发明创造的第一个环节，都是通过观察给大脑输入外界信息。所以，观察对于发明创造起着极其重要的作用，下面着重谈一谈观察的问题。

一、由观察、联想产生创新课题

发明创造者如何产生课题？总的来说，一切创造都是从问题开始的。能够提出问题，就有可能产生课题。那又如何才能发现问题、提出问题呢？观察，是发现问题、提出问题的一个基本方法。通过观察发现问题、提出问题，继而进行发明创造并取得成果的事例，在前面已经讲了很多，抓住机遇，首先就是经过观察。例如：

（1）“装配式建筑”就是美索不达米亚人和埃及人将淤泥浸入模具中，观察用阳光暴晒得到黏土砖而入手进行发明的。

（2）技术研发人员宁家海等发明了“一种智能精准蜘蛛网式交通枢纽”，是由于观察到蜘蛛网的形状。

（3）“钢筋混凝土”，是法国巴黎一名普通花匠约瑟夫·莫尼哀每天与花盆打交道，联想到瓦盆不坚固，一碰就破，使得浪费了很多花盆而产生的发明。

（4）机械工程上“无级变速的装置”的发明，这项技术的发明者从机床的变速箱想到机床上的电机，又由电机想到电磁感应，在此基础上产生了不用机械零件而直接通过控制磁场变化实现变速的设想。

（5）蜂窝状结构材料的开发。蜜蜂的蜂窝是正六角形结构，界面小，面积大，结构十分合理。材料设计师受到蜂窝结构原型的启发，而发明了蜂窝状结构的复合材料，并已用作航空材料。

二、文字图表材料的观察

通过眼睛的观察，实质上是给大脑输入外部信息。所以，观察不仅是对客观世界千姿百态事物的观察，而且包含对图书资料文字图表等的观察。这方面的实例也很多：

（1）材料设计师观察蜜蜂的蜂窝图片材料。

（2）公元前10年，古罗马建筑师维特鲁维斯在一本建筑手册里描述了一种起重机械：这种机械有一根桅杆，杆顶有滑轮，然后由牵索固定桅杆的位置，再利用绞盘组成提升重物。这可能是最早的起重机雏形，由此各个设计者通过该建筑手册，逐渐演变成如今我们所使用的起重机械。

（3）李鸿章通过阅读林则徐编译的《四洲志》和徐继宇编著的《瀛环志略》等，成为清朝高级官员中主动提出修铁路的第一人，他同时也是清朝最早有筑路救国思想的官员，于是便有了中国大地上的第一条铁路——吴淞铁路。

（4）美国麻省理工学院的埃文·萨塞兰在他的博士论文中首先开发了交互式图形系统“Sketchpad”，随着CAAD（Computer Aided Architecture Design）一步步发展，查克·伊士曼教授看到其中存在的问题，借鉴制造业的产品信息模型，提出“Building Description System”的概念，通过计算机对建筑物使用智能模拟，首先提出了BIM理论。

三、留心观察身边的事物

例如，四川涪陵电子技术研究所的陈伟，有一天偶然发现地上有一把被人丢弃的废扳手。他已经走了过去，忽然心生一念：它完全不能用了吗？于是回头捡起来细看。只见扳手两个内侧面出现对称的4个凹状磨损坑。果真物尽其用，难怪被人丢掉。但继而一想，怎么会磨出4个凹坑呢？陈伟好奇心突发，拿来一枚螺母放入扳口，4 个凹坑正好对准螺母的棱角，又将螺母放进一把好的扳手内摆弄，发现扳口侧面与螺母一组对角棱角形成线接触，正是这种线接触产生磨损凹坑。这一发现促使陈伟决心革新废扳手。陈伟就是这样观察了别人丢在路上、人人可见的一把报废扳手，找到并确定了发明课题。功夫不负有心人，陈伟终于发明了新型扳手。不仅解决了“倒角”问题（扳手把螺母的棱角磨掉），还保证扳手从任意方向插入便可套住螺母，而且顺逆双向都可空回转，无须反复插入便能连续扳动螺母到限定位置。1989 年，新型扳手在第四届全国发明展览会上大出风头。翌年新型扳手入选日内瓦国际新发明新技术展览会，陈伟获得镀金奖，不少外商争当新型扳手的代理商，在中国进出口商品交易会（广交会）上中外厂家纷纷要求订货。同年 6 月新型扳手被国家科学技术委员会和机械进出口公司相中，赴美国费城参加第 26 届美洲新技术交易会。

陈伟就是看见地上一把报废的扳手，不放过它，去观察它，发现问题，决心要去解决它，最后终于发明了新型扳手，并进入市场。谁能想到，由一把废弃的扳手，竟导演出如此轰轰烈烈的效果，这首先应该归功于观察。当然，看见一把废弃的扳手，是一个机遇。在这里，正是敏锐的观察力，使他抓住了这个机遇，在别人不注意的地方发现新的现象，在别人认为平常的现象中，做出不平常的发现。

四、创造性观察是精细的观察

有位医学教授上课时，假装用手指在糖尿病人的尿液里蘸了一下，然后放在嘴里尝了一尝。接着，他要求学生照他的样子重复一遍。学生们无可奈何，愁眉苦脸地勉强照着做了，并且一致认为尿液略带甜味。

这时，教授语重心长地说：“从事科学研究不仅需要勇气，更需要精细的观察能力。刚才，如果你们观察精细的话，就会发现我伸进尿里的是中指，放进嘴里的只是食指。”教室里一片哗然，学生们似有顿悟。

精细观察，要对事物的方方面面、里里外外看个明明白白，不留一点死角。只有体察入微、精细观察那些哪怕是很不起眼的“疑点”或“黑点”，才有可能发现通往真谛的曲径小路。

例如，神奇井盖的研究（来源于 CCTV）。发明人王迪在下雨天回家，发现道路上有长方形的箅子下水井与圆形下水井，但还会出现积水，通过环卫工人了解到，箅子井盖的主要作用是过滤垃圾，箅子井盖的下方是和圆形井盖连通的。雨水经过箅子井盖过滤掉垃圾之后，便会沿着地下管道流入圆形井盖下方的主管道，下大雨时会因为雨水的冲刷，将城市垃圾冲到主管道中，造成城市内涝现象的发生。

因此，王迪开始了对下水井盖的研究。

王迪通过查阅大量的资料，从国外的一款悬浮井盖得到灵感，以悬浮井盖为基础，在井盖模型中运用了重摆加杠杆原理，为了使垃圾隔绝效果更好，将传统下水井盖上的排水口缩小，经过实际测试表明该井盖具有较强的排水能力和阻隔垃圾能力。

五、变静态观察为动态观察

在创造过程中，为了多方面掌握研究对象的特征或属性，不仅要对其进行静态观察，而且要创造条件，对研究对象进行激发、扰动或改变环境，在这种变动的状态下进行观察，就是动态观察。变静态观察为动态观察，往往会在观察者面前出现一个崭新的世界，从而可以获得在静态下不会出现的新情况。例如：

（1）超导现象的发现。金属是一种常用材料，研究金属性能对发展材料工业和应用材料都具有重要意义。但是在静态下观察一种金属，除了看见它的形体、光泽等属性外，不可能有新的发现。对于金属在常温下进行拉、压、弯等情况以及对金属加热的研究，都已进行过。如果对金属进行冷却，在低温下进行观察，又会出现什么情况呢？有人按此思路对多种金属进行了实验，结果出现异常：当把某些金属放在接近绝对零度（−237℃）的温度下时，发现金属的电阻为零。这时如果向金属线圈中通电流，由于电阻为零，这个电流将不断地在线圈中运动下去，这种现象被称为超导现象。它就是在动态观察中发现的。

超导现象的发现，激发了世界各国对超导材料开发与应用的研究，人们又研究了常温超导材料，发明创造也出现新的舞台。磁流体发电所需巨大磁场的线圈，就是超导材料，由于电阻为零，线圈可以通过很强的电流。磁悬浮列车所需强大磁场的线圈，也是采用超导材料。将来高压输电导线也采用超导材料，输电损失将从现在的 20% 降至接近于零。

（2）吐泥成石（来源于 CCTV）。发明人郭广亮在工作时发现路缘石铺设耗费人力、时间，在收集许多资料之后，设计出路缘石滑膜成型机。初代的成型机只能手动调节运行速度、找平、装料以及行走方式都没有自动化，经过不断地动态观察与调整，设计出三代路缘石滑膜成型机，在原有基本部件的基础上，增加了座椅、方向盘、换挡杆、自动找平传感器、自动转向传感器，料斗内增加了螺旋送料器，螺旋送料器将混凝土输送至模具里，通过振捣棒，混凝土从模具出口出来形成路缘石。改进后的路缘石滑膜成型机动力强劲、自动化程度高、施工连贯性好，通过调整机器的行走速度可以使用不同含水率的混凝土，铺设的路缘石线条形状好、平整度好，大大提高了铺设路缘石的施工效率。

观察，观察，再观察，只要你用心观察，肯动脑筋，总会发现蛛丝马迹，从而找到发明创造的目标、课题，因为这个世界为我们进行观察提供了无穷无尽的资源与对象。当然，观察也只是获取信息的一种方法。其他一切可以获取信息的方法，都可以用作产生发明课题的手段。

第四节　课题的选择原则

无论是在专业内还是在专业外，课题的选择都是要慎重考虑的问题，因为这关系到人力、财力、资源的合理利用。为了克服盲目性，避免各种不必要的损失，特别是比较重大的课题，必须经过可行性验证，方能确定为正式课题。可行性验证要依据以下几个基本原则：

一、课题是社会需要的

课题只有是社会需要的，这项发明创造才有意义。如果社会根本就没有这种需要，例如带定时器的台灯之类，就不会为社会所接受，是没有意义的“发明”。

需要是创新课题的源泉。觉察创新需要是创造者取得成功的重要环节。不会觉察需要，就无法确定创新课题。但觉察有创新价值的需要，并非轻而易举。觉察一般的需要，还算比较容易，而觉察比较深层的、潜在的需要是不容易的。例如录音机、一次成像照相机、内置闪光灯、味精等，这些新东西在开发之初，是看不到有明显社会需要的。

产品的创新往往来源于对人们特定需求的发现，而技术的创新也往往聚焦于实现需求的最佳途径和手段。尽管发现需求有时具有偶然性，但一般认为人因工程训练能显著提高创新者发现需求的观察力和领悟力以及精准定义需求的能力。用户对于任何产品、系统或者服务的需求不外乎生理需求（如桌椅、工作空间的舒适性、台阶高低、按键的力道等）、心理需求（如标识的易读性，信息产品的易用性，服务流程的简明性和便捷性等）以及组织社会需求（如小组员工分工的科学性，投入与激励的合理性、有效性等）。尽管有经验的研发者或设计者往往能有效地发现其中许多显性的需求，但对于一些重要的隐性需求，基于经验往往是不够的，而人因工程的理念、理论、方法、数据、案例等方面的训练，往往可以促进隐性需求的识别和精准定义。在产品创新中，一些隐性需求的识别和满足往往可以显著提升产品或者系统的质量，有效提高其吸引力，一些高质量的产品往往在一些细节设计上关注到了用户的隐性需求。

总之，你的创新必须是社会所需要的，才能为社会所接受，才能产生价值。确定社会需要，市场调查非常重要，必须认真、客观、深入、可靠地进行市场调查，这是最重要的一步，很多创新最终失败，就是没有把创新立项建立在可靠的市场调查的基础之上。盲目行动，甚至把产品都生产出来了，结果销售不出去，造成很大的经济损失。这样的创新失败很多，是惨痛的教训，后来者必须引以为戒，必须把自己的创新项目建立在牢靠的基础之上。

二、课题内容是新颖的

如果所选课题内容与前人已经完成的课题内容完全一样，就无新颖性可言，进行这样的研究就成为毫无意义的重复劳动。如果前人的成果还是一项有效的专利，还有可能形成侵权事件。如何了解所选课题内容新颖而不侵权呢？这需要“查新”，就是要查阅专利文献和有关技术资料。这也是调查研究、收集资料，如果发现有内容相同的专利，要研究能否避开，是否可在现有的基础上改进提高。

查新报告是查新机构根据查新项目的查新点与所查数据库等范围内的文献信息进行比较分析，对查新点做出新颖性判别，以书面形式撰写客观、公正性的技术文件；其目的是为科研立项、成果评价、新产品鉴定、奖励申报、专利申请等提供客观的文献依据。查新报告主要内容包括：报告编号；基本信息——项目名称、委托人、委托日期、查新机构名称、查新完成日期、查新项目名称、查新机构的详细信息；查新目的、查新项目的科学技术要点；查新点与查新要求；文献检索的范围与检索策略；检索结果；查新结论；查新员与审核员声明；附件清单；备注等。

除“查新”之外，还可进行市场调查，发现相同或类似的东西，进行比较、改进，以提高新颖性。

三、效益评估

发明创新将会产生多高的社会效益与经济效益，确定课题时应该评估，以评定发明的价值高低。如果价值很低，要不要研究这项发明就要考虑。但是，这里要克服大发明价值高、小发明价值低的片面性。有时，一项小发明能起死回生，救活一个企业。人类生产生活需要大量的小发明，人类离不开小发明，许多小发明起着举足轻重的作用，小发明能促成大事业，日本松下电器产业株式会社最早的一个“拳头”产品就是电源插座。国家鼓励创建专精特新企业，专精特新企业主要集中在新一代信息技术、高端装备制造、新能源、新材料、生物医药等中高端产业，科技含量高、设备工艺先进、管理体系完善，市场竞争力强，专精特新在天津市中小企业创新转型中发挥了较好的示范引领作用。

四、实施的可能性

实施包括样品试制、产品生产以及技术转让。如果一项发明只停留在设想、构想或设计图纸上而不付诸实施，就称不上是一项发明。当然，要把设想变成现实是有困难的。要考虑几个方面的可能性：资金、技术、生产、销售或技术转让等。这是在立项时就要慎重进行的一项工作。很多发明之所以失败，就是在前期没有做好这项工作。

五、不能违反法律和政策

最明显的是《中华人民共和国专利法》(简称《专利法》)，违反了《专利法》要受到相应的法律制裁。其他还有《中华人民共和国药品管理法》《中华人民共和国食品安全法》《中华人民共和国治安管理处罚法》《中华人民共和国环境保护法》等。确定课题时要审查课题是否触犯法律。

最后，要创新成功，需要为您有价值的创新成果申请专利。当然，这需要学习、掌握专利知识。

六、创新讨论

讨论内容：创意大比拼。

通过创新思维与创新技法基本原理以及大量案例的学习，通过大量作业训练，特别是通过多次集中讨论，参与学习者的创新意识、创新精神、创新能力都会在不同程度上有所提高，也必然会产生各种各样的创意。作为学习成果，进行最后一次讨论交流，每个人都摆出自己的创意设想，相互切磋，相互激励，以进一步提升我们的创新能力，具体时间安排见表5-1。

表 5-1 讨论时间安排表

内容	时间	地点
讨论1：思维定势、思维求异		
讨论2：发散思维		
讨论3：联想思维、逆向思维、横向思维		
网上随时查询		
网上定时答疑		
讨论4：想象、直觉、灵感、机遇		
讨论5：奥斯杰捻核袭法、问题列举法		

续表

内　容	时间	地　点
讨论 6：组合法		
讨论 7：联想法、移植法、逆向法		
讲座：辩证唯物主义的重大胜利		
讨论 8：技术矛盾与物理矛盾、物场分板		
讨论 9：创意大比拼		

注：系列讨论主题可定为“建设创新型国家　呼唤创新型人才”。

第六章
工程技术创新成果编撰

第一节　工程技术创新成果形式

工程技术创新是指通过应用新知识、新技术和新工艺等，实现工程质量的提升、新工艺的开发或新服务的提供，因此，工程技术创新成果是工程项目科研研发所取得的一种智力成果或一种重要财产资源，包括新产品、新工艺、新设计、新技术，以及专利和技术标准等。工程技术创新成果的基本特征：第一，技术创新成果是通过科学研究形成的创新活动产物；第二，技术创新成果必须具备一定的实用价值或学术价值；第三，技术创新成果要经过鉴定或认可。

工程技术创新成果可以根据技术应用领域、社会功能、创新成果范围、创新成果管理目标、创新成果水平等进行划分。

1. 按技术应用领域划分

将工程技术创新成果分为物质的基本运动形式、产业领域和生产劳动过程 3 个层次，具体为：

按照物质的基本运动形式，将工程技术创新成果分为生物、化学、物理和机械等。

按照产业领域，将工程技术创新成果分为制造业、采矿、电力燃气水的生产和供应、农林牧渔业以及交通运输存储和邮政业等。

按照生产劳动过程，将技术创新成果分为农牧业耕作和养殖、机械加工、建筑、原材料生产、运输、采掘和信息及处理等。

2. 按社会功能划分

该划分是基于美国经济学家塔西提出的技术开发模型，将技术创新成果分为基础技术、共性技术和专有技术，具体为：

基础技术，特指各种技术工具的集合而不是基础科学技术，这种技术包括两类，一类是技术基础设施，也称为硬件系统；另一类是技术标准体系，如技术检测标准和方法、产品质量标准体系等，也称为软件系统。

共性技术，这类技术具有显著的产业属性并建立在基础技术平台之上，也是各类企业专有技术的共同技术平台，它与其他技术的组合可广泛应用于各产业，并对产业的技术进步、产业发展及产业结构调整产生重大影响，如集成电路技术和发动机技术等。

专有技术，一般是指由组织或公司专有，拥有独立知识产权的技术，也可称为私人物品领域的技术。

3. 按创新成果范围划分

结合 1984 年国家科学技术委员会提出的技术创新成果范围，1987 年进一步明确提出了技术创新成果鉴定办法，将技术创新成果划分为以下几类：

基础研究理论成果和部分应用研究理论成果，这类成果的特点主要是对自然现象及其特征和规律等从学术上进行创新性阐明，并对科技发展具有指导意义。

应用类技术成果，例如新产品、新工艺、新技术、新材料、新设计等，这类成果的特点是解决了生产建设中的科技问题，且具有先进性和实用性。

软科学类成果，这类成果对于促进科技进步、经济社会发展起到智力支持，对推进管理科学化和决策科学化起到重要作用。

4. 按创新成果管理目标划分

科研管理机构或人员可以基于不同的成果管理目标，将技术创新成果进行分类，总结来看主要有以下划分方式：一是按照技术活动的性质分为基础研究类、应用技术类和软科学类，类似原国家科学技术委员会的划分；二是按照学科分为理学、农学、工学、医学和经济学等；三是按照成果水平分为国际领先、国际先进、国内领先和国内先进等；四是按照成果鉴定机构的层级将技术创新成果分为国家级、省部级和市级等。

5. 工程技术创新成果的基本形式

在工程项目技术创新过程中，为了争取工程创“鲁班奖”“国优”等项目目标的实现，一方面要提高施工工艺质量与安全生产，另一方面要在工程建设过程中积极应用新技术、新工艺，用先进的工程技术保证工程品质与安全，国内大多数工程企业需要以工法、QC 成果、专利等基本形式来体现工程技术创新成果：

（1）工法。工法是指以工程为对象，以工艺为核心，运用系统工程的原理，把先进的技术和科学管理结合起来，经过工程实践形成的综合配套的施工方法，它必须具有先进、适用和保证工程质量与安全、环保、提高施工效率、降低工程成本等特点。

（2）QC 成果。QC 是英文 Quality Control 的缩写，中文意为“质量控制”，ISO9000：2015 对质量控制定义为：质量管理的一部分，致力于满足质量要求。全面质量管理是国际社会广泛应用的科学、严密、高效的管理方法，QC 小组活动是其重要内容，也是企业质量改进的重要形式。QC 小组成果报告是 QC 小组运用管理技术和专业技术进行质量改进活动后，达到预期目标的经验总结，是小组全过程活动的真实写照。

（3）专利。专利作为工程技术创新的重要载体，体现了项目组织的自主创新能力与竞争力。专利一般是由政府机关或者代表若干国家的区域性组织，根据申请而颁发的一种文件。这种文件记载了发明创造的内容，并且在一定时期内产生一种法律状态，即获得专利的发明创造在一般情况下他人只有经专利权人许可才能予以实施。

第二节　工法

一、工法的产生和定义

1. 工法的来源

“工法”一词来源于日本，该词在日本由来已久。当建筑业处于手工操作时期，就已开始使用“工法”这一名词。“工法”是一个专有名词，一种习惯叫法，也是一种泛指，其词义并不严格，大体包括新的工程结构构造、设备、材料和新工艺方法。在日本还有一个词叫“构造方法”，其词义与工法有些相近。在英、美等国家有 Construction Method（施工方法）和 System（体系）等词与“工法”词义相近。

我国工程管理人员、工程技术人员在总结综合性、成套性的“四新”技术方面的施工经验时认为，如果用工艺标准、操作规程的方式表述，难以满足各方需要，而规范、规程又过于原则，且不够全面。因此，出现了“施工成套技术”的提法。“施工成套技术”能较准确地反映施工过程中相互关联的有关环节，既包含工艺操作流程等技术内容，又包含管理组织方面的内容。如工艺流程与操作要点、施工组织与管理、材料与机具设备以及必要的技术经济方面的内容，能较系统地表述施工技术的内在规律。基于这个考虑，我国将国外的经验为我国所用，吸取了工法的外延，赋予工法新的内涵，从而形成我国特有的工法管理制度。

2. 工法的定义

工法是指以工程为对象，以工艺为核心，运用系统工程的原理，把先进技术和科学管理结合起来，经过工程实践形成的综合配套的施工方法。工法必须具有先进、适用和保证工程质量与安全、环保、提高施工效率、降低工程成本等特点。

工法是具有指导工程施工与管理作用的一种规范化的技术文件，是对先进的施工方法的提炼与总结提高，也是企业技术标准化的重要组成部分。

3. 我国工法的发展及建立工法制度的目的

（1）我国工法的发展

改革开放以前，我国没有工法。1984 年 11 月至 1988 年 12 月，日本大成公司中标承建了我国鲁布革水电站工程引水隧洞。该引水隧洞长 9 km、衬砌后内径 8 m。引水隧洞工程招标标底 14958 万元，招标工期 1579 d。日本大成公司中标价 8463 万元；投标施工工期 1545 d，比招标文件要求工期少 34 d。引水隧洞工程最终结算价为 9100 万元，中标价仅为标底的 56.58%，结算价为标底的 60.84%。日本大成公司不仅结算价在标底基础上节约了 39.16%，而且工程施工质量优良，工期在合同工期 1545 d 基础上又提前了 122 d，工程安全文明施工程度高。引水隧洞施工时，开挖 23 个月，单头月平均进尺 222.5 m，为同期同类工程 2~2.5 倍；月开挖进尺最高达 373.7 m，为当时的世界纪录，劳动生产率 49360 元 / 人・年，是我国当时劳动生产率的 4 倍。此外，日本大成公司在鲁布革水电站工程引水隧洞聘用我国水电工人的待遇远高于国内水电施工企业在鲁布革水电站其他标段工人的待遇。

鲁布革水电站引水隧洞施工管理及技术方面取得了巨大成功，经工程建设管理者总结，形成了“鲁布革经验”。“鲁布革经验”主要包括：①面向国际公开竞争性招标；②严格资格预审条件下的低价中标原则；③出资人、融资机构对招标过程及项目管理过程实行监督审查；④日本大成公司按照现代项目管理方法实施项目；⑤设计施工一体化；⑥项目法人制度与“工程师”监理制度；⑦合同管理制度。

鲁布革水电站引水隧洞除以上七项管理经验外，还实行了工法制度。在施工中，日本大成公司采用了几项日本大成公司特有的工法，如引水隧洞采用“圆形断面开挖工法”，混凝土拌制采用“二次投料搅拌工法”，仅此两项工法就节约工程造价 2070 万元。鲁布革水电站引水隧洞施工项目管理的巨大成功推动了我国工程建设管理体制的改革。与此同时，鲁布革水电站引水隧洞施工工法的巨大效益，在我国引起很大反响。由此，我国开始推广应用工法，促进了建筑业的技术积累和技术跟踪，提高了技术素质和管理水平。

1988 年，建设部酝酿在全国施工企业中逐步建立工法管理制度。1989 年春，建设部印发了《关于在推广鲁布革工程管理经验试点企业试行工法制度有关事项的通知》，选择 18 家试点企业推广日本“工法”制度，并组织编印了《土木、建筑工法实例选编》一书。1989 年底，建设部印发了《施工企业实行工法制度的试行管理办法》(〔1989〕建施字第 546 号）文件。1996 年 3 月，建设部印发了《建筑施工企业工法管理办法》(建建〔1996〕163 号）文件。2005 年 8 月，建设部印发了《工程建设工法管理办法》(建质〔2005〕145 号）文件。2007 年 5 月，中国建筑业协会下发了《国家级工法编写与申报指南》(建协〔2007〕5 号）文件，进一步规范了国家级工法编写内容和申报程序，指导建筑业企业编写国家级工法。

2007 年 3 月，建设部印发《关于印发 < 施工总承包企业特级资质标准 > 的通知》（建市〔2007〕72 号），修订后的《施工总承包企业特级资质标准》对于特级资质企业的科技进步水平提出了严格的规定，除了要求企业具有省部级及以上的企业技术研发中心；近三年科技活动经费支出平均达到营业额的 0.5%。特别要求企业必须具有国家级工法 3 项以上；近五年具有与工程建设相关的，能够推动企业技术进步的专利 3 项以上，其中至少有一项发明专利。因此，自 2010 年开始，工法编制成为一个热门。申报单位剧增，使申报国家级工法的难度大大提高。1993 年开始，我国按每两年组织一次国家级工法的评审，原建设部审定公布的国家级工法数量，见表 6-1。

表 6-1　历年国家级工法数量

年度（年）	1991	1992	1993～1994	1995～1996	1997～1998	1999～2000	2001～2002	2003～2004	2005～2006	2007～2008	2009～2010	2011～2012	2013～2014
项数（项）	41	67	37	50	62	61	83	120	368	417	589	581	404

2015 年 10 月，住房和城乡建设部发布《住房城乡建设部关于建筑业企业资质管理有关问题的通知》（建市〔2015〕154 号），通知中第一条为：取消《施工总承包企业特级资质标准》（建市〔2007〕72 号）中关于国家级工法、专利、国家级科技进步奖项、工程建设国家或行业标准等考核指标要求。对于申请施工总承包特级资质的企业，不再考核上述指标。与此同时，住房和城乡建设部于 2015 年暂停了国家级工法评审。

自原建设部开展国家级工法评审后，部分省、自治区、直辖市及有关部委也先后发布了省部级工法管理办法，开展了省部级工法评审。如中国水利工程协会发布了《水利水电工程建设工法管理办法》（中水协〔2010〕20 号），并于 2010 年开始，每年开展水利行业工法评审，其工法申报、评审通过数量逐年增加。历年通过的水利行业工法数量见表 6-2。

表 6-2　历年水利行业工法数量

年度（年）	2010	2011	2012	2014	2015	2016	2017	2018	2019	2020	2021	2022
项数（项）	97	72	66	56	74	90	117	129	187	296	460	466

（2）建立工法制度的目的

建立工法制度的主要目的包括：①通过总结本企业自身形成的先进适用的施工经验，将企业宝贵的技术财富加以积累，提高企业的技术和管理水平。②通过引用社会上公开发表的工法，将别人总结出来的先进的技术和管理在本企业相应的工程项目上加以实施，形成使科技成果迅速转化为生产力的管理机制，这是一个工法应用的过程。③通过工法的广泛应用，特别是高等级工法的广泛应用，提高工程建设行业的技术含量，避免工程建设技术低层次的重复开发。

4. 工法的分类

（1）按工程类型分类

根据2005年住房和城乡建设部颁布的《工程建设工法管理办法》（建质〔2005〕145号），国家级工法按工程类型分为房屋建筑工程、土木工程、工业安装工程三个类别。水利行业工法按工程类型分为土建工程、机电与金结工程、其他工程三个类别。

（2）按工法级别分类

按工法级别，我国工法分为三级：国家级、省（部）级和企业级。各级相应要求见表6-3。

表6-3　工法的分级及标准

级别	国家级	省（部）级	企业级
关键技术水平	国内领先水平 或国际先进水平	省（部）级先进水平	本企业先进水平
经济社会效益	显著	较好	一定

工法关键技术水平分为国际领先、国际先进、国内领先、国内先进、行业领先、行业先进6个级别。根据《水利水电工程建设工法管理办法》（中水协〔2010〕20号），水利行业工法关键技术水平至少应达到行业领先水平。

（3）按开发动力分类

工法按开发动力分为需要动力型、技术动力型、管理动力型和综合动力型。企业为了信用评价、资质升级、投标加分等开发工法可属于需要动力型。企业为了爆破降尘、施工更加生态环保而开发工法可属于技术动力型。企业为了提高施工效率，促进经济效益、社会效益或环境效益提高，缩短施工工期，保证工程质量而开发工法可属于管理动力型。而当开发工法是基于多种动力时，则属于综合动力型。

（4）按工法开发内容分类

工法按开发内容分为软技术主导开发和硬技术主导开发。软技术指管理方法、施工方法、施工工艺等。主要特点：不改变现有物质技术状况，而是运用系统工程原理，提高技术要素之间的有机程度，使工法功能、效果产生飞跃。这类工法可以细分为管理型、方法型和工艺型。软技术主导型开发能够推进企业技术结构合理化。例如，堤防工程堤身高效填筑施工工法主要根据机械施工作业效率、运距等进行挖、装、运、推、压五类机械匹配，最大限度地降低机械等待闲置时间，提高施工效率，通过管理手段促进经济效益提高。

硬技术指物质技术手段，例如，机具设备、仪表仪器、新型材料和新型能源等形成的工法。主要特点：硬技术决定工艺。可分为设备机具型、控制检测型、材料技术型和能源技术型等。硬技术主导型开发能够促进企业运用新技术、新材料、新设备和新工艺。例如，挤压边墙固坡施工工法、大断面硬岩隧道 TBM 施工工法。

（5）按工法开发途径分类

工法按开发途径分为原理开拓型、移植综合型、采用开发型、发掘整理型、局部改进型和反求开发型。

原理开拓型指通过应用基础科学原理，发现新的技术原理或规律，研制出新技术、新工艺、新设备和新方法，属独创型工法。例如，有限元分析软件配合大跨度悬挑钢结构安装施工工法。

移植综合型指对现有软硬技术进行移植综合，产生新技术，或者使现有技术功能显著增加。例如，挤压边墙固坡施工工法是通过借鉴道路路缘拉模施工技术，进行综合改进后运用于水利水电工程的工法。

采用开发型指采用新技术、新材料、新工艺、新设备等可能产生的工法。例如，现浇混凝土植被护坡施工工法主要通过在低强度混凝土中添加营养基质材料（添加剂），解决在混凝土护坡上种植植被的问题。

发掘整理型指对过去积累的经验，或对现场遇到的以前从未遇到的情况采取的处理办法进行研究、提炼、论证、再创造，形成的工法。例如，高渗压渠底双重反滤降水施工工法。

局部改进型指对现有工法在推广应用中发现的缺点进行局部改进，形成的工法。例如，根据粗直径钢筋连接的特点，在钢筋直螺纹连接施工工法基础上改进而形成粗直径钢筋直螺纹连接施工工法。针对粗直径钢筋直螺纹连接施工工法中钢筋直螺纹连接存在的缺点，通过对现有滚丝机研究改进后形成钢筋直螺纹连接端面切削及滚丝一体化施工工法。再例如，在短台阶六步开挖施工工法基础上，结合隧道水文地质等情况改进的隧洞三台阶七步开挖施工工法。以上案例从开发途径看，均属于局部改进型。

反求开发型指对引进的工法（包括机具、材料等）进行剖析破译，结合企业情况和项目情况进行吸收和改造，形成的工法。例如，我国最早引进的 TBM 一般是在硬岩开发中使用的，为了适应新的水文地质情况，我国的技术人员通过吸收、改造后形成了开敞式 TBM 软岩地层施工工法。

（6）按工法开发组织分类

按照工法开发的组织划分，分为联合开发型、独立开发型和个人开发型。联合开发型是指从科研立项到科技发明、施工实践、编制完成再到推广应用。独立开发型是指企业有计划、有组织地进行开发。个人开发型是指企业员工开发的工法。

（7）按创造程度分类

按照工法开发的组织划分为全新型、革新型和应用型。全新型是指工法工艺原理含有的核心技术是以前类似工程施工工艺中所没有的，其核心技术属于首次应用并形成工法。革新型是指工法工艺原理所含有的核心技术是在以前类似施工工艺中进行局部改进升级而来的。应用型是指将某种“四新”技术应用于工程施工而形成的新的施工方法。例如，挤压边墙施工工法首次在水利水电工程中应用时，属于全新型；而将其改进后形成的有轨法挤压边墙施工工法则属于革新型。

（8）按工法对象分类

按工法对象分为工程型、工艺型和功能型。工程型是指工法对象是某类工程，例如，气盾坝坝体段施工工法。工艺型是指工法对象是具体的施工工艺，例如，大断面复杂多室深竖井滑模衬砌施工工法。功能型是指工法对象实现某项功能，例如，小断面隧洞 TBM 掘进同步钻孔灌浆施工工法。

二、工法特点

1. 工法的基本特征

（1）先进性

工法必须符合国家工程建设的方针、政策和标准、规范，必须具有先进性、科学性和实用性，保证工程质量和安全，提高施工效率，降低工程成本，节约资源，保护生态环境等特点。因此，工法首先必须具有先进性。

先进性表现为：通过推广应用新材料、新技术、新工艺、新设备而形成工法；专项施工技术已达到或超过本企业的先进水平；对类似的工法有所创新和发展而形成的新的工法。

（2）工法的实践性

工法的主要服务对象是工程建设，是工程施工。工法来自工程实践，是通过归纳总结能产生经济效益、社会效益或生态环境效益的施工规律，并反馈到施工实践中应用，为工程建设服务。这就是工法的针对性和实践性。

工法只能产生于工程施工实践之后，而不能产生于施工实践之前。工法是对先进的施工技术的总结与提高。编制施工工法的技术必须是经过施工实践验证过的成熟的或者比较成熟的技术。因此，申报工法必须提供工程应用证明。申报国家级工法、水利行业施工工法均要求提供工法在两个工程中的应用证明。

（3）工法的系统性

工法是采用系统工程的原理和方法，对施工规律性的总结和提高，因而具有较强的系统性、科学性和实用性。工法的服务对象是工程施工，工法可以用于相似的分部、分项（单元）工程的施工。工法无论是针对分部工程的，还是针对分项（单元）工程的，都应该是一个相对独立的、完整的系统。工法一旦总结形成，则应该可以指导以后类似工程的施工。因此，工法就是应用系统工程的原理总结出来的综合配套的施工方法。

（4）工法的时效性

工法是企业标准的重要组成部分，是施工经验的总结，是企业的宝贵技术财富，并为管理层服务。工法应具有新颖性、适用性，从而对保证工程质量、提高施工效率、降低工程成本有着重大的作用。简而言之，工法是要跟随技术的发展而不断发展和提高的。随着施工技术的不断发展，现有的工法可能被淘汰，取而代之的是新技术形成的新工法。

根据《工程建设工法管理办法》（建质〔2014〕103号）第二十三条规定：国家级工法有效期为8年。对有效期内的国家级工法，其完成单位应注意技术跟踪，注重创新和发展，保持工法技术的先进性和适用性。超出有效期的国家级工法如仍具有先进性的，工法完成单位可重新申报。《水利水电工程建设工法管理办法》（中水协〔2010〕20号）第八条规定：水利企业工法备案有效期为十年。

2. 工法与施工技术

（1）工法的核心是施工技术

工法的核心是工艺，而不是材料、设备，也不是组织管理。新材料、新设备在工程中的应用可以形成新工法，但必须有一套完整、系统的施工工艺。因此，施工技术的工艺原理、方法，就是工法的核心，至于采用什么样的机械设备、如何组织施工以及保证质量和安全的措施等，都是为了保证工艺这个核心的顺利实施。

（2）工法不是单纯的施工技术

工法既不是单纯的施工技术，也不是单项技术，而是技术和管理相结合，综合配套的施工技术。工法中不仅应该包含施工工艺原理、工艺流程、操作要点和质量控制等技术上的要求，还应该包含劳动组织、安全措施、环保措施等管理上的要求，以综合反映技术与管理的结合。

3. 工法与施工方案

（1）相同点

工法与施工方案都是针对施工中的技术问题提出解决这些技术问题的具体方法。

（2）不同点

工法是工程实践的经验总结，是施工规律性的综合体现，是在施工之后形成的；施工方案则是针对工程施工中的技术难点，形成合理的解决方法，它来自过去工程的实践经验，一般产生在新的工程施工之前。因此，二者最根本的区别是时态不同，形成工法的施工工程是过去完成时，而施工方案待指导的施工工程是将来进行时。当然，通过工程实践形成的工法也可以运用于施工方案的编写后指导以后类似工程的施工。

（3）相互关联性

部分具有一定创新性的施工方案经过工程实践之后，通过再认识也可以总结形成工法。这就是企业的技术跟踪和技术积累，也有利于提高企业的技术素质。此外，通常在编写施工工法时，需要工法应用工程的施工方案作为参考资料。

4. 工法与施工组织设计

工法与施工组织设计是两个截然不同的概念。工法是企业标准的重要组成部分，是企业为积累施工技术而编制的通用性文件。施工组织设计中主要工程项目的施工方案，可以采用已有的工法成果。工法可作为施工组织设计的标准模块，能够简化施工组织设计的编制工作。但是，工法不能直接取代施工组织设计，也不能取代工程项目的具体施工方案。编写工法需要施工组织设计，但不能照搬施工组织设计。施工组织设计通常在施工方案之前编制，因此，工法与施工组织设计也存在时态不同的区别，形成工法的施工工程是过去完成时，而施工组织设计待指导的施工工程是将来进行时。

5. 工法与标准、规范

（1）工法属于企业标准范畴

工法属于企业标准范畴，工法为企业标准的一个重要组成部分。一旦形成工法，为了更好地检查、验收及规范类似工程的施工，企业宜及时组织将工法有关内容编制为企业标准。在编制企业标准时，相应的工法为企业标准的一个重要组成内容。

而工法的编写要以现行标准、规程为依据，工法中采用的数据一般也不应与标准、规程相矛盾。当工法有关内容有足够依据与标准、规程不一致时，需经有关主管部门的核准。如工法中的有关内容突破了现有标准、规程，应通过试验验证，并在通过专家论证评审后，报主管部门核准。

（2）服务层次不同

我国施工企业曾实行过工艺标准、操作规程、标准化作业、工艺卡等工艺技术制度。工法和工艺标准、操作规程虽然都属于企业标准，但服务层次却完全不同。工艺标准、操作规程主要是操作者必须遵守的工艺程序、作业要点与质量标准，是向工人班组技术交底的内容；而工法是针对单位工程、分部或分项（单元）工程的工艺技术、机具设备、质量标准以及技术经济指标等，主要用来做技术管理的内容。

6. 工法与专利

工法中包含专利技术或核心机密技术的，在申报、确认时，一定要将核心机密等全部报出，否则不利于工法通过评审。在评审制度与评审人员守则中明确规定，工法评审人员应对申报材料予以保密，评审后的工法申报资料应全部销毁。因此，工法的申报材料与公开刊登的不必强求一致。为了避免造成企业的专利或核心机密技术外泄，属于技术秘密部分的内容，在公开发表工法时应予以删除。在贯彻执行工法制度时，必须贯彻执行知识产权法。

工法不等于专利，工法文本与专利申请书均有固定格式，但格式完全不同。工法申报不是必须具有专利，但通常具有专利支撑的工法，尤其核心技术获得发明专利的工法更易通过评审。此外，部分与工程施工核心技术紧密相关的专利，拓展其工艺流程后，可以包装、编写成工法。工法中部分创新性内容经过提炼可以申请专利。

需要注意的是部分企业申报施工工法时，在提交专利方面存在一些误区：①提交与工法内容毫不相关的专利；②提交专利申请书而非专利证书；③提交非本企业为专利权人的专利且未经专利权人授权；④未提交《涉及他方专利的无争议声明》。

三、实施工法的作用

1. 企业管理与技术方面的作用

好的工法就是生产力，工法产生效益，工法促进管理、技术水平提高。具体来说，实施工法对企业管理及技术方面的作用主要包括：①有利于促进企业进行技术积累和技术跟踪，提高企业的技术素质和管理水平，加速科技成果向先进的生产力转化。②有利于提高企业的知名度和市场竞争能力，增强投标获胜的把握。企业开发的施工工法的数量、级别和配套能力是企业技术优势的重要体现和强有力的竞争武器，随着建设工程市场逐步走向规范化，工法在投标报价中的竞争能力与作用将越来越得到体现。③有利于加强企业的技术管理。工法体系形成之后，企业可以应用工法覆盖技术工作的一个侧面，推进企业技术工作的标准化。④有利于推广应用新技术，编制施工工法的技术都是经过施工实践验证过的成熟的或者比较成熟的技术，具有无可争辩的先进性和权威性。因而，凡是有现成的工法可以应用的施工技术都应该优先应用施工工法来指导施工。⑤有利于简化施工组织设计与投标文件的编制工作，提高施工组织设计与投标文件的编制质量和编制效率。工法应该可以作为技术模块在施工组织设计和投标方案中加以应用或者直接采用。⑥有利于提高企业的技术素质和施工管理能力。通过编写工法，可以对企业自身形成的技术进行系统的管理和总结，形成宝贵的技术财富。

2. 企业人员方面的作用

编写工法对企业技术人员方面的作用主要包括：①有利于提高技术人员的技术素质、管理能力；提高文字表达能力，强化语言文字能力。工法的编写和评审过程对于技术人员来说也是一个学习和提高的过程，促进其学习能力提升。②有利于促进企业技术人员提高思维能力、创新能力。通过拟定工法开发计划，使企业技术人员在施工中遇到问题时，积极思考解决方案。有人说，没有写不出工法的大型复杂工程，只有不善于思考的工程技术管理人员。工程实践中，工程管理人员、技术人员应勤于思考，工法在思考中，很多工法就在工程实践中。③工法必须符合规范、标准规定，在编写工法过程中，编写工法的工程技术人员必须查阅、查证规范、标准的具体规定。通过查阅、查证，促进技术人员进一步熟悉规范、标准。④工法是对经工程实践检验的新施工方法的归纳、总结，工程技术人员通过编写工法，可以提高总结归纳能力。⑤编写工法过程中，企业技术人员可能会阅读一些类似工法，还有可能参观一些同类别的工程，并更深入地了解工法应用工程，此类活动能够拓宽企业技术人员的视野。

3. 工法的直接作用

工法对企业或技术人员还有许多更加直接的作用，包括：①企业信用评价加分。例如，《水利建设市场主体（施工单位）信用评价标准》规定：拥有国家级工法，每项得 3 分；拥有行业级工法，每项得 2.5 分；拥有地市级工法，每项得 1 分，累计不超过 4 分。②工程获奖加分。例如，在中国水利工程优质（大禹）奖评选时，拟评奖项目具有工法及开展 QC 小组活动占 30 分。③投标加分。《湖北省水利水电工程施工招标文件示范文本》（2018 年电子化第 5 版）规定：为推动技术创新，投标人在新技术、新工艺、新材料和新设备在水利行业有所创新，提高行业施工技术水平，且近三年取得水利部颁发的新工法或获得省级及以上人民政府颁发的科学进步一等奖及以上的，得 0.5 分。④技术人员职称评审条件。一些省、自治区、直辖市的职称评审条件中，工法可作为重要成果。

四、工法基本内容

一项技术从形成到进行规范，不仅体现了技术的成熟，同时也体现了管理的成熟。工法作为一种类似于标准、规程的特殊文体，其内容组成、编写格式和语言结构都有严格的规范。一篇完整的工法必须按照以下顺序展开：

（1）前言：简述本工法的形成过程和关键技术的鉴定和获奖情况等内容。

（2）工法特点：说明本工法在使用功能或施工方法上的特点。

（3）适用范围：说明最适宜采用本工法的工程对象或者工程部位。

（4）工艺原理：说明本工法的工艺核心部分的原理和理论依据。

（5）施工工艺流程及操作要点：说明本工法的工艺流程及操作要点。根据需要，本部分可增加工法劳动组织方面的内容，即本部分可分为施工工艺流程、操作要点及劳动组织。

（6）材料与设备：说明本工法使用的主要材料、施工机械等名称和要求。

（7）质量控制：说明对最终产品的质量验收要求。

（8）安全措施：说明应该遵循的安全规定和在现场所采取的主要安全措施。

（9）环境保护措施：说明应该遵循的环境保护法规和在现场所采取的主要措施。

（10）效益分析：采用对比的方法进行分析，说明应用工法所取得的经济效益、社会效益和生态环境效益。

（11）应用实例：说明采用本工法的具体工程名称、实物工程量和应用效果。

五、工法编写要点

1. 前言

前言主要包含三项内容：①工法的形成过程：企业通过开发创新，推广应用新材料、新工艺、新技术、新设备的过程，通过局部创新或技术改进对原有工法修改、修订的过程等。②关键技术的鉴定情况：鉴定时间、主持鉴定单位、主要鉴定结论。③关键技术的获奖情况：一般指获得哪一级科技进步奖、科技发明奖等。

此外，也可以将工法关键技术查新情况，尤其查新结论进行介绍。前言中一般不应出现有关工法的特点、经济效益或社会效益的内容。关键技术的鉴定及获奖情况如果没有可以不写，但工法的形成过程必须在前言中说明。

前言的主要作用：解释形成过程，明确编制单位，展示自身身价。

2. 工法特点

工法特点可包含两项内容：

（1）工法在作用功能方面的特点：指本工法针对工程对象、工程项目起什么作用，有什么功能等方面的特点。例如，钢筋混凝土墙体外保温具有消除冷桥、不占用使用面积的特点；聚氯乙烯塑料管具有与填土共同作用的特点。多自由度输水管船岸连接施工工法中在作用功能方面的特点：刚性摇臂钢管连接具有 360° 转动功能。钢筋直螺纹连接端面切削及滚丝一体化施工工法在作用功能方面的特点：端面平整度高，直螺纹钢筋连接质量明显提高，受力效果好。

（2）工法在施工方法方面的特点：指施工方法本身的特点，例如，单面网架聚苯板与混凝土墙体一次浇筑成型的特点。钢筋直螺纹连接端面切削及滚丝一体化施工工法在施工方法方面的特点：①设计、改造现有钢筋滚丝机，直螺纹连接钢筋切断、磨平、剥肋、滚丝在改造后的滚丝机上同步施工；②钢筋接头滚丝加工过程中，与原滚丝机相比，不增加操作步骤；③直螺纹钢筋接头加工效率明显提高；④减少占用施工场地面积，对于施工场地比较狭小的项目更为有利。

编写工法特点的注意事项：该项内容中应避免将特点和效益混淆，有些特点与经济效益或社会效益有因果关系，指出特点即可，将效益放在“效益分析”中叙述。注意不要将本章仅写成本技术在使用功能上的特点。工法中含有技术与管理的内容，技术只是工法中的一部分。工法特点应高度凝练，尽量用简洁的语言表述清楚即可，不需要进行论述，而且特点不宜多，能准确体现工法关键技术的先进性即可。应注重工法特点提炼，提炼出能够体现工法特点的关键词。工法特点中能量化的内容，如节约劳动力、节约工期、节约成本等，尽量提供量化数据。

工法特点的主要作用：突出创新力度，隐含推广价值，彰显差异特色。

3. 适用范围

说明最适宜于采用本工法的工程对象和工程部位，有的工法还要规定最佳的技术条件和经济条件。工法是一个综合配套的系统工程，因而在本章中也不要仅强调本技术的适用范围。例如，聚氯乙烯管道有埋置深度的要求，对输送液体介质有温度方面的要求；强夯法处理地基对振动和噪声限制有要求等。

再例如，钢筋直螺纹连接端面切削及滚丝一体化施工工法的适用范围：一切抗震设防和非抗震设防的混凝土结构工程，尤其适用于要求充分发挥钢筋强度和延性的重要结构，适用于直径 14~50 mm 的 HRB335 和 HRB400 钢筋在任意方向同径及异径连接。具体包括：①粗直径、不同直径钢筋连接；②弯折钢筋、超长水平钢筋的连接；③钢筋笼的对接；④两根固定钢筋之间的对接；⑤钢结构与钢筋的连接。型钢柱与梁主筋相交时，可利用焊在钢板上的螺母连接钢筋。

多自由度输水管船岸连接施工工法的适用范围：农田灌溉、水系连通等水利工程中从江、河、湖泊供水的各类泵船取水工程施工，尤其适用于取水流量大、水位落差大、水流速度变化大的泵船取水工程。也可用于农村安全饮水、城市供水、大型企业供水、特大型工程供水中的泵船取水工程。

编写工法适用范围时应注意：适用的对象能广则广，以便体现推广价值。但非“放之四海而皆准”，必要时应明确最佳的技术经济条件。例如，地下墙工程适用在黏性土、砂土、黄土冲填土以及粒径 50 mm 以下的砂砾层等土层中施工，遇碎石类土及风化岩层时宜谨慎使用。

4. 工艺原理

说明工法的工艺核心部分的原理和理论依据。凡是涉及技术秘密的内容在编写的时候都应该加以回避。一般应让使用者能够了解工艺原理的大致内容而不会真正掌握核心机密，以便按照知识产权法的有关规定对本企业的秘密加以保护。对于工法中包含的技术专利，在编写时可以标明专利编号，但是工法在送审的时候一定要将核心机密作为附件同时上报，否则不利于工法评审专家委员会的评审。

例如，强夯法是应用功能转换的原理达到加固地基的目的；液压滑模法施工应用液压千斤顶顺支承杆爬升带动模板向上移动，同时浇筑混凝土。

编写工艺原理时应注意：简约不简单，先进不复杂，科学不难懂；符合标准又突破常规；注重创新，不拘泥传统，但不能没有依据。

5. 施工工艺流程及操作要点

工艺流程和操作要点是工法的重点内容和工法的核心。应该按照工艺发生的顺序或者事物发展的客观规律来编制工艺流程，然后在操作要点中分别加以描述。对于使用文字不容易表达清楚的内容，也可以辅以必要的图表。本章节宜包含三个方面的内容：

（1）工艺流程：指工艺的基本过程，各有关工序的先后操作顺序和相互衔接关系，可用网络图、流程图、箭线图、框图、示意图等描述。工艺流程如果能以竖向流程图表示，则一般采用竖向流程图表示，这样更直观，阅读性更强。工艺流程应重点讲清楚基本工艺过程，并讲清楚工序间的衔接和相互之间的关系以及关键所在。对由于构造、材料、设备改造升级或者使用上的差异而引起的流程上的变化，应该特别说明。

（2）操作要点：操作要点中的每一个小标题一般应与施工工艺流程图的每一个施工节点一一对应。与本工法有关的施工操作要点，有别于其他施工方法的操作要点，与其他施工方法没有什么区别的部分，可以不叙述。但有些工法可能只是在旧工法基础上进行局部工艺调整、新材料研发、设备改造、技术创新升级而来，如果仅编写创新升级部分的操作要点可能内容过少，且缺乏完整性，在这种情况下，可在保留旧工法操作要点的基础上，重点介绍工法新的操作要点。

编写操作要点时应注意：操作要点应明晰，应能看得懂，学得会，用得上，用得当，并应综合配套；操作要点不是标准，标准只讲要求，不讲过程；也不是施工作业指导书，作业指导书不讲原理。

（3）劳动组织：阐述本工法实施过程中的劳动组织情况，主要包括：工种及其构成、人员数量以及技术要求，劳动组织及调配情况，现代化管理方法和管理体系。工种构成、人员数量以一个最佳劳动组合或单位工程量为计算单位。单位工程量宜采用一个工程流水段或施工单元作为确定依据，同时也应该说明各工种的技术等级，特殊工种需要持证上岗的情况应加以说明，新设备或改造升级的设备使用工人需要专门培训的情况，应予以说明。

以前，该部分内容专门作为一章。中国建筑业协会发布的《国家级工法编写与申报指南》中，国家级工法的编写内容分为前言、工法特点、适用范围、工艺原理、施工工艺流程及操作要点、材料与设备、质量控制、安全措施、环保措施、效益分析和应用实例共 11 章。中国水利工程协会发布的《工法编写内容与文本要求》中，工法编写内容包括前言、工法特点、适用范围、工艺原理、施工工艺流程及操作要点、材料与设备、质量控制、安全措施、环保措施、效益分析和应用实例共 11 章。因此，目前“劳动组织”不再专门作为一章。在实际编写过程中，如果需要特别说明劳动组织，可在《施工工艺流程及操作要点》增加一节“劳动组织”。

6. 材料与设备

（1）材料

说明本工法使用的主要材料及其规格、主要质量指标以及质量要求等。当材料较多时，宜列表介绍。主要材料表主要包括品名、规格型号、单位及数量等。对于初次使用的新型材料以及目前国家或地方尚未制定质量或验收标准的材料，不仅要列出材料的规格、主要技术指标与质量要求等内容，还应该提供相应的检验及验收方法。一些最常见的材料，如水泥、砂子、石子、钢筋，当本工法对这些材料无特殊要求，可不专门叙述。但有些工法可能只是在旧工法的基础上升级，材料并没有变化，而是进行了设备改造、工艺调整、技术创新，为了保证工法文本的完整性，也可适当介绍相应的主要材料，尤其新工法对原有材料的要求变化或检验方法、检验指标的变化应着重介绍。当工法本身就是由于采用新材料而形成的工法时，必须详细叙述材料方面的内容，尤其工法对材料针对性的要求。

（2）设备

说明采用本工法所必需的主要施工机械、设备、工具、仪器的名称、型号、性能以及合理的配置数量。机具设备最好采用列表的方法，主要机具设备表主要包括品名、规格型号、主要技术性能、单位及数量等。对于动力设备以及不常使用的机具设备还应该标明电源的电压、相数、电机功率、合理的配置数量等内容。合理的配置数量以一个最佳劳动组合作为计算单位。对于自行制作的小工具、更新改造的设备，还应该提供加工示意图。

7. 质量控制

说明最终产品的质量验收要求，总结归纳与质量管理和质量控制有关的具体措施。说明工法必须遵照执行的国家、行业或地方标准、规范名称和检验方法，并指出工法在现行标准、规范中未规定的质量要求，并列出关键部位、关键工序的质量要求，以及达到工程质量目标所采取的技术措施和管理方法。

当工法中存在现行标准或者规范中没有规定的内容时，应特别说明。质量要求可以包含已有的国家或者地方质量标准的要求，也可以是实施本工法所遵循的自行制定的质量要求。但是自行制定的质量要求不能低于国家、行业或者地方制定的质量标准的要求。

该部分内容应注意几个方面的问题：①质量是有成本的，工法中质量要求不能过于高于现行质量标准，以防止质量过剩。②使用的标准过时、不对应。③照抄过往类似工法的质量控制措施，没有针对性措施。

8. 安全措施

施工过程应严格遵守安全法规，列出有关安全生产规定或标准、规程的名称。说明应注意的一些安全事项和应采取的具体安全保护措施，但安全保护措施应有针对性，不能泛泛而谈；也不应仅列出相应的安全生产规定或标准、规程的名称，而简略一般性的安全注意事项。应详细叙述工法中有特殊要求的措施，还应列出现场必须配置的主要安全设施，采取的必要应急措施和资源也应一一列出。工法中应明确安全预警事项，关键工序应有必要的计算，工法内容中应特别注意杜绝隐含的危险因素。

本部分内容应避免出现下列问题：①法律法规不对应。②标准过时、不对应。③照抄过往类似工法安全控制措施，安全没有针对性。例如，某工法主要内容包括船上焊接作业安装，工法文本中的安全措施包括：组织保障措施、劳动保护措施、现场供电保护措施、起重作业安全措施，但缺乏水上作业安全措施、焊接作业安全措施。

9. 环境保护措施

施工过程中应严格遵守环境保护法规，列出与工法相关的环境保护方面的法律、法规或标准、规程的名称。说明应注意的一些环境保护事项和应采取的具体环境保护措施，但环境保护措施应有针对性。随着国家大力提倡生态环境保护，社会公众的生态环境意识正逐步提高，如果工法能对生态环境保护产生正效应，档次会明显上升。近年来，生态环境保护方面的施工工法申报及通过数量明显越来越多，这类工法的生态环境保护措施、生态环境效益更应作为重点予以详细说明，如果生态环保措施能提供数据的，应用数据说话。

与“安全措施”章节一样，本部分内容应避免出现下列问题：①法律法规不对应。②照抄过往类似工法的环境保护措施，环境保护措施没有针对性，没有体现工法特有内容。例如，某工法主要内容为长江生态保护区进行船上作业施工，环境保护措施包括：水污染防治措施、固废弃物处理措施、大气污染防治措施、噪声控制措施、人群健康保护措施及场地清理措施。但施工区在江豚、黑鹳、麋鹿保护区，虽然施工中采取了相应的环境保护措施，但工法文本中没有专门说明这方面的生态环境保护措施。

10. 效益分析

从工程实际效果（消耗的物料、工时、造价等）以及文明施工中，综合分析应用工法所产生的经济、环境保护、节能和社会效益。宜采取一些合理的参照物，采用对比的方法进行分析，可与国内外类似施工方法的主要技术指标进行对比分析。

另外，对工法内容是否满足国家关于建筑节能工程的有关要求，是否有利于推进（可再生）能源与建筑结合配套技术研发、集成和规模化应用方面也应有所交代。

所谓效益既包括经济效益，也包括社会效益，还包括生态环境效益；既可以是直接效益，也可以是间接效益。在进行效益分析的时候，应注意在不同工程相同指标之间是否具有可比性。应尽可能提供一些具体的参考数据。效益的计算要科学，在比较中明晰，通过推广前景的交代说明工法的价值。

（1）经济效益：节省人工、节省材料、减少机械使用、加快施工进度、节省管理费等带来成本的降低。经济效益尽可能提供数据说明，效益计算应合理。

（2）社会效益：节水、节电、节热等节能效果；节约施工场地；减少土地占用；提高工程质量；降低工程造价；降低劳动强度；减少施工周期等。

（3）生态环境效益：降低或防止空气、地下水、水源、土壤、光、噪声等环境污染；避免影响动植物生存环境；提高废物再利用等。

11. 应用实例

说明采用了工法的具体工程名称、地点、开竣工日期、结构形式、实物工程量和应用效果。工程量应提供采用本工法或本技术施工的分部分项（单元）工程的工程量。可以采用列表的方式进行描述。工程应用实例应将工程概况进行简要介绍，尤其是工程项目的基本参数应予以说明。

一项国家级工法的形成通常需要两个工程的应用实例；申报水利行业施工工法也需要提供两个工程应用证明。应用工程实例少于两项的，应通过相应的省部（行业）级及以上的主管部门组织专家评审委员会评审并审定该工法是成熟的。

六、工法文本要求

工法是一种特殊的文体，工法的语言结构不同于技术总结或者科技论文，更不同于一般的工作报告或者文艺作品。不应像撰写科技论文或者技术总结那样进行分析、论证、推导或者总结，也不应像文艺作品那样用文学的语言对客观事物进行艺术加工。在工法中，既不要提出任何问题，也不要解释任何问题。只要说明应该如何做或者不应该如何做。应采用科技词汇遣词造句，用简练的词汇对客观事物进行描述。撰写工法文本要求如下：

1. 工法的层次结构

（1）工法的叙述层次按照章、节、条、款、项五个层次依次顺序排列。采用“先主体，再共性”的原则进行同一层次的排列，“先共性，后个性”的原则进行不同层次的排列。各个层次的编号全部采用阿拉伯数字表示。标点符号及数字各占半个字符的位置。

（2）“章”是工法的基本单元，“章”的编号之后是“章”的题目。“章”的编号与题目之间加一个全角字符的空格居中排列或顶格排列。当“章”的内容不再分为更细的单元时，可以另起一行直接展开叙述。“章”宜采用黑体字。示例：1 工法的特点。

（3）“节”是工法的分组单元，在表示“节”的编号时，在“章”的右下角加一个圆点（.），“节”的编号之后必须是“节”的题目。“节”的编号与题目之间空一个半角字符的位置顶格排列。当“节”的内容不多时，可以另起一行直接展开叙述。转下一行时顶格排列。 示例：6.1 工法的层次结构。

（4）“条”是工法的基本单元。在表示“条”的编号时，在“章”和“节”的右下角各加一个圆点（.）。“条”的编号之前空两个半角字符的位置。“条”的编号之后加一个半角字符的空格，转下一行时顶格排列。“条”应该表达具体的内容。当“条”的内容较多时，再细分为“款”或/和“项”。“条”和“款”之间承上启下的连接用语，宜采用“符合下列规定”“遵守下列规定”或者“符合下列要求”等写法表示。

（5）“款”的编号之前加四个半角字符的空格，“款”的编号之后加一个半角字符的空格。转下一行时顶格排列。

（6）“项”的编号应该带右半括号。“项”的编号之前加六个半角字符的空格，“项”的编号之后加两个半角字符的空格。转下一行时顶格排列。

2. 工法中的图表处理

（1）凡使用文字不容易表达清楚的地方，都应辅以必要的图表。工法中每一个图表都应该予以命名与编号，图、表的使用应与文字描述相互呼应，避免重复。图、表的编号以条文的编号为基础。图表的编号顺序与该图表所在的章、节、条的编号相同。当同一个层次下有两个以上的图表时，可在插图或者表格的编号之后加一个短横线然后再用一个顺序号加以区别。例如，条 4.3.2 之后有两个表格，则这两个表格的编号应分别命名为表 4.3.2−1 与表 4.3.2−2。再例如，条 1.1.1 后有两个图，则两个图的编号应分别命名为图 1.1.1−1，图 1.1.1−2……当某节不再分条时，则插图编号直接以节为基础。插图应符合制图标准。

（2）插图的名称标题与编号标注在插图的下面，居中排列，插图的编号在左，标题在右。例如，改造后的机头装配见图 5.2.1−1。

（3）图中不宜出现文字注释。仅标以图注号 1、2、3 …… 或 a、b、c …… 图注应标在图的编号与标题所在行的下方。

（4）表格的标题与编号标注在表格的上面，表格的标题在右，编号在左。表格编号的左端顶表格右侧的边缘。文字与表格的相互呼应，按照下列例句表示：直螺纹钢筋连接时，应采用扭力扳手按表 5.2.5−1 规定的力矩值把钢筋接头拧紧。

（5）表格内数值应相互对应，表内数字相同时，应重复写出。表格内无数据时，应以短横线表示，不留空白。

（6）表中各栏数值的计量单位相同时，应将计量单位写在表名的右方或正下方。如计量单位不同时，应将计量单位分别写在各栏标题或各栏数值的右方或者正下方。表名和表栏标题中的计量单位宜加圆括号。

（7）表格的内容应该主题集中、内容简洁，以提供统计、对比与分析价值为主。表格的左右两端一般不闭合。表格内的数据必须真实准确，不含糊、不造假。数值的表达应符合有关规定。数据之间不得相互矛盾或发生冲突。

（8）表格内数字应使用法定计量单位，并以规定的符号表达数值，应保持上下文的一致。例如，m 、m^2、m^3、kg、d、h 等。

3. 工法中的公式表示

（1）工法中的公式编号与图、表的编号方法一致，以条为基础，公式要居中。工法中的公式按照“条”号编号，并加圆括号列在公式的右侧顶格。当同一条中有多个公式时，应连续编号。示例:（5.2.2−1）、（5.2.2−2）。

（2）公式应该接排在有关条文的后面并与有关条文相互呼应，并可采用“按下式计算”或者“按照下列公式计算”等典型用语。

（3）公式应该居中书写。公式只需给出最后的表达式，而不用列出公式的推导过程。必要时可将公式的推导过程以附件的形式上报，以利于评审。

（4）在对公式所采用的符号进行解释时，可以包括简单的取值规定，而不必作其他的技术规定。格式举例如下：

$$A=Q/B\times 100\% \tag{3.2.1-1}$$

式中，A——安全事故频率；

B——报告期平均职工人数；

Q——报告期发生安全事故人数。

4. 工法语言文字要求

（1）工法语句应使用无人称的叙事方式。尤其不要使用第一人称的叙事方式。例如，不宜采用“我们”“我”“我公司”“本人”“本文”这类第一人称。有些工法文本常常在工法的前言和适用范围这两章中使用第一人称的叙事方式，这是不符合要求的。例句：我们项目经理部经过多个工程的施工，不断研究，总结成功了这个工法。

（2）禁止使用一切官话、套话、废话。官话、套话、废话常常出现在一些人的报告或者总结中，由于工法是一种类似于标准、规程的特殊文体，因此不应使用官话、套话、废话。例句：在公司领导亲切关怀下，项目经理部直接领导下，项目部全体人员努力拼搏、团结奋战，高质量地完成了施工任务。这种语句属于典型的官话、套话，不应出现在工法文本中。

（3）使用准确的科技语言而不要使用模糊的文学语言对客观事物展开描述。例句 1：工程获得了省优。什么叫“省优”？是湖北省的优质工程还是其他省的优质工程？例句 2：钢筋直螺纹连接是本世纪 90 年代发展起来的一种新型钢筋连接方式。所谓“本世纪”是 20 世纪还是 21 世纪？

（4）引用标准或者规程的时候，当引用标准或规程的具体条文内容时，不仅要列出标准或者规程名称的全称，而且要列出标准或规程编号及版本号。应采用下述例句的标准语言结构。例句 1：混凝土试块的留置数量必须符合《建筑工程冬期施工规程》JGJ/T104—2011 的有关规定。例句 2：连接用钢筋应符合《钢筋混凝土用钢　第 2 部分：热轧带肋钢筋》GB/T 1499.2—2018、《钢筋混凝土用余热处理钢筋》GB/T 13014—2013 的要求。当引用标准或规程非具体条文内容时，仅需列出标准或规程编号，无须列出版本号。

（5）无论是对进口的建筑材料或机械设备，还是国产的新型建筑材料或机械设备，都不应把工法写成对某一种产品的宣传广告。例如，改造后的机械具有占地面积小，操作简便的特点，具有广阔的市场前景，已由 ×× 市机械设备厂开始试生产，……

（6）注意英文名称与中文翻译方面的问题。对于英文名称不论采用意译还是音译，都应该在译名之后注明原文的写法，以免造成歧义与不同的理解。对于采用外文名称的词头缩写的进口新型建筑材料的名称，也应该注明原文的全称。而当直接使用英文名称时，第一次出现该英文名称应注明中文词义。例句 1：聚丙烯塑料管（PP-R）是一种新型绿色环保建材。例句2：麦特道（Mastertop）是一种特殊的耐磨地面材料。例如，在某工法文本中出现了“Suntree 系统”，但全文未说明“Suntree”的具体含义及中文名称。

（7）严格掌握规定的程度。表示很严格、非这样做不可的时候，采用“必须”或者“严禁”；表示严格、在正常情况下均应这样做的时候，采用“应”或者“不应”，表示容许稍有选择，在条件许可时首先应该这样做的时候，采用“宜”或者“不宜”。表示有选择，在一定条件下可以这样做的时候，采用“可”。

（8）文字表述应简练准确、通俗易懂，无赘述，杜绝模棱两可或多重理解。应使用工程语言，而非文学语言。有些工法文本中错误地使用文学语言，例如，在表示工程施工受天气影响较大时，采用“淫雨霏霏”“木落雁南度，北风江上寒”等表示天气情况；施工遇到困难，进度缓慢时，采用“路漫漫其修远兮”表示。

（9）采用科技词汇，避免口语方言。名词、术语、物理量代号必须准确，同一术语或符号应始终表达同一概念，同一概念应始终使用同一术语或符号。在文字叙述中，不得用符号或者代号代替文字说明。所用的专用名词或术语应前后一致。切忌任意编造和使用不规范的词汇或者自己杜撰的词汇。例句：本工法适用于预制砼地面的防水施工。“砼”字只可用于笔记或者草稿中，在任何情况下都不得将这个字用于正式的文稿中。

（10）重点突出，层次分明，阐述连贯，逻辑性强。应按照事物发展的客观顺序和内在规律进行描述，避免出现因果倒置和次序混乱。

（11）在工法的文字叙述中，10以内的数字，可以采用简体汉字表示。

（12）图名、表名、公式、表栏标题不宜用标点符号。表中的文字之间可以用标点符号，但最后一句结束处不用标点符号。“节”或“条”后如果仅有一个题目，则题目的后面不用标点符号。多个书名号排列在一起时，书名号间不用顿号，例如，《中华人民共和国建筑法》《中华人民共和国安全生产法》《建设工程安全生产管理条例》间无顿号。

七、编写工法的其他注意事项

1. 工法选题注意事项

工法选题应抓住核心工艺特征和最适用的工程对象选题。新编工法的题目不应与已有的工法重复，当原有工法修改修订后可用原有工法的题目。若关键技术有创新突破时宜改换题目，工法的题目应简练明确地反映工法的主题，突出反映工法的核心内容。如果可能的话，应在工法的题目中对工法的属性给以准确的定位。

工法题目与论文、专利不一样，论文题目常见“基于……”“面向……”“……

研究”，等等。专利一般为“一种……”，如“一种带端面切削的钢筋滚丝机”。工法名称应与内容贴切，直观反映出工法特色，必要时冠以限制词，如“仿生栖息空间格宾挡墙生态岸坡施工工法”“深孔梯段爆破降尘施工工法”“小型混凝土坝简易固端缆机精准供料施工工法”等。

2. 工法的深度

编写工法的时候，对于工法的字数通常不作限制，可以少则数千字也可以多至数万字。工法编写深度必须能满足指导项目施工与管理的需要，对于应当叙述清楚的内容一定要说清楚，而与主题无关的内容则必须坚决删除。

3. 工法的约束力

工法一般可规范性地编写成企业标准，对本企业具有约束力，企业具有知识产权、专利权和修改修订权，其他企业可作参考。

八、工法选题

1. 选题原则

工法选题原则包括：①利用原有工法的原则；②在原有工法基础上开发工法的原则；③开发的新工法应有较普遍应用价值的原则。

工法选题主要途径包括：①通过推广新材料、新工艺、新技术、新设备而形成的专项施工工法。②专项技术已达到或超过本企业先进水平，在时间上先于同行业而编制的施工工法。③对类似的工法有所创新和发展而形成的新施工工法。④运用系统工程的原理和方法，对若干个分部分项工程工法进行加工整理而形成的综合配套的施工工法。

工法隐含软实力，包括创新力、聚合力及辐射力。先进工法的特征通常包括格式规范、选题新颖、程序可靠、技术突破、叙述流畅、计算准确、图文明晰及效益显著等。具体来说，先进的工法一般具有以下一种或多种情形：①关键技术涵盖专利、技术进步奖、QC 成果；②核心技术上有新的突破，通用技术上有新的招式；③明显减少资源投入；④明显简化程序，提高施工效能；⑤明显提高施工能级；⑥明显降低安全风险，提升质量程度；⑦明显改善生态环境。

2. 选题人员

工法选题人员主要包括三类情况：①工程技术、管理人员选题。施工企业或其他单位的工程技术人员、工程管理人员根据企业发展方向、企业科技创新规划，结合企业工程项目实际情况，进行施工工法选题。②科研人员选题。施工企业或其他单位的科研部门或专门的工程技术科研单位、高等院校的科研人员根据工程项目实际情况，结合科研人员的科研方向、科研成果等，进行施工工法选题 。③工程技术、工程管理人员与科研人员共同选题。施工企业的工程技术、管理人员根据工程项目或企业发展、科技创新规划等实际情况，考虑项目施工遇到的问题、难题等与科研人员共同研究、攻关，进行施工工法选题。

3. 选题步骤

工法选题（立项）分为系统立项和结合工程立项两类。

（1）系统立项步骤

工法系统立项步骤包括：①确定企业科技发展方向，特别是专业化生产企业，更应确定本企业的发展方向，结合企业自身特点、市场情况和各兄弟单位的专长来定位；②查询现有工法情况；③分析近几年企业可能承担的工程项目；④制定分年度工法开发计划。

（2）结合工程立项步骤

结合工程立项步骤包括：①对新承担工程项目的重点、难点、新点进行分析；②针对工程项目的重点、难点、新点查找适用的工法或类似的工法；③确定工程所采用的工法名称和内容；④对关键技术进行立项研究。

工法立项注意事项：①工法立项应切忌重复，不能与以往颁布的工法重复，立项前应进行工法查新。②工法立项应具有较强的针对性，应结合企业发展方向、市场情况及企业的专长，同时应分析企业已经和未来可能承接的工程涉及的工程类别、施工技术等。③工法立项应具有预定的明确目标，立项时应制定工法完成的时间、工法级别等详细计划，该计划应与工程进度协调统一，同时还应考虑拟申报工法管理部门通常的申报、评审时间。

工法选题还应特别注意，单纯的测量、巡查、计量、试验等由于本身缺乏施工工序而不属于施工工法。例如，山区复杂地形三维激光扫描测图工法、大型水库河道库岸边坡无人机巡查工法、大型土石方工程激光雷达计量工法、超高河堤填筑试验工法等，由于其属于单纯的测量、巡查、计量、试验，没有施工工序，均不能成为工法。但部分采用了先进技术，具有创新性的测量、巡查、计量、试验等，可通过拓展测量、巡查、计量、试验前后施工工序后，编写成工法。

4. 工法拟题

（1）工法拟题原则

在工法选题后，应首先进行工法拟题，即拟定工法名称。拟定工法名称是至关重要的，一个好的工法，必须要有好的工法名称；拟定出一个好工法名称，将有利于后续顺利编写工法。拟题原则包括：①准确。通过准确用语，反映工法范围和先进性。例如，工法名称“环氧树脂化学灌浆施工工法”，环氧树脂化学灌浆为常见、普通施工方法，从名称中看不出先进性，灌浆材料在国内不具有先进性，工法名称又没有反映灌浆压力、灌浆深度方面的特点，如果工法灌浆压力具有先进性，则名称可加“高压”，如果深度具有先进性，则可加“超深”，通过采用“高压”“超深”等词，既反映了工法的先进性，又体现了工法的特点。②鲜明。无歧义、不费解，使读者在众多工法中一看题目就能把该工法选出来。③简洁。在能清楚表达意义的情况下，尽量简短，使读者一目了然，容易记忆。例如，某工法在申报时名称为“小断面输水隧洞近距离下斜穿输水渠道开挖施工工法”，由于工法符合各项要求，具有先进性、创新性，评审专家一致同意工法通过，但认为该工法题目不够简洁，建议名称简化为“下穿水渠浅埋输水隧洞掘进施工工法”。④质朴。不用广告词、夸张词，工法名称可以高大上，但不能故弄玄虚。例如，某工法名称“一种新型便捷的百分之百可回收预应力锚索施工工法”即存在一些问题：一是工法名称与专利名称不同，通常名称不宜采用“一种……”；二是“百分之百可回收”是否夸张？即使不夸张，也不够简洁。该工法名称可修改为“新型便捷可回收预应力锚索施工工法”。再例如，某工法名称为“4D 打印预制混凝土面板施工工法”，从工法内容看，根本没有“4D”相关内容。而且现实情况是，当前 3D 打印较大体积混凝土板尚处于研究、试验阶段，还未大规模应用，工法题目出现“4D”，明显有故弄玄虚之嫌。再例如，某工法名称“基于系统工程原理的堤防工程堤身填筑施工工法”不质朴，评审专家建议修改为“堤防工程堤身高效填筑施工工法”。⑤完整。尊重工法题目的结构形式。例如，某工法名称为“既有砖瓦建筑砖墙改造翻新利用技术”，工法名称结构形式不完整，名称可修改为“既有砖瓦建筑砖墙改造翻新利用技术施工工法”。

（2）工法名称构成

工法名称由四部分构成：①工法对象，包括工程结构或工程部位、工艺类别等；②关键技术或核心工艺；③工法功能；④工法类别。必要时，进行工法命题可冠以限制词。例如，超高层建筑（限制词）大型设备（对象）吊装（工艺）施工工法（类别）。再例如，钢筋直（限制词）螺纹连接（对象）端面切削及滚丝（核心工艺）一体化（关键技术）施工工法（类别）。

（3）工法拟题技巧

工法拟题通常有以下步骤：①先确定类别后命题；②根据适用范围确定工程对象名称；③按关键技术命题。例如，在“钢筋直螺纹连接端面切削及滚丝一体化施工工法”命题时，首先确定类别为施工工法，然后根据适用范围（钢筋直螺纹连接）确定工程对象，最后按关键技术（端面切削及滚丝一体化）命题。

5. 工法选题方向

（1）问题导向型

在工法选题时，问题导向型是最常见的类型。工程管理人员、工程技术人员和（或）科研人员根据工程施工中出现的问题，研究采取创新性的工程技术措施，解决了相应的问题，并在其他类似工程中再次成功运用后，其创新性技术措施经总结归纳就极有可能成为施工工法。通常问题可能包括：①质量问题，例如，大坝、渠道出现渗漏，质量难以达到规范要求；工程易出现质量通病，质量控制难度大等。②进度问题，例如，进度缓慢，进度不易控制，汛期不能施工，节点工期难以实现等。③造价问题，例如，造价过高，资源浪费严重，机械闲置、机械使用效率低下等。④安全问题，例如，安全事故频发，安全风险高，缺乏可靠安全措施。⑤场地问题，例如，占用施工场地面积大，占用施工场地过于分散，需变交叉作业为非交叉作业等。⑥工效问题，例如，施工工效低下，工效与质量严重矛盾等。⑦工程效果问题，例如，清淤难以达到设计要求，护坡易坍塌，铰链沉排宜漂浮等。⑧难度问题，例如，运输困难，隧洞渗水量大，施工道路狭窄等。示例：①钢筋直螺纹连接端面切削及滚丝一体化施工工法主要解决施工工效低、占用施工场地较大等问题。②堤防工程堤身高效填筑施工工法主要解决机械不匹配导致施工机械闲置问题。③下穿水渠浅埋输水隧洞掘进施工工法主要解决隧洞开挖施工过程中水渠向施工隧洞渗水问题。④悬挑钢管脚手架施工工法主要降低施工安全风险。

（2）“四新”技术型

在工程设计、施工过程中，推广新技术、新材料、新设备、新方法时形成的专项施工方法经总结归纳可形成施工工法。示例：①装配式预制混凝土挡土墙施工工法。②预制混凝土方格场地硬化施工工法。③基于无人驾驶技术的大坝碾压机械施工工法。④高陡边坡混凝土制备护坡施工工法。⑤大坝自密实堆石混凝土施工工法。

（3）创新旧工法型

在工程施工中，对类似的工法在应用中又有所创新和发展而编制形成的工法。例如，在“钢筋滚轧直螺纹连接施工工法”基础上创新形成了“镦粗直螺纹钢筋连接施工工法”，随后再次创新形成了“钢筋直螺纹连接端面切削及滚丝一体化施工工法”。

（4）科学管理型

运用系统工程原理和方法，对一个（或若干）分部分项（单元）工程施工，经加工整理而形成综合配套的大型施工工法。例如，堤防工程堤身高效填筑施工工法、大型体育场馆施工工法、大型灌区大截面长距离预制装配式渡槽快速施工工法。

（5）绿色施工型

施工过程中的“节能、节水、节材”技术、利用“新能源、水资源、材料资源”、废物利用等经过归纳总结可成为施工工法。例如，施工现场雨水回收利用施工工法、施工现场临时硬化与场区永久硬化二合一绿色施工工法、水压爆破降尘石方开挖施工工法、建筑工程多维多层降噪屋面施工工法、河道淤泥免烧结砌块生态护坡施工工法。

（6）生态环保型

生态治理、维持原生态、生境构造等生态环保施工技术经总结归纳可成为施工工法。例如，土工格栅加筋土生态护坡施工工法、三维排水柔性生态护坡施工工法、生物基质生态混凝土护岸施工工法、环保型透水砖铺设施工工法、新型生态净水剂用于城市黑臭水体治理施工工法、整体式加筋土生态排水挡墙施工工法、生态环保土工管袋处置河道疏浚底泥施工工法。

（7）信息技术型

在工程施工中，利用计算机技术、远程控制、机器人、感应器、手机 App 等信息技术，经总结归纳可形成施工工法。例如，智能 3D 引导系统水下高精度控制开挖施工工法、基于坡度感知的雷诺护垫坡面静压施工工法、智能化灌浆施工工法。

（8）先进理论指导型

在工程施工中，利用先进理论或对应软件指导施工，经归纳总结形成的施工工法。例如，有限元分析软件配合三角形挂篮施工工法、有限元分析软件配合大跨度悬挑钢结构安装施工工法。

第三节　QC 小组创建与成果编写

一、质量管理概念

质量管理（Quality Control，简称 QC）是指确定质量方针、目标和职责，并通过质量体系中的质量策划、控制、保证和改进来使其实现的全部活动。该思想与实践早在三千多年以前就已在我国出现，只不过当时基本上都属于经验式管理。真正把质量管理作为科学管理的一个组成部分，在企业中有专人负责质量管理工作，则是近百年来的事情。质量管理的发展，按照解决质量问题所依据的手段和方式来划分，大致经历了三个阶段：

第一个阶段是质量检验阶段，大约是在第二次世界大战以前。当时的质量管理主要限于质量检验，即按照事先确定的产品（或零部件）的质量标准，通过严格检验来控制和保证出厂或转入下道工序的产品（或零部件）的质量。

第二个阶段是统计质量控制阶段，大约是在第二次世界大战开始至 20 世纪 50

年代末期。这一时期，由于战争需要大量军需品，突出了检验工作的弱点，影响了军需品供应。因此，美国政府和国防部组织专家制定战时质量控制标准。这些标准以休哈特的质量控制图为基础，运用数理统计中的正态分布“6σ”方法来预防不合格品产生，并对军需品进行科学的抽样检验，以提高抽样检验的准确度。

第三个阶段是全面质量管理阶段，大约是从 20 世纪 50 年代末、60 年代初至今。这一时期，由于生产力迅速发展，科学技术日新月异，市场竞争加剧，管理理论发展等，对质量管理提出了一系列新的要求。美国通用电气公司的质量经理菲根堡姆在 1961 年出版了《全面质量管理》一书，他指出：全面质量管理是为了能够在最经济的水平上并考虑到充分满足用户要求的条件下进行市场研究、设计、生产和服务，把企业各部门的研制质量、维持质量和提高质量的活动构成为一个有效的体系。

我国自 1978 年开始推行全面质量管理，并取得了一定的成效。

二、QC 小组的概念

关于 QC 小组的概念，在 1997 年 3 月 20 日由国家经济贸易委员会、财政部、中国科学技术协会、中华全国总工会、共青团中央委员会、中国质量管理协会联合颁发的《印发〈关于推进企业质量管理小组活动意见〉的通知》中指出，QC 小组是“在生产或工作岗位上从事各种劳动的职工，围绕企业的经营战略、方针目标和现场存在的问题，以改进质量、降低消耗、提高人的素质和经济效益为目的组织起来，运用质量管理的理论和方法开展活动的小组。”中国质量协会颁布的《质量管理小组活动准则》T/CAQ 10201—2020 对 QC 小组的定义为：由生产、服务及管理等工作岗位的员工自愿结合，围绕组织的经营战略、方针目标和现场存在的问题，以改进质量、降低消耗、改善环境、提高人的素质和经济效益为目的，运用质量管理理论和方法开展活动的团队。这个概念包含以下四层意思：

（1）QC 小组活动需要全员参与，一般员工、领导者，人人可参与；

（2）QC 小组活动选题广泛，例如经营战略、方针目标、现场存在的问题；

（3）QC 小组活动目的：提高员工素质，发挥人的创造性、积极性，改进质量，节能降耗，保障安全，改善环境，提高效益；

（4）QC 小组活动注重质量管理理论、统计方法和工具的运用，突出程序的逻辑性和方法的科学性。

三、QC 小组的性质和特点

1. QC 小组的性质

QC 小组是企业中群众性质量管理活动的一种有效的组织形式，是职工参加企业民主管理的经验同现代科学管理方法相结合的产物。QC 小组同企业中的行政班组、传统的技术革新小组有所不同。QC 小组与行政班组的主要不同点在于：

（1）组织原则不同。行政班组一般是企业根据专业分工与协作的要求，按照效率原则，自上而下建立的，是基层的行政组织；QC 小组通常是根据活动课题涉及的范围，按照兴趣或感情的原则，自下而上或上下结合组建的群众性组织，带有非正式组织的特性。

（2）活动目的不同。行政班组活动的目的是组织职工完成上级下达的各项生产经营任务与技术经济指标；而 QC 小组则是以提高人的素质、改进质量、降低消耗和提高经济效益为目的，组织开展活动的小组。

（3）活动方式不同。行政班组的日常活动，通常是在本班组内进行的；而 QC 小组可以在行政班组内组织，也可以是跨班组，甚至跨部门、跨车间组织起来的多种组织形式，以便于开展活动。

QC 小组与传统的技术革新小组也有所不同。虽然有的 QC 小组也是一种“三结合”地进行技术革新的组织，但传统的技术革新小组侧重于用专业技术进行攻关；而 QC 小组不仅活动的选题要比技术革新小组广泛得多，而且在活动中强调运用全面质量管理的理论和方法，强调活动程序的科学化。

2. QC 小组的特点

从 QC 小组活动实践来看，QC 小组具有以下几个主要特点：

（1）明显的自主性

QC 小组以职工自愿参加为基础，实行自主管理，自我教育，互相启发，共同提高，充分发挥小组成员的聪明才智和积极性、创造性。

（2）广泛的群众性

QC 小组是吸引广大职工群众积极参与质量管理的有效组织形式，不仅包括领导人员、技术人员、管理人员，而且更注重吸引生产、服务工作一线的操作人员参加。广大职工群众在 QC 小组活动中学技术、学管理，群策群力分析问题、解决问题。

（3）高度的民主性

这不仅是指 QC 小组的组长可以是民主推选的，可以由 QC 小组成员轮流担任课题小组长，以发现和培养管理人才；还指在 QC 小组内部讨论问题、解决问题时，小组成员之间是平等的，不分职位与技术等级高低，高度发扬民主，各抒己见，互相启发，集思广益，以保证既定目标的实现。

（4）严密的科学性

QC 小组在活动中遵循科学的工作程序，步步深入地分析问题，解决问题；在活动中坚持用数据说明事实，用科学的方法来分析与解决问题，而不是凭借“想当然”或个人经验。

四、QC 小组课题分类

按活动程序的不同，QC 小组课题分为两种类型，即问题解决型和创新型。问题解决型：小组针对已经发生不合格或不满意的生产、服务、工作质量、降低消耗、改善现场环境等作为选题范围的课题。创新型课题：小组针对现有的技术、工艺、技能和方法等不能满足实际需求，运用新的思维研制新产品、服务、项目、方法，所选择的质量管理小组课题。创新型课题与问题解决型课题的区别主要在于：①立意不同。创新型是研制没有的东西，问题解决型是原有基础上改进或提高。②过程不同。创新型没有历史参考，故无现状调查、原因分析和确定主要原因。③结果不同。创新型是从无到有，创新以前不存在的事件或产品，达到增值、增效的目的。问题解决型课题是在原有的基础上增加或减少。④统计方法不同。创新型使用新七种质量管理工具非数据分析方法较多，问题解决型使用数据分析的统计方法较多。⑤细分类别不同。创新型课题一般不再细分类别，而问题解决型课题包括现场型、服务型、攻关型、管理型四种类型。⑥问题解决型课题不需要查新，而创新型课题需要由查新机构出具查新报告。

1. 现场型 QC 小组

现场型 QC 小组是以班组和工序现场的操作工人为主体，以稳定工序质量、改进产品质量、降低消耗、改善生产环境为目的，活动范围主要是在生产现场。这类小组一般选择的活动课题较小，难度不大，是小组成员力所能及的，活动周期也较短，比较容易出成果，但经济效益不一定大。例如，提高曲面混凝土浇筑一次合格率。

2. 服务型 QC 小组

服务型 QC 小组原本是指企业中不是从事基本生产劳动的职工组成的 QC 小组，即由企业中的辅助人员和服务人员组成的小组；后来由于 QC 小组活动由工业企业逐步推广至服务行业、旅游业等，服务型 QC 小组专门是指那些由从事服务工作的职工群众组成的，以推动服务工作标准化、程序化、科学化，提高服务质量和经济、社会效益为目的，活动范围主要是在服务现场。这类小组与现场型 QC 小组相似，一般活动课题较小，围绕身边存在的问题进行改善，活动时间不长，见效较快。虽然这类成果经济效益不一定大，但社会效益往往比较明显，甚至会影响社会风气的改善。例如，提高电站厂房工程维修服务满意度。

3. 攻关型 QC 小组

攻关型 QC 小组通常是由领导干部、技术人员和操作人员三结合组成，它以解决关键技术为目的，课题难度较大，活动周期较长，需投入较多的资源，通常技术经济效果显著。这类 QC 小组在我国的质量管理小组中占比较大。这主要是与我国企业中存在的“三结合”技术攻关传统有关。例如，提高龙落尾型式泄洪洞镜面混凝土光面度。

4. 管理型 QC 小组

管理型 QC 小组是由管理人员组成的，以提高业务工作质量、解决管理中存在的问题、提高管理水平为目的。这类小组的选题有大有小，如只涉及本部门具体管理业务工作方法改进的，可能就小一些；而涉及全企业各部门之间协调的课题，就会较大，课题难度也不相同，效果也差别较大。例如，运用关键线路法加快项目工程进度。

5. 创新型 QC 小组

创新型 QC 小组的特点是质量创新、质量分析、持续改进。它的课题与“问题解决型”QC 小组的课题不同，它要解决的课题以及要达到的目标是从未发生过的。因此，它的活动程序、活动范围、思维方式、评价标准均不同。小组活动的范围是全方位的，小组成员组成可以是不同岗位、不同环境中的，为了共同的质量创新目标，在多范围内开展活动。他们为同一质量问题各抒己见，在思维上发生激烈的碰撞，产生创造性的火花，从而在多方案中优选出最佳方案，再通过分析影响完成最佳方案的原因，寻找要因、制定对策等步骤，经过实践，创造卓越，进而推动企业质量再上新的台阶。例如，研发海水中钢筋混凝土墩柱养护方法。

把 QC 小组课题分为以上两大类、五小类的目的，是突出小组活动的广泛性、群众性；便于分类发表交流，分类进行评价选优，以体现“公平”，并照顾到各个方面，有利于调动各层人员的积极性。

五、QC 小组活动的宗旨及作用

在生产、经营、服务现场均蕴藏着无限的人力资源。通过 QC 小组活动，职工群众互相学习，互相帮助，共同提高；QC 小组活动使每一个职工都关心自己的工作和周围的环境，努力把工作做好，并不断改善周围环境，为企业、为社会做贡献。这种人力资源开发是办好企业的根本保证。QC 小组活动还可以克服职工由于从事简单重复工作而产生的单调乏味情绪，增加工作的乐趣，进行富有创造性的劳动，从而使人的潜能得到比较充分的发挥。

QC 小组活动的宗旨，即 QC 小组活动的目的和意义可以概括为以下三个方面：

1. 提高职工素质，激发职工的积极性和创造性

这是开展 QC 小组活动的着眼点，是企业管理从以物为中心的传统管理向以人为中心的现代管理转变的体现。假如说人们按规定做好自己的本职工作是为了保住

自己的工作岗位和一定的收入，是“为生活所迫”，那么开展质量管理小组活动，则是在平凡的工作岗位上进行创造性劳动。他们自找问题，与同伴一起进行研究分析，解决问题，从而改进工作及周围环境，从中获得成功的乐趣，体会到自身的价值和工作的意义，体验到生活的充实与满足。人们有了这样的感受，便会产生更高的工作热情，激发出巨大的积极性和创造性，自身的潜在智力与能力才会得到更大限度的发挥。这样，企业才能充满活力，呈现出生机勃勃的局面。这是企业得以在激烈竞争中立于不败之地的基础。

2. 改进质量，降低消耗，提高经济效益

一个国家的产品质量、服务质量如何，是这个国家的国民素质的反映，这关系到国民经济全局的发展以及该国在全球经济中的地位。一个企业的产品、服务质量如何，则关系到企业在市场经济中的地位，甚至关系到企业的兴衰。因此，人人牢固树立质量意识，通过积极开展 QC 小组活动，不断改进产品质量、工作质量、服务质量，就不单是关系个人利益的行为，而是一件具有关系企业兴衰等重大意义的工作。

降低消耗，既包括物质资源的消耗，也包括人力资源的消耗。它是降低成本的主要途径，也是提高经济效益的最大潜力所在。一方面要依赖于技术进步；另一方面则依赖于人们的效率观念与节约观念的增强。通过开展 QC 小组活动，从自己和自己身边做起，不断提高生产、服务效率，节约点滴物质消耗，提高物质资源的利用率。这样的群众性实践活动，不仅可以带来直接的降低消耗的效果，而且能增强人们的效率意识与节约意识，提高人们爱惜资源、节约资源消耗的自觉性。这将长远地影响人们的行为。

因此，QC 小组活动必须以提高质量、降低消耗、提高经济效益为宗旨，注意选择有关方面的课题，开展扎实的活动，取得实效。

3. 建立文明的、心情舒畅的生产、服务、工作现场

现场是职工从事各种劳动、创造物质财富和精神文明的直接场所。人的一生几乎有三分之一的时间是在现场度过的。因此，通过开展 QC 小组活动，改善现场管理，建立一个文明的、心情舒畅的现场是至关重要的。

小组活动的这三条宗旨是相辅相成的，缺一不可。在开展 QC 小组活动中，只要坚持以上宗旨，就可以起到以下作用：

（1）有利于开发智力资源，发掘人的潜能，提高人的素质；

（2）有利于预防质量问题和改进质量；

（3）有利于实现全员参加管理；

（4）有利于改善人与人之间的关系，增强人的团结协作精神；

（5）有利于改善和加强管理工作，提高管理水平；

（6）有助于提高职工的科学思维能力、组织协调能力、分析与解决问题的能力，从而使职工岗位成才；

（7）有利于提高顾客的满意程度。

六、QC 小组的组建

1. QC 小组组建原则

QC 小组组建原则包括“自上而下，上下结合”“实事求是，灵活多样”两大组建原则。

“自上而下，上下结合”就是企业将关键问题、重大问题张榜公开招标，职工在充分自愿的基础上，组建 QC 小组竞标，由企业有关部门负责人和 QC 小组长签订合同，然后开展活动。

“实事求是”就是从实际出发，不搞形式主义。“灵活多样”就是采用灵活多样、不拘一格的活动形式，拒绝一味开会分析问题、研究问题的枯燥的传统方式，通过组织员工集体活动，如徒步、爬山、运动、野炊及联谊等方式增强团队凝聚力，同时轻松的氛围有助于员工思维的发散，产生更多、更好的点子。QC 小组的名称也可以多样性：QC 小组的名称是其团队精神的浓缩，乏味的小组名称一定程度上代表了团队的创新能力弱，影响着改善策略和方案的创新，如“某质量关键攻关小组”；而别出心裁的小组名称可以更好地激发组员的创造性和积极性，如“飞扬、飞翔、飞跃、超越”“开卷有益”“太阳的后裔”“蓝色海湾”“我心飞翔”，等等。“实事求是，灵活多样”原则提倡“小”“实”“活”“新”——小课题、小成果；求实、扎实、务实；活动和发表形式多样，生动活泼；活动方式、内容及发表形式有创新。

2. QC 小组组长和组员

QC 小组组长应是推行 TQC 的热心人，业务知识较丰富；有一定的组织能力。QC 小组组长的职责包括：①抓好质量教育，增强质量意识、问题意识、改进意识、参与意识；②制定活动计划，按 PDCA 的程序组织小组活动；③做好小组的日常工作。

QC 小组的成员不受职务的限制，愿意参加活动的人员，只要小组接受均可参加。对 QC 小组成员的要求包括：①积极参加活动，充分发挥自己的聪明才智；②按时完成小组分配的工作；③较强的改进意识，对新生事物感兴趣，提出合理化建议。

3. QC 小组组建程序

QC 小组组建程序包括二种形式：①自下而上的组建。小组选择活动题目，登记小组，申请注册。②自上而下的组建。主管部门规划方案，要求下面建立小组，各部门建立后登记注册。③上下结合的组建。上级推荐课题，上下协商建组，两者互相结合。

七、QC 小组活动

1. QC 小组活动的基本条件

QC 小组活动的基本条件包括：①领导对 QC 小组活动思想上重视，行动上支持。例如在开展比赛、爬山、郊游等活动的经费、活动场所方面给予支持。②职工对 QC 小组活动有认识，有要求；例如，职工充分认识到质量有待提高，希望通过 QC 提高质量，提升自己质量管理水平。③通过活动培养一批 QC 小组活动的骨干，扩展一些 QC 活动成员。④建立健全 QC 小组的规章制度。例如 QC 小组组建、成员要求、注册登记、活动计划、周活动月总结、PDCA 开展活动、成果发表、成果评分等方面的具体规章制度。

2. QC 小组活动遵循的基本原则

QC 小组活动遵循的基本原则包括：①全员参与。组织内的全体员工自愿组成、积极参与群众性质量管理活动，小组活动过程中应充分调动、发挥每一个成员的积极性和作用。②持续改进。为提高员工队伍素质，提升组织管理水平，质量管理小组应开展长期有效、持续不断的质量改进和创新活动。③遵循 PDCA 循环。为有序、有效、持续地开展活动并实现目标，质量管理小组活动遵循策划（P，Plan）、实施（D，Do）、检查（C，Check）、处置（A，Action）程序开展适宜的活动，简称 PDCA 循环。④基于客观事实。质量管理小组活动中的每个步骤应基于数据、信息等客观事实进行调查、分析、评价与决策。⑤应用统计方法。质量管理小组活动中应正确、恰当地应用统计方法，对收集的数据和信息进行整理、分析、验证，并做出结论。

QC 小组活动遵循的基本原则在质量管理小组活动中的体现如图 6-1 所示。

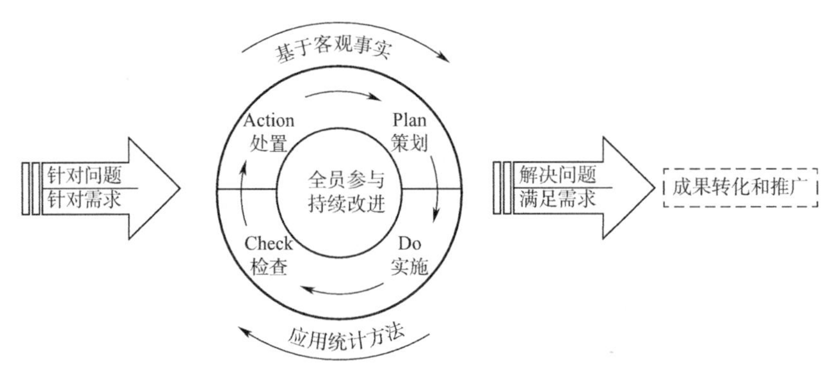

图 6-1　质量管理小组活动基本原则示意图

3. QC 小组活动选题

QC 小组活动课题来源包括：①指令性课题。由上级主管部门根据企业（或部门）的实际需要，以行政批令的形式向小组下达的课题。②指导性课题。通常由企业管理部门或者质量管理部门根据企业实现经营战略、方针、目标的需要，推荐（公布）一批可供各质量管理小组选择的活动课题。③自选性课题。小组根据所在施工单位或工程项目的实际情况，围绕施工过程中存在的质量、技术、管理、节能、环保等方面的问题，选择适合小组开展活动的课题。小组自选课题时，可考虑以下几个方面：①落实组织方针、目标的关键点；②在质量、效率、成本、安全、环保等方面存在问题；③内、外部顾客的意见和期望。

QC 小组活动选题不宜过大，宜选择本企业及本小组工作岗位上急需解决的问题，力求时间短、见效快。选题应避免选择行业内已经有公开成果且与本小组对策基本一致的课题。此外，确定课题之前应在行业管理部门的 QC 课题库查询，避免与已有 QC 成果重复。创新型 QC 小组活动课题选题时应避免将问题解决型改编为创新型。具体选题要求包括：

（1）课题宜小不宜大，选小不选大，选点不选面。①小课题内容单一，目标具体，涉及面窄；大课题涉及面广，难度大。②范围小的课题涉及身边事，周期短，易取得成果，能更好地鼓舞小组成员的士气；范围大的课题 涉及面广，综合性强，具体目标多，需多部门合作才能完成，可能超出小组能力范围。③小而实的课题容易开展活动和总结成果，内容简单，便于开展活动，易于总结和展示成果。④选择课题应选点不选面。

（2）小组能力范围内，凭借小组自身能力能够解决的课题。小课题一般短小精悍，针对性强；对策措施以小组成员为主，发挥成员参与性、创造性、积极性。大课题发表难，归纳难，重点不突出，影响成果逻辑性。小课题实例：提高箱型梁焊接合格率；提高高强螺栓穿孔率；提高渠道护坡混凝土施工质量一次验收合格率；提高项目办公固废的回收率。大课题实例：×× 工程争创“鲁班奖”；确保线路一次送电成功运行；降低施工现场安全隐患率；加强现场管理，创建环境友好型企业；创建绿色施工工地。

4. QC 小组活动课题名称结构

QC 小组活动课题名称一般为三段式，即由结果、对象、特性三部分组成。达到的结果：提高或降低、增大或缩小、改进或消除。针对的对象：产品、工序、过程、作业的名称。问题的特性：质量、效率、成本、消耗等方面的特性。例如，课题名称“提高斜拉自耦式泵站斜坡混凝土施工合格率”中，“提高”为达到的结果，“斜拉自耦式泵站斜坡混凝土”为针对的对象，“施工合格率”为问题的特性；课题名称“降低小型重力坝混凝土浇筑成本”中，“降低”为达到的结果，“小型重力坝混凝土”为针对的对象，“浇筑成本”为问题的特性；课题名称“提高小型重力坝混凝土单班浇筑效率”中，“提高”为达到的结果，“小型重力坝混凝土”为针对的对象，“单班浇筑效率”为问题的特性；课题名称“研制小型重力坝混凝土浇筑系统”中，“研制”为达到的结果，“小型重力坝混凝土”为针对的对象，“浇筑系统”为问题的特性。

课题名称应直接，尽可能表达课题的特征值。例如，课题名称“提高双曲拱坝砌体密实度”“提高压力箱涵斜坡混凝土外观质量一次验收合格率”“提高水泥石屑稳定层无侧限抗压强度”中“密实度”“合格率”“无侧限抗压强度”为特征值。在实践中，QC 小组活动课题名称易出现不正确的表达形式，例如，“改进工艺，提高大坝混凝土浇筑一次合格率”“控制混凝土配合比，降低材料生产成本”“争创世纪大厦鲁班奖”“加强质量管理，让顾客持续满意”“强化管理，促进项目质量水平提高”。

八、QC 小组活动程序

1. 问题解决型 QC 小组的活动程序

问题解决型 QC 小组的活动程序如图 6-2 所示。

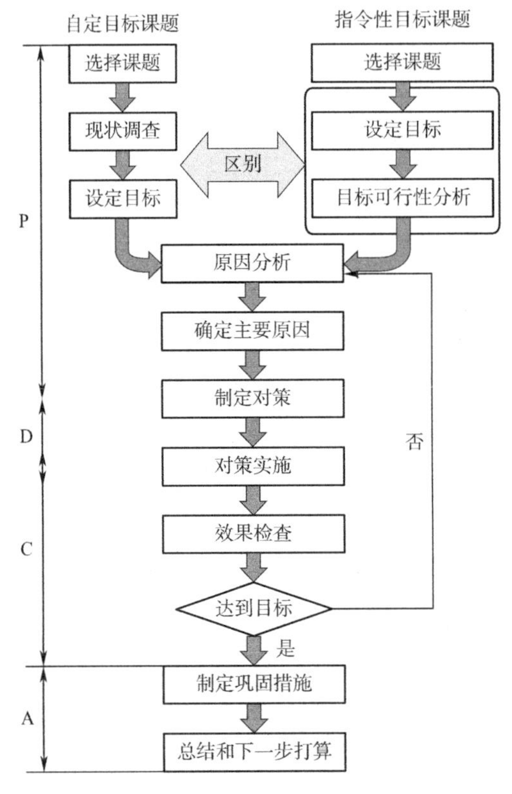

图 6-2　问题解决型 QC 小组的活动程序

2. 创新型 QC 小组的活动程序

创新型 QC 小组的活动程序如图 6-3 所示。

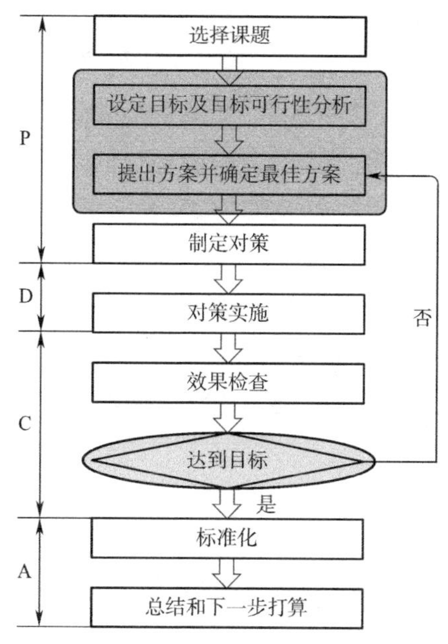

图 6-3　创新型 QC 小组的活动程序

九、QC 小组活动成果报告

QC 小组活动成果报告编写需要小组成员认真回顾、总结分析活动的全过程，确定成果报告的中心内容，确定成果报告的编写提纲，全体参与、分工负责。整个过程符合 PDCA 循环的四个阶段，应逻辑性强，前后呼应。

1. QC 小组活动成果报告内容

现场型、攻关型、管理型和服务型课题 QC 小组活动成果报告编制内容包括：课题简介、小组概况、选择课题、现状调查（设定目标）、设定目标（目标可行性分析）、原因分析、确定主要原因、制定对策、对策实施、效果检查、制定巩固措施、总结和下一步打算，共 12 章内容。

创新型课题 QC 小组活动成果报告编制内容包括：项目概况、小组概况、选择课题、设定目标及目标可行性分析、提出方案并确定最佳方案、制定对策、对策实施、效果检查、标准化、总结和下一步打算，共 10 章内容。

2. QC 小组活动成果报告各章具体内容及注意事项

本节以自定目标的问题解决型课题为主，阐述 QC 小组活动成果报告各章具体内容及其成果编写时的注意事项。

（1）课题简介

该部分将课题现状、工程现状、设备现状、工艺现状、人员现状等，直观地、醒目地、简洁地采用图表表达，尤其工程参数类的数据应进行说明。做到语言、图表精练，一目了然，一看或一听就明白。例如，《提高大型盾构超小半径平曲段施工精度》QC 小组课题成果报告，课题介绍部分有分析、有数据、有图，醒目、直观、简洁。①工程概况：隧道设计里程起止桩号、转弯半径 380 m、总长度、衬砌厚度。目前为止国内外采用类似大型泥水平衡盾构已建成的隧道中，最小转弯半径为 R = 500 m（大连路隧道）。采用大直径（ϕ11220 mm）泥水平衡盾构施工 R=380 m 超小半径曲线段在国内外尚属首次。该部分内容绘制了彩色平面图。②地质情况：隧道江中、陆上岩土地质情况，并绘制了彩色地质剖面。③主要障碍物：隧道穿江防汛墙埋深、隧道穿越污水干线沉井等障碍物情况，并绘制对应的平面图。

（2）小组概况

成果报告中通常要介绍小组的整体情况，可设计一个直观、醒目的图表简要地介绍小组情况，即：小组成员姓名、学历、职务、组内职务、受 QC 教育时间、小组成立时间、小组注册号、课题注册号、活动时间、活动次数、课题类型、小组成员出勤率、小组业绩等，也可将小组的全家福（小组所有成员合照）照片放在成果报告中。很多 QC 成果小组情况表中包括小组成员的年龄、性别、政治面貌等，这些内容与开展 QC 活动关系不大，可以列，也可以不列。小组成员一般 3~9 人为宜，不宜过多。如果 QC 小组曾获得过奖励，例如 QC 成果奖、施工工法或科技成果奖等，可将相应获奖证书或其他证明材料放在小组概况中。

（3）选择课题

选择课题主要是阐明选题理由，选题理由应明确、简洁，针对课题的问题进行分析，阐述选题重要性、紧迫性，采用数据化、图表化方式反映现实情况与目标的差距。例如，QC 课题《提高钢结构焊缝外观一次验收合格率》选题理由为，公司质量目标：焊缝外观一次验收合格率≥ 92%；现场实际情况：焊缝外观一次验收合格率≤ 83%；小组选定课题：提高钢结构焊缝外观一次验收合格率。

选择课题应避免一些误区：①课题名称“口号式”，大而空。例如，改善现场管理，推行安全标准化施工；顾客在我心中，质量在我手中。这类课题名称为“口号式”，且特征值没有可比性。②课题名称“穿靴戴帽”，不精练。例如，开展 QC 小组活动，提高筑堤碾压回填合格率；运用 PDCA 循环，提高止水铜片施工验收一次合格率。在这两个课题中“开展 QC 小组活动”“运用 PDCA 循环”应去掉。③课题名称为“手段 + 目的”，这类课题也不符合要求。例如，优化模板加工方法，提高清水混凝土的施工合格率。“优化模板加工方法”应去掉。④课题为“多主题式”，例如，提高平原水库库盘铺膜防渗质量和加快施工进度。一个 QC 课题包括了“提高防渗质量”和“加快施工进度”两个主题，也是不合适的。⑤课题名称模糊，缺少可比性。例如，提高泵站肘形流道混凝土施工质量。课题中“提高施工质量”，没有可比性，无法判断质量是否提高。

选题理由不充分、不明确。选题理由文字多、笼统，缺少数据或图表。选题理由存在问题。

（4）现状调查

为了解问题现状和严重程度，小组应进行现状调查。该部分内容主要作用：①把握问题现状，找出问题症结，确定改进方向和程度；②为目标设定和原因分析提供依据。

现状调查注意事项：①提供的数据和信息具有客观性、可比性、时效性和全面性。数据一般应在开展 QC 活动前 3 年内，以保证数据的时效性。数据应是多维度、多方面（包括记录、存档、调查等方面的数据）的，应具有全面性。在现状调查时，一定要用具有客观性、可比性、时间性的数据说话；②对调查的数据应分析整理，找到问题症结。调查数据整理、分析应分层调查、分层分析，多维度分层（横向）、多层级分层（纵向）。例如，公路水泥稳定层施工，横向分层分析包括施工区域、施工班组、施工设备、作业时间。纵向分层分析包括压实度、平整度、厚度、强度、横坡。问题症结为分层分析的目的，有时可能需要二次分层，例如，桥墩混凝土施工外观质量，小组调查质量问题包括蜂窝、麻面、漏筋、色差、缺棱、错台、裂缝等，通过调查发现裂缝问题最多，因此进行二次分层分析，发现墩帽裂缝最多。通过二次分层，更易发现问题症结。现状调查分层分析不应与原因分析中的 4M1E 混淆，现状调查不能用因素、原因、主要因素、主要原因等词汇表述。③小组成员要亲自现场调查，取得第一手资料。④注意现状调查不是课题的再确认，也不是原因分析，现状就是指问题的现在状态，现状调查是找问题的症结。例如，门诊医生给患者做 B 超检查，就是看患者病情严重到什么程度。又如，补车胎的师傅用浸水的方式，看车胎漏气严重到什么程度。“选择课题”和“现状调查”容易混淆，应记住：只有选择课题后，再对问题严重程度进行调查才叫“现状调查”。

现状调查部分，宜采用图表表述，如采用照片反映工程现状质量缺陷问题。采用统计表、饼分图、排列图、柱状图进行数据分析。统计表中的数据应有说服力，必须可行。饼分图起点应从 12 点开始，图中分块数据应从大到小，顺时针排列。排列图的数据一般应在 50 个以上，分类的不良项目应在 4 项以上，宜 8~9 项内。饼分图、柱状图中的数据一般在 50 个以内，分类的不良项目 3~5 项为宜。通过图表找到的“关键的少数项”，必须是小组能解决的突出项目，否则应重新分类、画图、寻找。其他栏在最后，数值不能为“1”。排列图纵坐标在 100% 后不再延伸，无箭头方式表达，刻度在内侧，应是分析同一层次的问题。

现状调查是为目标提供依据，而指令性目标课题的目标已指令，无须进行现状调查，主要进行目标可行性分析。创新型课题由于是创新性内容，以往没有相应活动，也就没有现状调查步骤。

（5）设定目标

根据所选课题，小组应设定活动目标，以掌握课题解决的程度，并为效果检查提供依据。设定目标是确定问题应解决到什么程度，也是为检查效果提供依据。设定目标时应注意的问题：①目标必须与课题相对应；②目标必须明确，用目标“值”表示；③应说明设定的依据；④目标应有挑战性，通过小组努力能够实现。

目标设定应与小组活动课题相一致，并满足以下要求：

①目标数量不宜多：1个，最多2个。②目标可测量：目标既是量化的，也是可以测量、检查的。设定的目标，小组目前没有测量、检查手段，没有测量、检查机具的，不要设定为目标。例如，小组目标设定为“提高路基工程质量”，没有具体的量化指标，不合适。而钻孔偏斜率由0.03%降低到0.01%；混凝土分项合格率由89%提高到95%，则有具体量化目标，是合适的。定量目标可作为小组活动目标，通过活动改进后与之对比，才能明确是否达到既定目标。③目标具有挑战性：努力才能实现。④目标具有可实施性：努力能实现。

课题目标来源一般包括两种情况：①自定目标。小组明确课题改进程度，由小组成员共同制定的目标。自定目标设定依据主要包括上级下达的考核指标或要求：组织指标、计划要求、施工方案；顾客需求、标准规定：建设单位、监理单位、设计单位要求，合同约定；国内同行业先进水平：人员、设备、规模、环境相近条件，行业先进水平指标；组织水平：（小组、其他项目部）曾经接近或达到的最高水平；测算水平：针对问题或问题症结，预计问题解决的程度，测算小组将达到的水平。②指令性目标。指令性课题一般将上级下达给小组的课题目标或小组直接选择上级考核指标作为目标。对于指令性目标，应进行目标可行性分析，目标可行性分析可考虑：国内同行业先进水平；组织（小组或其他项目部）曾经接近或达到的最高水平；针对问题或问题症结，预计解决的程度，测算小组将达到的水平。

目标设定注意：①目标设定应与小组课题活动一致；②目标数量不宜超过2个；③自定目标依据分析不能出现“目标可行性分析”词语，用事实、数据等客观分析。

（6）原因分析

原因分析应符合的要求包括：①针对现状调查的问题或问题症结进行原因分析。②问题和原因之间因果关系清晰，逻辑关系紧密。③全面分析人、机、料、法、环、测等原因，以充分展示产生问题的原因，避免遗漏。④将每一条原因分析到末端，以便直接采取对策。⑤正确应用适宜的统计方法。

原因分析的思维程序包括：①用头脑风暴法产生观点，把造成问题的潜在原因都想到。小组成员互相不争论、不反驳，将大家的意见都记录下来。②分析原因时小组成员互相启发，使用的思维方式有联想性思维、系统性思维等。③恰当地选用因果图、树图、关联图等统计方法去整理分析所产生的观点。

分析原因时应注意：①不脱离问题的现场分析原因。②应展示问题的全貌；但不是分析得越细越好，只要分析到采取措施能把问题解决就可以了。③不要进行“轮回”分析。例如，设备原因→主轴摆动→轴承老化→没钱更换→企业效益不好→领导不得力。材料原因→硬度不够→供方不控制→拖欠材料费→企业效益不好→领导不得力。这类分析就存在问题，也不利于解决问题。④分析应彻底，每个原因分析到末端，用提问“三个为什么”（为什么出现？为什么没有发现？为什么没有预防？）的思考方法去追根寻源；末端原因应具体，以便采取对策。⑤注意词语规范，不能用“因素”“末端因素”，应用“原因”“末端原因”。⑥逻辑关系既可以是因果关系，也可以是包含关系。例如，搅拌机叶片损坏原因导致混凝土搅拌机故障；搅拌机叶片是搅拌机组成的部件，包含关系。

原因分析常用方法见表 6-4。

表 6-4　原因分析常用方法表

序号	方法名称	适宜场合	原因之间的关系	展开层次
1	因果图	针对单一问题分析原因	原因之间没有交叉影响	一般不超过 4 层
2	树图（系统图）	针对单一问题分析原因	原因之间没有交叉影响	没有限制
3	关联图	针对单一问题分析原因	原因之间没有交叉影响	没有限制
		针对 2 个以上问题分析原因	部分原因把 2 个以上问题纠缠在一起	

因果图、树、关联图示例分别如图 6-4~ 图 6-6 所示。

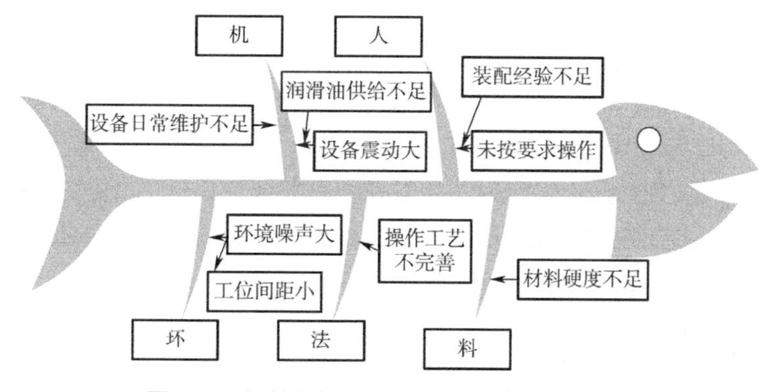

图 6-4　钢筋直螺纹滚丝合格率低因果分析图

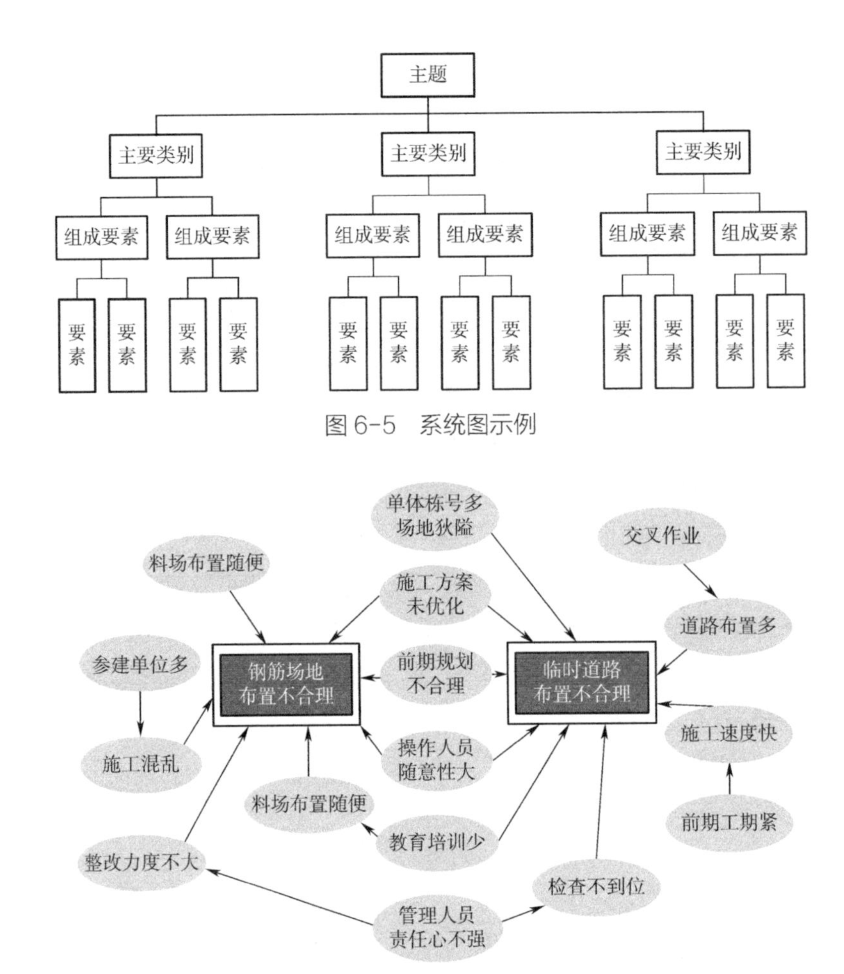

图 6-5　系统图示例

图 6-6　桩钢筋笼制作合格率低关联图

原因分析常见问题主要有：①原因分析没有针对症结；②原因分析没有分析到具体的末端；③原因分析遗漏因素，如仅 4M1E，项目存在测量原因，但原因没有“测”的分析；④因果关系倒置，或未将因果关系的原因串联在一起；⑤关联图中，原因之间缺少交叉影响；⑥两个原因用一张因果图、系统图分析；⑦系统图连线用箭条线。

（7）确定主要原因

小组应依据数据和事实，针对末端原因，客观地确定主要原因，首先收集所有的末端原因，识别并排除小组能力范围以外的原因；然后对每个末端原因进行逐条确认，必要时可制定原因确认计划；最后依据末端原因对问题或问题症结影响程度判断是否为主要原因。判定方式为现场测量、试验及调查分析。

通过大量的事实和数据，将对问题影响大、小组又有能力解决的末端原因确定为主要原因，这是确定要因的关键点。确定主要原因时，应逐条确认分析的“末端原因”，同时排除 QC 小组不可抗拒的原因。此外，小组成员应到现场实地调查、验证、测量，千万不能使用少数服从多数的方法选举主要原因。要因确认注意问题：①要因确认计划表须设定“确认标准”，进行对标确认。简单地确认标准不能列出标准、规范名称，应说明具体的规定。进行指标对标确认。②确认过程未展开；③没有依据末端原因对影响程度大小进行判断；④没有依据现场测量、试验、调查分析方式确认，缺少客观依据。现场测量属于直接方式，测量数据可用于影响程度评定。试验包括模拟试验、价值试验。调查分析属于间接方式，测量数据不能直接判定影响程度，需借助柱状图、散布图等统计方法分析。⑤用“末端因素”“主要因素”，而不是“末端原因”“主要原因”；⑥应收集所有的末端原因，识别并排除小组能力范围以外的。例如，分包队伍素质低。

（8）制定对策

QC 活动小组制定对策应针对主要原因逐条制定对策。必要时，提出多种对策方案，并进行对策效果的评价和选择。应按 5WIH 制定对策表，5WIH 即 What(对策)、Why(目标)、Who(负责人)、Where(地点)、When(时间)、How(措施)。对策应明确，对策目标可测量、措施具体。制定对策的关注点包括：①应针对每个主要原因制定对策；②按提出对策、研究对策、制定对策程序进行。制定对策应注意的问题：①注意对策的有效性、实施性，防止对策的临时性和应急性；②对策表应包括 7 个方面的内容：要因、对策、目标、措施、地点、时间、负责人。

制定对策易出现的问题主要有：①对策表 5W1H 栏目不全；②对策与主要原因不对应，部分主要原因没有制定对策；③对策目标不可测量，不可检查；④措施缺少具体步骤；⑤时间没有按年月日设置；⑥对策表制定时间在完成时间之后或相同，或没有足够的实施时间。⑦同一原因，制定了多个对策，但没有进行评价选择。

（9）对策实施

QC 活动小组实施对策应：①依据对策表逐条按对应措施实施，做好实施记录；②每条对策实施完成后，对比实施结果与对策表目标，确认效果、有效性；③对策未达到对应目标，修改措施，再实施、对比；④必要时，验证对策实施结果在安全、质量、管理、成本等方面的负面影响。实施对策时，一定要按对策表实施。对策实施时应注意：①边实施、边检查效果；②当实施过程无法继续进行时，必须对“对策”或“措施”进行调整；③对策实施过程中，应做好活动记录。

对策实施常见问题主要有：①实施描述简单，全为文字，缺乏图表；②实施的对策与对策表中的对策不对应，没有按对策表措施开展；③实施结果没有与对策表中的目标对比，效果验证缺少数据说话；④负面影响验证缺少数据，未用数据说话。

（10）效果检查

QC 活动小组实施所有对策后，应进行效果检查，以判断对策实施后的效果情况，效果检查主要包括：①与课题目标对比，检查设定的课题目标是否完成；②与对策实施前对比，判断改善程度；③必要时，确认小组活动产生的经济效益和社会效益。效果检查应注意：①将实施对策后的数据与小组目标进行比较，确定改善程度；②计算经济效益：直接经济效益 = 活动期内的效益 − 课题活动的耗费，计算应有具体数据，并做到可信，可列表计算；③课题效果应得到相应职能部门的认可，宜由相应职能部门盖章确认。QC 小组活动成果中，效果检查可通过活动前后的照片对比、活动后质量缺陷统计表、活动前后柱状对比图、活动前后排列图等形式表达。

效果检查常见问题：①没有收集数据与课题目标进行对比；②缺少现状改善的对比分析；③经济效益计算不合理，没有去除成本，如 QC 小组活动经费。

（11）制定巩固措施

QC 小组活动效果检查后，当取得良好效果后，应制定巩固措施。问题解决型 QC 小组制定巩固措施的目的是防止问题再发生。创新型 QC 小组的成果报告没有“制定巩固措施”章节，本章内容对应“标准化”章，标准化活动就是把 QC 小组的成果纳入技术或管理标准。在本章内容中，不应使用“进一步”“加强”“努力”等不确定的语言来制定巩固措施。

制定巩固措施时，QC 活动小组应将对策表中通过实施证明有效的措施经主管部门批准，纳入相关标准，如工艺标准、作业指导书、管理制度等；必要时，对巩固措施实施后的效果进行跟踪。将 QC 成果编写为作业指导书、企业工法、企业标准，用于后续施工指导，都属于巩固措施。

QC 小组活动成果报告中制定巩固措施常见问题包括：①未将对策表中的有效措施纳入标准；仅列出工法、标准、指导书的封面；②将专利、论文及后续行政手段作为巩固措施；③统计方法运用不规范；④巩固期的数据没有判断过程稳定，如多个周期数据混合统计。

（12）总结和下一步打算

QC 小组活动结束后，应对活动全过程进行回顾和总结，有针对性地提出今后打算，其主要内容包括：针对专业技术、管理方法和小组成员综合素质等方面进行全面总结；同时，在全面总结的基础上，提出下一次活动课题。总结主要包括：①解决了什么问题，同时还解决了哪些相关问题；②活动程序和统计方法上有什么成功的经验和不成功的体会；③总结无形成果（精神、意识、信心、知识、能力、团结）。下一步打算包括：①题目继续上新台阶；②选择新的课题。

专业总结主要回答：采取哪些技术措施？解决了什么问题？达到了什么效果？管理方法总结宜根据活动程序从选择课题、现状调查（设定目标）、设定目标（目标可行性分析）、原因分析、确定主要原因、制定对策、对策实施、效果检查、制定巩固措施及数据运用、统计方法等方面分别总结，可采用表格形式。小组综合素质总结一般从团队精神、质量意识、个人能力、QC 知识、工作热情、改进意识等方面总结，可采用表格形式，通过对 QC 小组活动前后分别打分对比的形式，可同时采用雷达图直观表达。

总结和下一步打算常见问题有：①未从专业技术、管理方法、小组成员综合素质三个方面进行总结；②专业技术总结缺少作业内容描述；③管理方法总结没有从程序步骤、统计方法运用、数据说话三个方面描述；④雷达图绘制不规范，数据量值过大，一般以 0~10 为宜；⑤下一步打算笼统，没有提出下次活动课题。

第四节　专利编撰要点

一、专利及其特点

“专利”在不同的上下文中有不同的含义，它至少有以下三种含义：

（1）专利权：就是专利权人在法律规定的期限内，对其发明创造享有的独占权。

（2）取得专利权的发明创造：专利的有形成果。

（3）专利文献：专利知识等无形成果。

通常地，专利是指一种知识产权，是一种无形财产。专利权在有效期限内，与有形财产一样，可以交换、继承、转让等。

专利的三大特点：

（1）独占性

独占性，也称排他性、垄断性、专有性等。独占性是指对同一内容的发明创造，国家只授予一项专利权。

实践证明，正是专利权的独占性，使得发明人的辛勤劳动能够得到补偿，同时为进一步从事发明创造提供了物质条件，激发了更多的人从事发明创造。因此，专利制度被看作是技术进步的发动机。

（2）地域性

地域性，即空间限制，是指一个国家或地区授予的专利权，仅在该国或该地区才有效，在其他国家或地区没有任何法律约束力。因此，一件发明若要在许多国家得到法律保护，必须分别在这些国家申请专利。

（3）时间性

专利权的时间性是指专利权有一定的期限。各国专利法对专利权的有效保护期限都有各自的规定，计算保护期限的起始时间也各不相同。《中华人民共和国专利法》（简称《专利法》）第四十二条规定“发明专利权的期限为二十年，实用新型专利权的期限为十年，外观设计专利权的期限为十五年，均自申请日起计算。”

专利权超过法定期限或因故提前失效，任何人可自由使用。

二、专利种类

专利种类在不同国家有不同规定，我国《专利法》中规定：发明专利、实用新型专利和外观设计专利；中国香港《专利条例》与《注册外观专利》中规定：标准专利（相当于内地的发明专利）、短期专利（相当于内地的实用新型专利）、外观设计专利；部分发达国家中分类为发明专利和外观设计专利。

1. 发明专利

我国《专利法》第二条指出：“发明，是指对产品、方法或者其改进所提出的新的技术方案。”

由此可见，发明的保护范围较广，既包括具体的物品、物质，也包括抽象的方法；既可以是发明人首创性的，也可以是发明人在现有技术方案或解决方法的基础上，对现有产品或现有方法的改进，并且这种改进与现有技术相比，是非常显而易见的，要求其具有显著的进步性。

2. 实用新型专利

我国《专利法》第二条指出：“实用新型，是指对产品的形状、构造或者其结合所提出的适于实用的新的技术方案。”

由此可见，实用新型的保护对象必须是具有一定形状（空间形状或平面形状）的装置，而且该装置还必须在其构造或构造的结合方面，有新的技术方案支持，且能解决实际的技术问题；实用新型的技术方案注重实用性，其技术水平较发明专利而言要低一些。

3. 外观设计专利

我国《专利法》第二条指出“外观设计，是指对产品的整体或者局部的形状、图案或者其结合以及色彩与形状、图案的结合所作出的富有美感并适于工业应用的新设计。”

由此可见，外观设计注重的是设计人对一项产品的外观（包括形状、图案或者这两者的组合，以及色彩与形状、色彩与图案的组合）所作出的富于艺术性、具有美感的创造，但这种具有艺术性的创造，不只是单纯的工艺品，它还必须能够在企业中成批制造，也就是说具有能够为产业上所利用的实用性。

针对前两种专利引用“发明人”概念，而对外观设计专利引用“设计人”概念。

三、专利授权的实质性条件

一项发明创造必须具备一定的条件，才有可能获得专利权。应具备以下条件：

（1）向专利局提出专利申请；

（2）符合新颖性、创造性和实用性的要求；

（3）发明主题属于可授予专利权的范围。

其中具备新颖性、创造性和实用性是取得专利权的实质条件，新颖性、创造性和实用性通常被称为专利的三性，或可专利性 (Patentability)。

新颖性，是指该发明或者实用新型不属于现有技术；也没有任何单位或者个人就同样的发明或者实用新型在申请日以前向国务院专利行政部门提出过申请，并记载在申请日以后公布的专利申请文件或者公告的专利文件中。

创造性，也称为先进性或非显而易见性。它是指申请的专利与现有技术相比，具有本质上的差异。这种差异对所属技术领域的普通技术人员来说，不是显而易见的。我国《专利法》第二十二条规定：“创造性，是指与现有技术相比，该发明具有突出的实质性特点和显著的进步，该实用新型有实质性特点和进步”。

实用性指发明能在工农业等各种产业中应用。凡不能在产业上应用的发明，就不具备实用性。因此，抽象的理论、原理、科学发现，不能授予专利权。我国《专利法》第二十二条规定“实用性，是指该发明或者实用新型能够制造或者使用，并且能够产生积极效果。”

四、专利申请原则

1. 形式法定原则

申请专利的各种手续，都应当以书面形式或者国家知识产权局规定的其他形式办理。以口头、电话、实物等非书面形式办理的各种手续，或者以电报、电传、传真、胶片等直接或间接产生印刷、打字或手写文件的通信手段办理的各种手续均视为未提出，不产生法律效力。

2. 单一性原则

指一件专利申请只能限于一项发明创造。但是属于一个总的发明构思的两项以上的发明或者实用新型，可以作为一件申请提出；同一产品两项以上的相似外观设计，或者用于同一类别并且成套出售或者使用的产品的两项以上的外观设计，可以作为一件申请提出。

3. 先申请原则

两个或者两个以上的申请人分别就同样的发明创造申请专利的，专利权授给最先申请的人。

五、专利申请途径

途径 1：申请人自己申请（将申请文件递交专利局或地方代办处，并缴纳相关费用）。

途径 2：委托专利代理机构申请。

一般应该委托专业的代理机构，以避免由于自身对相关法律知识或相关程序了解不足而导致授权率降低或保护范围不当。

委托专利代理机构的好处：专利代理机构及其代理人均是经过国家知识产权局批准的既懂专业技术又掌握有关法律知识的专家，通过他们将申请人想要申请专利的一般技术资料撰写成符合审查要求的技术性、法律性文件，并使该文件具有最佳的保护效果。通过专利代理可使委托人的申请顺利、尽快获得通过，真正做到少花钱、多得利。另外，建议选择那些有保障的专利代理机构。

六、专利申请文件

申请专利时提交的法律文件必须采用书面形式，并按照规定的统一格式填写。申请不同类型的专利，需要准备不同的文件。

申请发明专利的，申请文件应当包括：发明专利请求书、说明书（必要时应当有说明书附图）、权利要求书、摘要及其附图（有说明书附图时需提供）。

申请实用新型专利的，申请文件应当包括：实用新型专利请求书、说明书、说明书附图、权利要求书、摘要及其附图。

申请外观设计的，申请文件应当包括：外观设计专利请求书、图片或者照片，以及外观设计简要说明。

（1）专利请求书：使用国家知识产权局提供的表格，根据要求填写。可到国家知识产权局官方网站下载。

（2）说明书：当事人申请发明专利或者实用新型专利应当提交说明书。包括所属技术领域、背景技术、发明内容、附图说明、具体实施方式等。说明书附图：每一幅图应当用阿拉伯数字顺序编图号。附图中的标记应当与说明书中所述标记一致。有多幅附图时，各幅图中的同一零部件应使用相同的附图标记。

（3）权利要求书：是申请发明专利和实用新型专利必须提交的申请文件。它是发明专利或者实用新型专利要求保护的内容，具有直接的法律效力，是申请专利的核心，也是确定专利保护范围的重要法律文件。

（4）摘要附图：说明书摘要应写明发明、实用新型的名称、技术方案的要点以及主要用途，尤其是写明发明、实用新型主要的形状、构造特征（机械构造和/或电连接关系）。

七、专利审批流程

依据我国《专利法》，发明专利申请的审批程序包括：受理、初步审查阶段、公布、实质审查以及授权5个阶段。实用新型和外观设计专利申请不进行早期公布和实质审查，只有3个阶段。

1. 受理阶段

专利局收到专利申请后进行审查，如果符合受理条件，专利局将确定申请日，给予申请号，并且核实文件清单后，发出受理通知书，通知申请人。如果申请文件未打字、印刷或字迹不清、有涂改的；或者附图及图片未用绘图工具和黑色墨水绘制、照片模糊不清有涂改的；或者申请文件不齐备的；或者请求书中缺少申请人姓名或名称及地址不详的；或专利申请类别不明确或无法确定的，以及外国单位和个人未经涉外专利代理机构直接寄来的专利申请不予受理。

2. 初步审查阶段

经受理后的专利申请按照规定缴纳申请费的，自动进入初审阶段。初审前发明专利申请首先要进行保密审查，需要保密的，按保密程序处理。

在初审时要对申请是否存在明显缺陷进行审查，主要包括审查内容是否属于《专利法》中不授予专利权的范围，是否明显缺乏技术内容不能构成技术方案，是否缺乏单一性，申请文件是否齐备及格式是否符合要求。若是外国申请人还要进行资格审查及申请手续审查。不合格的，专利局将通知申请人在规定的期限内补正或陈述意见，逾期不答复的，申请将被视为撤回。经答复仍未消除缺陷的，予以驳回。发明专利申请初审合格的，将发给初审合格通知书。对实用新型和外观设计专利申请，除进行上述审查外，还要审查是否明显与已有专利相同，不是一个新的技术方案或者新的设计，经初审未发现驳回理由的，将直接进入授权程序。

3. 公布阶段

发明专利申请从发出初审合格通知书起进入公布阶段，如果申请人没有提出提前公开的请求，要等到申请日起满15个月才进入公开准备程序。如果申请人请求提前公开的，则申请立即进入公开准备程序。经过格式复核、编辑校对、计算机处理、排版印刷，大约3个月后在专利公报上公布其说明书摘要并出版说明书单行本。申请公布以后，申请人就获得了临时保护的权利。

4. 实质审查阶段

发明专利申请公布以后，如果申请人已经提出实质审查请求并已生效的，申请人进入实质审查程序。如果发明专利申请自申请日起满 3 年还未提出实质审查请求，或者实质审查请求未生效的，该申请即被视为撤回。

在实质审查期间将对专利申请是否具有新颖性、创造性、实用性以及《专利法》规定的其他实质性条件进行全面审查。经审查认为不符合授权条件的或者存在各种缺陷的，将通知申请人在规定的时间内陈述意见或进行修改，逾期不答复的，申请被视为撤回，经多次答复申请仍不符合要求的，予以驳回。

实质审查中未发现驳回理由的，将按规定进入授权程序。

5. 授权阶段

实用新型和外观设计专利申请经初步审查以及发明专利申请经实质审查未发现驳回理由的，由审查员做出授权通知，申请进入授权登记准备，经对授权文本的法律效力和完整性进行复核，对专利申请的著录项目进行校对、修改后，专利局发出授权通知书和办理登记手续通知书，申请人接到通知书后应当在 2 个月内按照通知要求办理登记手续并缴纳规定的费用，按期办理登记手续的，专利局将授予专利权，颁发专利证书，在专利登记簿上记录，并在 2 个月后于专利公报上公告，未按规定办理登记手续的，视为放弃取得专利权的权利。

第七章
工程创新典型案例

第一节　施工工法案例

防滑移的格宾石笼超径石智能破碎整形施工工法

1. 前言

格宾石笼工程具有净化水质、改善水生态环境的作用，被广泛应用于河道整治施工中。格宾石笼工程中对石笼内的填充石要求较高，填充石粒径以 100~250 mm 为宜，对于达不到粒径要求的超径石大多采用“鹰嘴”等机械进行二次破碎整形处理。但是，传统“鹰嘴”破碎方法存在以下缺陷：①由于“鹰嘴”破碎时对位不准确，在击碎时使得超径石产生滑移，降低施工效率，带来施工安全隐患；②由于对填充石粒径要求高，需人眼识别粒径大小判断是否要对块石进行破碎，对处于操作室的操作人员要求高，易造成疲劳，且人眼识别能力弱容易误判；③在对超径石进行破碎整形时，确定块石的结构面、节理面及击碎点位，较优的击碎点位可以降低“鹰嘴”的损耗，延长“鹰嘴”的使用寿命。

针对格宾石笼工程超径石破碎整形问题，研究格宾石笼超径石智能破碎整形施工措施：针对超径石在破碎时由于对位不准产生滑移的问题，在“鹰嘴”根部焊接多自由度的“鹰爪”，采用动力轴进行动作驱动。每根“鹰爪”由三个关节组成，第一个关节夹紧时呈倾斜状，当“鹰爪”收缩夹紧时压实超径石；第二个关节在击碎超径石时形成“笼”状，避免破碎时的超径石被击飞；第三个关节夹紧时呈倾斜状，在淤泥或泥土等软质平面上可插入泥土，避免击碎时超径石滑移。击碎时“鹰爪”收缩固定超径石，避免超径石滑移，击碎完毕“鹰爪”外张以便留有足够空间收紧下一个超径石。针对超径石“鹰嘴”破碎点的精准定位问题，利用机器视觉技术，在垂直于挖掘机“鹰嘴”的部位安装图像采集器和红外线测距仪，通过图像采集器的图像采集，系统读取并处理图片信息后，由系统处理机判断超径石的破碎点位，判断超径石的粒径大小是否满足破碎整形要求，在监控室安装显示屏，由操作人员监督辅助判断，最后反馈到执行单元由系统判断定位点并抓取，对超径石进行精准破碎，提高“鹰嘴”破碎工效，延长“鹰嘴”的使用寿命。

湖北振东宏厦建筑有限公司长期从事水利水电工程施工，针对格宾石笼施工关键技术问题，利用机器视觉技术对超径石进行识别、抓取、破碎，不断凝练总结格宾石笼超径石整形工艺，实现技术革新，形成本工法。

2. 工法特点

（1）在鹰嘴根部焊接五个“鹰爪”。击碎时鹰爪收缩固定超径石，避免被击飞，击碎完毕鹰爪外张以便留有足够空间收紧下一个超径石。第三个关节鹰爪末端夹紧时呈倾斜状，在淤泥或泥土等软质平面上可插入泥土，避免击碎超径石时产生滑移，提高施工效率，避免对同一超径石反复破碎。

（2）在垂直于挖掘机“鹰嘴”的部位安装图像采集器，通过图像采集器的采集，系统读取并处理图片信息，判断超径石的粒径大小是否满足破碎整形要求，在监控室安装显示屏，由操作人员监督辅助，最后反馈到执行单元由系统判断定位点并抓取，对超径石进行精准破碎。

3. 适应范围

本工法适用于对填充块石粒径要求较高的格宾石笼工程，也可用于其他需进行块石破碎的工程。

4. 工艺原理

（1）在鹰嘴根部焊接五个可收紧、可外张的弓形条状物，整体形成“鹰爪”形状。击碎时鹰爪收缩固定超径石，避免被击飞，如图 7-1 所示；击碎完毕鹰爪外张以便留有足够空间收紧下一个超径石。每根鹰爪由三个关节组成，第一个关节夹紧时呈倾斜状，当鹰爪收缩夹紧时压实超径石；第二个关节夹紧时呈竖直状，在对超径石破碎整形时五个竖直关节形成“笼”状，避免破碎后的超径石被击飞；第三个关节夹紧时呈倾斜状，在淤泥或泥土等软质平面上可插入泥土，避免击碎时超径石滑移。

图 7-1　改进的鹰嘴挖掘机实图

（2）在垂直于挖掘机“鹰嘴”的部位安装图像采集器，通过图像采集器的图像采集，系统读取并处理图片信息，判断超径石哪个方位击碎更能得到较好的破碎面，判断该超径石的粒径大小是否满足破碎整形条件等，在操作室安装显示屏，内置智能判断决策模块和机械控制执行模块，最后反馈到执行单元由系统判断如何进行抓取工作。

（3）机器视觉主要用计算机来模拟人的视觉功能从客观事物的图像中提取信息，进行处理并加以理解，最终用于实际检测、测量和控制。一个典型的工业机器视觉包括光源、光学系统、图像捕捉系统、图像数字化模块、数字图像处理模块、智能判断决策模块和机械控制执行模块，如图 7-2 所示。

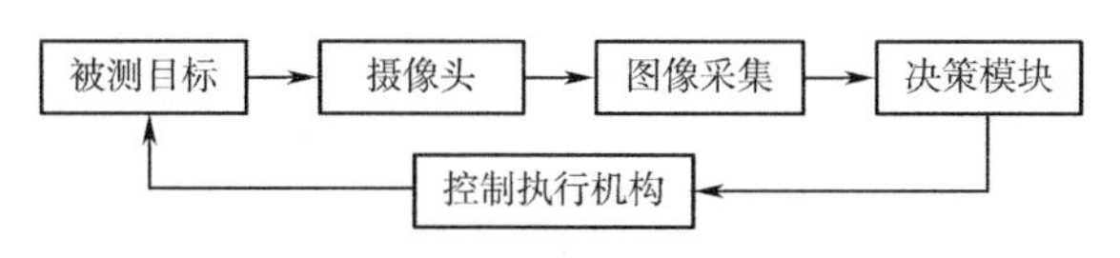

图 7-2　基于机器视觉的破碎点定位系统图

（4）由于环境背景的复杂和本身摄像机的原因，采集到的图像中存在较多的无关干扰信息，这会对图像的处理和识别造成一定的影响，通过图像预处理算法对图像采集器采集的原始图像进行预处理，有效地滤除图像的干扰信息，凸显出识别所需要的图像特征信息，同时可以降低目标识别算法的复杂度和有效提高识别检测效率，提高系统识别的精确性，增加施工作业的安全性。

（5）首先，采用图像采集器将目标转换成图像信号，然后转变成数字化信号传送给专用的图像处理系统，根据像素分布、亮度和颜色等信息，进行各种运算来抽取目标的特征，最后根据预设的容许度和其他条件输出判断结果。

5. 施工工艺及操作要点

（1）施工工艺流程

①机器视觉技术的重难点在于获取物体三维视觉空间位置，摄像机的标定是一种利用拍摄到目标物体的二维图像信息来获取三维点云图的关键技术。安装图像采集器时，图像采集器拍摄方向应与“鹰嘴”破碎方向一致，使得在显示屏中观察到的破碎方位与“鹰嘴”破碎方向一致，辅助红外线测距仪判断超径石粒径大小，获取超径石的精确位置。

②通过图像采集器采集的图片会存在较多的无关干扰信息，这会对图像的识别造成一定的影响，通过图像预处理算法对图像采集器采集的原始图像进行预处理（主要有灰度化、图像滤波、二值化）。预处理可以有效地滤除图像中的干扰信息，凸显出识别所需图像的特征信息，提高识别效率。

③三维定位技术是对场景中的三维信息进行构建，利用相机的双目视差，通过光学几何原理获得像素点的深度信息。

④利用三维定位技术和筛选程序选择出符合破碎粒径的超径石，并确定该超径石最优的破碎方位。确认完毕后在三维中对破碎点定位，“鹰嘴”与超径石的破碎

点精准对位后再启动液压装置进行击碎，以便得到平整的破碎面和减少“鹰嘴”与超径石之间的摩擦。

⑤图像采集器采集到的图片经过图像处理系统处理后，传输给三维构建系统，寻找适合破碎的超径石和适合的破碎面；优先选择“鹰嘴”可达到的超径石。

⑥选定超径石，找到破碎面，确定破碎点，传送给执行单元工作，“鹰嘴”靠近破碎点，“鹰爪”收缩围裹超径石，启动液压进行击碎，“鹰爪”外张，得到较好的破碎面、较好的超径石粒径。

⑦“鹰嘴”与超径石精准对位后，焊接在“鹰嘴”附近的“鹰爪”此时启动收缩包裹住超径石，若地面环境为泥土或淤泥，第三节“鹰爪”可直接插入泥土，防止破碎时超径石的滑移；第一、二节“鹰爪”形成“笼”状罩住超径石，防止在击碎时产生的滑移或碎石飞溅。

⑧当启动液压机，利用“鹰嘴”对超径石进行击碎时，“鹰爪”的关节可以自如活动，避免强力冲击下导致关节变形或断裂，由于第三个关节插入泥土或插入超径石底部，在强力冲击下不会使形成的笼罩撑开。

格宾石笼超径石智能破碎整形施工流程如图 7-3 所示。

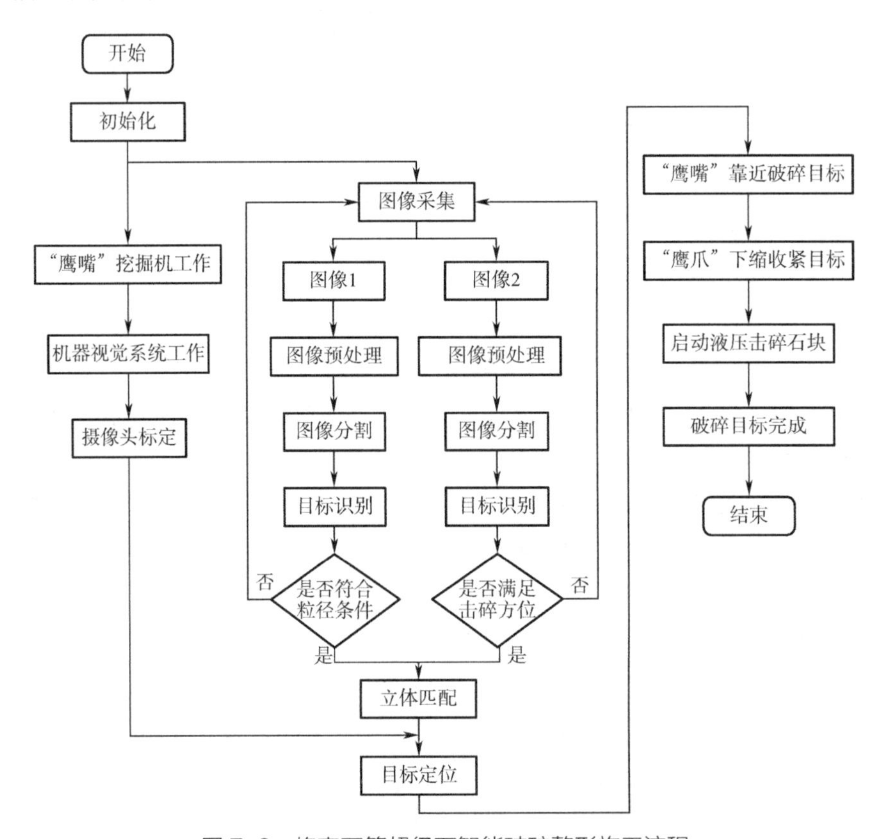

图 7-3　格宾石笼超径石智能破碎整形施工流程

（2）施工操作要点

①多传感器数据进行融合：无论是图片处理系统还是执行端反馈，都需要依赖各种控制量的反馈，利用它们之间性能互补的优势，可减少不确定性的发生，提高系统精度。

②机器视觉系统是系统的“眼睛”，负责完成破碎环境的获取、超径石粒径的识别、判断和破碎面的定位，同时将图像数据传输给工业控制计算机。“鹰嘴”操作系统是整个系统的执行终端，完成所有机械动作的执行。

③工业计算机接收机器视觉系统传递的分拣目标信号，同时向控制柜输出控制指令，驱动“鹰嘴”系统向破碎目标移动，完成破碎作业。

④“鹰嘴”执行系统可由系统进行全自动化自行执行，也可进行半自动化人为控制操作。

⑤机器视觉系统主要由工业相机、照明光源、高清镜头及计算机组成，负责采集破碎目标周围环境图像及破碎目标识别，用于图像的预处理、分割及图像特征量提取，完成图像的匹配、校正和模型计算。

⑥“鹰嘴”装置主要采用六轴机器人进行动作驱动。通过接收控制柜计算机系统的控制参数，驱动机器人“鹰嘴”系统进行收缩、破碎和扩张等动作。

⑦发现的问题必须通过处理合格后才能进行下道工序。

6. 材料设备

（1）材料

①防爆对讲机、防爆照明手电。

②照明光源、高清镜头。

③工厂定制 5 个鹰爪，每个鹰爪含 3 个可活动关节。

④大块石。

（2）设备

本工法所采用的智能破碎整形设备与参数见表 7-1、表 7-2

表 7-1　设备型号一览表

设备名称	设备型号
鹰嘴挖掘机	cat349
图像采集器	Smark GC3851MP
视觉传感器	CMOS
图像采集卡	Silicon Software
图像处理器	GeForcefx5700le
显示屏	三星 QM32R

表 7–2 图像采集器参数一览表

参数名称	参数指标
感光芯片	Aptina MT9J003
传感器类型	CMOS
百万像素	3856 × 2764(10.7MP)
帧速率	7 fps
靶面尺寸	2/2.3"
像素尺寸	1.67 μm × 1.67 μm
曝光时间	36 μs~10 s
动态范围	8 bit

7. 质量控制

（1）质量控制标准

施工质量控制严格执行以下标准：

①《水利工程建设标准强制性条文（2020 年版）》；

②《水利水电工程施工组织设计规范》SL 303—2017；

③《水利水电工程施工质量检验与评定规程》SL 176—2007；

④《水利水电建设工程验收规程》SL 223—2008；

⑤《水利水电工程单元工程施工质量验收评定标准　土石方工程》SL 631—2012；

⑥《水利水电工程单元工程施工质量验收评定标准　混凝土工程》SL 632—2012。

（2）质量控制措施

①建立以项目部为核心的施工、安全、技术和质量管理小组，展开质量教育工作，使每个职工树立良好的质量意识。严格把关每道工序，保证施工质量，高速优质地完成工程。

②强化质量责任意识，认真落实质量责任，使员工从企业生存和发展的高度充分认识到质量工作的重要性，产生责任感、紧迫感，自觉地从本职工作做起，从而形成一个人人为企业、全员管质量、质量争上游的大好局面，有效提高质量管理效果和工程质量。层层签订质量责任书，明确质量责任，按规定奖惩，同各级工作人员的收入挂钩，使质量目标的实现落实到个人。

③按照公司质量管理文件和质量保证手册编写本工程质量计划，制定详细的创优计划，制定质量控制要点并严格执行，使分部、单位工程质量有目标、有标准、把质量目标的实现建立在科学可靠的基础之上。

④强化技术质量工作，严格按规范、规程及标准组织施工和验收。做到施工按

规范、操作按规程、质量达标准，层层把关，一抓到底。按规定整理技术资料。

⑤强化质量社会监督意识，虚心接受业主、监理和政府质检部门和社会的监督指导。建立信息反馈系统，定期征求业主、监理和质检部门的意见，并及时整改。

⑥杜绝不合格无证件材料入场，认真执行原材料三方见证随机取样、封存送检。

⑦破碎块石块径应符合设计要求。

施工过程中，在满足工法相应工艺参数的同时，必须达到设计规定的指标，并符合相应的标准及规范。

8. 安全措施

安全管理部门主管负责组织安全操作规程细则、制度的编制和审核，制定切实可行的安全技术措施，组织施工人员学习并落实。严格执行《中华人民共和国安全生产法》《建设工程安全生产管理条例》《施工现场临时用电安全技术规范》JGJ 46—2005、《企业安全生产标准化基本规范》GB/T 33000—2016。

（1）施工生产区域宜实行封闭管理。主要进出口处应设有明显的施工警示标志和安全文明生产规定、禁令，与施工无关的人员、设备不应进入封闭作业区。在危险作业场所应设有事故报警及紧急疏散通道设施。

（2）进入施工生产区域的人员应遵守施工现场安全文明生产管理规定，正确穿戴、使用防护用品和佩戴标志。

（3）施工现场的井、洞、坑、沟、口等危险处应设置明显的警示标志，并应采取加盖板或设置围栏等防护措施。

（4）高边坡作业前应处理边坡危石和不稳定体，并应在作业面上方设置防护设施。

（5）施工现场电气设备应绝缘可靠，线路敷设整齐，应按规定设置接地线。开关板应设有防雨罩，闸刀、接线盒应完好并装漏电保护器。

（6）应在鹰嘴破碎机 10 m 范围内进行围挡，防止碎石飞溅伤人。

施工运输机械应遵守以下规定：

（1）各类车辆必须处于完好状态，制动有效，严禁人料混载。

（2）所有运载车辆均不准超载、超宽、超高运输。装土、卸料时将车辆停稳并制动。卸车区设专人指挥，监督车辆倒车、起卸，车辆把车厢落下之后才能行驶。

（3）运输车文明行驶，不抢道、不违章，施工区内行驶速度不能超过 15 km/h；在会车、弯道、险坡段，车速不得超过 3 km/h。

（4）不得酒后开车，严禁上班时间饮酒。

（5）配齐操作、保养人员，确保不打疲劳战，杜绝因疲劳连续工作造成安全事故。

（6）科学组织、合理安排、严格管理，保证施工进展满足防洪度汛的要求，同时避免洪水对建筑物和施工安全的影响。

（7）合理布局，消除隐患。在生产临时建筑和生活区周围修建畅通的排水渠道。

（8）健全通信系统，保证各施工工区及项目部与外界的联系，在事故易发点设专人巡查，发现问题及时处理。

9. 环境保护措施

本工法在施工过程中应注意以下环境保护措施：

（1）严格遵守《中华人民共和国环境保护法》《危险废物处置工程技术导则》HJ 2042—2014、《人工湿地污水处理工程技术规范》HJ 2005—2010 等法律、规范，加强环境保护、文明施工管理。

（2）依据《环境管理体系　要求及使用指南》GB/T 24001—2016 环境管理标准，建立环境管理体系，制定环境方针、环境目标和环境指标，配备相应的资源，遵守法规，预防污染，节能减废，实现施工与环境的和谐，达到环境管理标准的要求，确保施工对环境的影响最小，并最大限度地达到施工环境的美化。

（3）作业现场保持清洁整齐，建筑垃圾不得乱堆、乱放、乱抛，做到工完料净，垃圾日产日清。建筑垃圾和生活垃圾应及时清运到指定地点，集中处理，防止对环境造成污染。施工中切削的弃料及废弃零件应及时收集处理，分类回收，保持现场卫生。

（4）制定文明施工的管理实施细则，每周由监督小组将文明施工检查情况在生产调度会上向有关单位及项目经理汇报，提出进一步的整改措施。

（5）组织专业服务队对场地内路面、排水沟、工业及生活垃圾等进行定期清扫。

（6）严禁将开挖弃渣、建筑废料直接抛入河中；严禁施工废水直接排入河中；施工办公、生活营地生活污水需集中处理后排放，不得直接排入河中。

10. 效益分析

对“鹰嘴”击碎格宾石笼超径石进行对比实验，与未采使用本工法时相比，使用本施工工法后能够挑选合适的超径石进行破碎，在淤泥或泥土等环境下进行超径石击碎时有效防止超径石滑移；减少工人的施工强度，延长“鹰嘴”挖掘机的机械寿命，提高超径石整形的施工效率和智能化。

11. 应用实例

（1）荆门市东宝区水系连通及农村水系综合整治试点县项目第一标段工程

①工程概况

本工程为荆门市东宝区水系连通及农村水系综合整治试点县项目，本次治理长度为 9.335 km，其中干流治理长度为 7.945 km，起点为牌楼镇长兴村（PX0+000）至牌楼西河入牌楼河口（PX7+945），支流治理长度为 1.39 km，起点为寨子坡支流入牌楼西河汇入口处（桩号 PX0+000），终点为寨子坡水库溢洪道出口处

（PXZ1+390）。牌楼西河设计洪水标准10年一遇，工程等别为Ⅳ等，堤防级别为5级。河道护岸、拦河坝、水闸等主要建筑物级别为5级，次要建筑物级别为5级。

②结果评价

施工过程中按水利行业规范、设计要求控制施工质量，该工法在淤泥或泥土等环境下进行超径石击碎时有效防止超径石滑移；减少工人的施工强度，延长“鹰嘴”挖掘机的机械寿命，提高超径石整形的施工效率和智能化。

湖北振东宏厦建筑有限公司承建的荆门市东宝区水系连通及农村水系综合整治试点县项目第一标段工程，2020年11月10日开工，工程地点为荆门市牌楼镇，工程总投资8410235.33元。石料破碎采用“防滑移的格宾石笼超径石智能破碎整形施工”，超径石开挖整形部分合同工期45日历天，实际施工工期30 d，缩短工期15 d，实际节约投资5万元，取得了良好的经济效益和社会效益，得到建设单位和监理单位的一致好评。

（2）钟祥市林湖水库除险加固工程第二标段工程

①工程概况

本工程为钟祥市林湖水库除险加固工程第二标段，项目位于荆门市钟祥市官庄湖国营农场林湖水库，本项目主要施工范围：行洪渠整治980 m，原林湖水库防洪闸拆除重建工程。其中行洪渠整治采用格宾石笼挡土墙，合同工程量4725 m^3。

②结果评价

施工过程中按水利行业规范、设计要求控制施工质量，该工法在淤泥或泥土等环境下进行超径石击碎时有效防止超径石滑移；减少工人的施工强度，延长“鹰嘴”挖掘机的机械寿命，提高超径石整形的施工效率和智能化。

湖北振东宏厦建筑有限公司承建的钟祥市林湖水库除险加固工程第二标段，2020年10月10日开工，工程地点为钟祥市官庄湖国营农场，工程总投资927.72万元。石料破碎采用“防滑移的格宾石笼超径石智能破碎整形施工”，超径石开挖整形部分合同工期60日历天，实际施工工期40 d，缩短工期20 d，实际节约投资13万元，取得了良好的经济效益和社会效益，得到建设单位和监理单位的一致好评。

第二节　QC成果案例

提高桥闸钢筋绑扎一次验收合格率

1. 项目概况

荆门市东宝区水系连通及农村水系综合整治试点县项目（二期）第×标段工

程位于荆门市东宝区子陵镇建泉村处。工程概况为：简家冲河 J12+790–J15+802 河道整治。主要施工内容为：简家冲河 J12+790–J15+802 的建筑工程（水系连通、河道清障、清淤疏浚、岸坡整治、水源涵养与水土保持、其他建筑工程）、机电设备及安装工程（重建桥闸、重建闸）、金属结构设备及安装工程（重建桥闸、重建闸）、施工临时工程（导流工程、施工交通工程、施工房屋建筑工程、其他施工临时工程）等。工程总投资 1268.79 万元。工程概况详见图 7–4。

钢筋混凝土桥闸施工既是工程重点也是工程难点，钢筋混凝土对钢筋绑扎及混凝土浇筑质量要求极高，桥闸中的钢筋能提高结构的承载能力和强度，解决结构开裂、承载力不足等问题，因此，钢筋绑扎质量会直接影响桥闸整体施工质量。

本工程桥闸规模较小，且地理位置偏僻，钢筋运输全部依靠人工搬运。由于施工工艺、施工人员操作以及施工材料等因素的影响，桥闸钢筋绑扎施工中还存在钢筋排列密集、绑扎量大、钢筋设计规格不一导致绑扎难度大、工人踩踏施工致使钢筋位移等问题，导致钢筋制安质量问题，使得钢筋绑扎验收合格率整体偏低。钢筋绑扎施工详见图 7–5。

图 7–4　工程概况图

图 7–5　钢筋绑扎施工现场图

鉴于上述问题，工程项目部组建了 QC 活动小组，对桥闸钢筋绑扎一次验收合格率开展 QC 小组活动。

2. 小组概况

（1）QC 小组简介及成员组成

水系连通及农村水系综合整治工程 QC 小组成立于 2021 年 1 月 5 日，小组共有 5 名成员，小组成员包括高级工程师、工程师等职称的人员，具体情况见表 7–3。

（2）QC 小组活动计划

水系连通及农村水系综合整治工程 QC 小组实行全员参与、持续改进方针，遵循 PDCA 循环规律，基于客观事实，应用统计方法解决工程中出现的质量问题，并进行成果转化和技术推广。QC 小组活动时间为 2021 年 1 月 10 日至 2021 年 2 月 9 日，具体活动进度计划详见图 7-6。

表 7-3　QC 小组概况表

<table>
<tr><th colspan="2">小组名称</th><th colspan="3">水系连通及农村水系综合整治工程 QC 小组</th><th>课题类型</th><th>现场型</th></tr>
<tr><td colspan="2">小组登记号</td><td colspan="5">SDQC01</td></tr>
<tr><td colspan="2">课题登记号</td><td colspan="5">SDQC01-01</td></tr>
<tr><td colspan="2">课题名称</td><td colspan="5">提高桥闸钢筋绑扎一次验收合格率</td></tr>
<tr><td colspan="2">活动时间</td><td colspan="5">2021 年 1 月 10 日至 2021 年 2 月 9 日</td></tr>
<tr><td colspan="2">小组成立时间</td><td colspan="3">2021 年 1 月 5 日</td><td>小组人数</td><td>5 人</td></tr>
<tr><td colspan="2">培训情况</td><td colspan="5">小组成员平均接受 QC 教育培训 36 学时</td></tr>
<tr><td>序号</td><td>姓名</td><td>组内业务</td><td>学历</td><td>年龄</td><td>职称</td><td>组内分工</td></tr>
<tr><td>1</td><td>龙 × ×</td><td>组长</td><td>大专</td><td>51 岁</td><td>工程师</td><td>全面负责</td></tr>
<tr><td>2</td><td>王 × ×</td><td>副组长</td><td>本科</td><td>38 岁</td><td>工程师</td><td>组织策划</td></tr>
<tr><td>3</td><td>王 × ×</td><td>组员</td><td>本科</td><td>56 岁</td><td>高级工程师</td><td>组织实施</td></tr>
<tr><td>4</td><td>董 × ×</td><td>组员</td><td>本科</td><td>37 岁</td><td>工程师</td><td>测量检测</td></tr>
<tr><td>5</td><td>叶 × ×</td><td>组员</td><td>本科</td><td>36 岁</td><td>工程师</td><td>现场施工</td></tr>
</table>

制表者：× ×

同时 QC 小组遵循 PDCA 循环规律，有针对性地开展活动，旨在解决工程重点、难点质量问题，小组活动基本原则详见图 6-1。

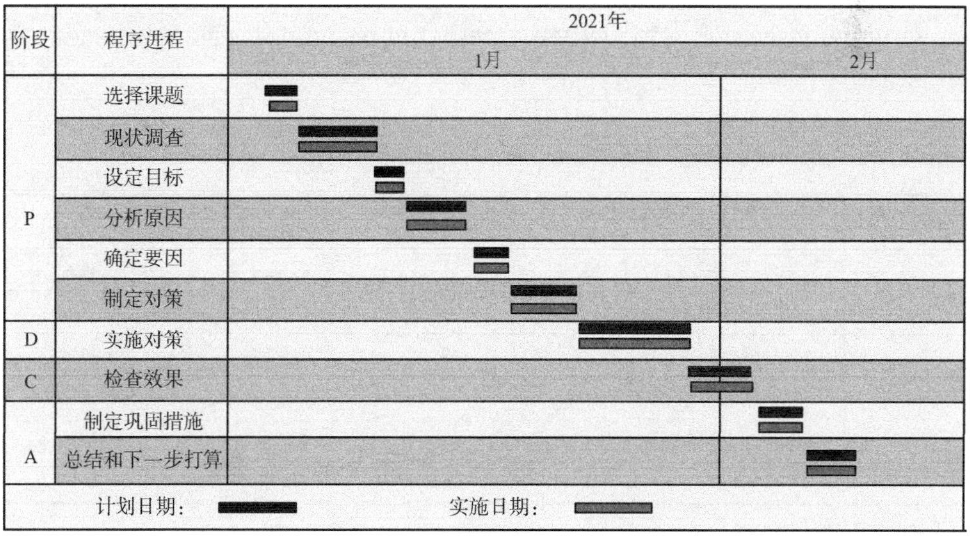

阶段	程序进程	2021年 1月	2021年 2月
P	选择课题		
	现状调查		
	设定目标		
	分析原因		
	确定要因		
	制定对策		
D	实施对策		
C	检查效果		
A	制定巩固措施		
	总结和下一步打算		

计划日期：　　实施日期：

图 7-6　QC 小组“PDCA 循环”活动进度计划表

3. 选择课题

钢筋绑扎质量好坏会严重影响钢筋混凝土桥闸整体施工质量，它既是工程重点也是工程难点，为了避免出现钢筋绑扎缺扣松扣数量大、钢筋位置偏移、横竖筋间距偏大、钢筋混凝土构件尺寸精度不够等问题，本 QC 小组根据本项工程的实际情况进行课题选择，详见图 7-7。

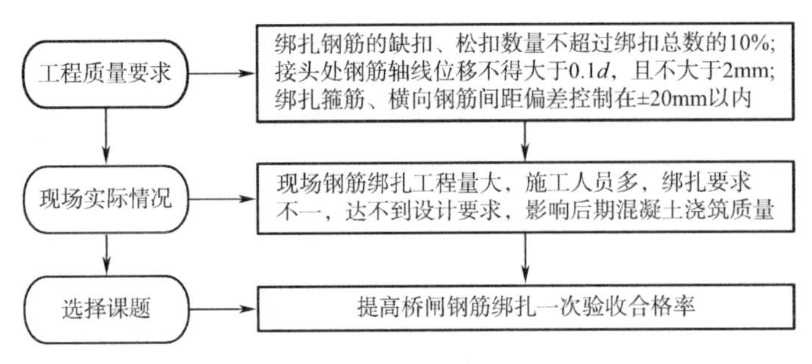

图 7-7　课题选择流程图

综上所述，为使工程能够有序推进，并且能够保质、保量、保安全地顺利完成该项目施工任务，本 QC 小组将“提高桥闸钢筋绑扎一次验收合格率”选定为此次活动的课题。

4. 调查现状

本 QC 小组为了解桥闸钢筋绑扎质量情况，组织小组成员对目前正在施工的钢筋混凝土桥闸闸室段钢筋绑扎质量进行了现场检查、验证，检查标准主要以缺扣松扣数量、横竖筋间距、接头钢筋轴线位移、插入基础深度、钢筋保护层厚度不足为主。共实测检查 100 处，合格 78 点，合格率仅为 78%。小组成员对钢筋混凝土桥闸闸室段 22 个不合格点进行了详细分析，详见表 7-4。

表 7-4　桥闸闸室段钢筋绑扎质量问题统计表

序号	检查项目	频数（个）	频率	累计频率
1	接头钢筋轴线位移偏大	8	36.36%	36.36%
2	出现缺扣、松扣	6	27.27%	63.63%
3	横竖筋间距偏大	4	18.18%	81.81%
4	钢筋保护层厚度不足	3	13.64%	95.45%
5	插入基础深度不够	1	4.55%	100.00%
合计		22	100%	

同时小组成员根据《桥闸闸室段钢筋绑扎质量问题统计表》制作出帕累托图，详见图 7-8。

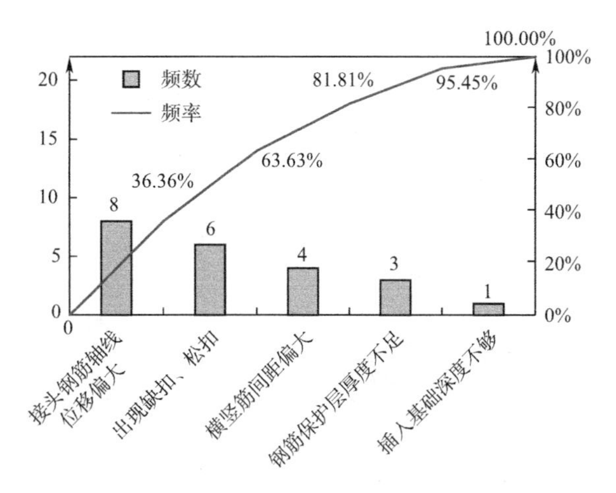

图 7-8　桥闸闸室段钢筋绑扎质量问题帕累托图

分析上述统计图表中的有关数据，钢筋绑扎过程中接头钢筋轴线位移偏大、出现缺扣松扣以及横竖筋间距偏大是桥闸闸室段钢筋绑扎出现质量问题的症结所在，而调查研究发现，其中接头钢筋轴线位移偏大的缺陷为 36.36%，钢筋绑扎流程图详见图 7-9。

闸室钢筋绑扎施工操作流程为：施工放样→材料进场→钢筋加工→钢筋运输→底板钢筋绑扎→钢筋固定→加固检验→顶板钢筋加工→预埋钢筋绑扎→报监理工程师核验。

可以看出，钢筋绑扎流程紧密，环环相扣，某一步出现质量问题势必影响后续施工，如若施工过程中不严密监管，恐造成严重后果。

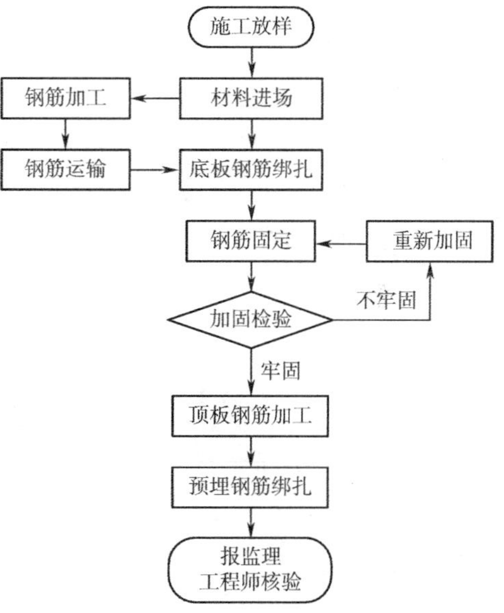

图 7-9　钢筋绑扎施工流程图

5. 设定目标

QC 小组成员依据本工程实际情况，结合类似提升工程施工经验，并根据《水工混凝土施工规范》SL 677—2014、《混凝土结构工程施工质量验收规范》GB 50204—2015、《水闸施工规范》SL 27—2014 规定，将本次 QC 活动的目标确定为：提高桥闸钢筋绑扎合格率达到 95%，并一次通过验收。

目标制定前后合格率对比详见图 7-10。

QC 小组成员由项目部技术、质量管理人员组成，既有质量检验人员，又有施工技术人员，还有质量管理人员，所有人员进行了专门质量管理培训，均熟悉 QC

活动程序，整体素质较高，具有很强的凝聚力和战斗力。为了达到本次活动目标，小组根据现状调查存在的问题，制定了钢筋绑扎的细化目标：

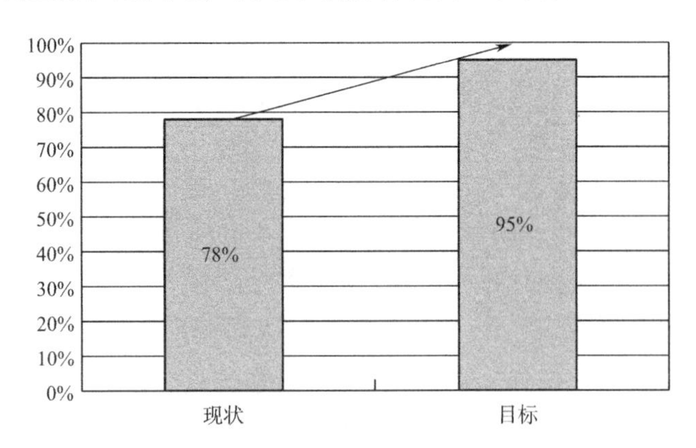

图 7-10　目标制定前后合格率对比图

（1）绑扎钢筋的缺扣、松扣数量不超过绑扣总数的 10%；

（2）接头处钢筋轴线位移不得大于 0.1 d，且不大于 2 mm；

（3）绑扎箍筋、横向钢筋间距偏差控制在 ±20 mm 以内。

6. 原因分析

为找到影响钢筋绑扎合格率的原因，QC 小组成员经过多次会议，集思广益，从人员、材料、机械、方法、环境、测量 6 个方面对影响桥闸钢筋绑扎合格率的各个环节进行了分析和总结，并绘制了因果分析图，详见图 7-11，QC 小组会议照片详见图 7-12。

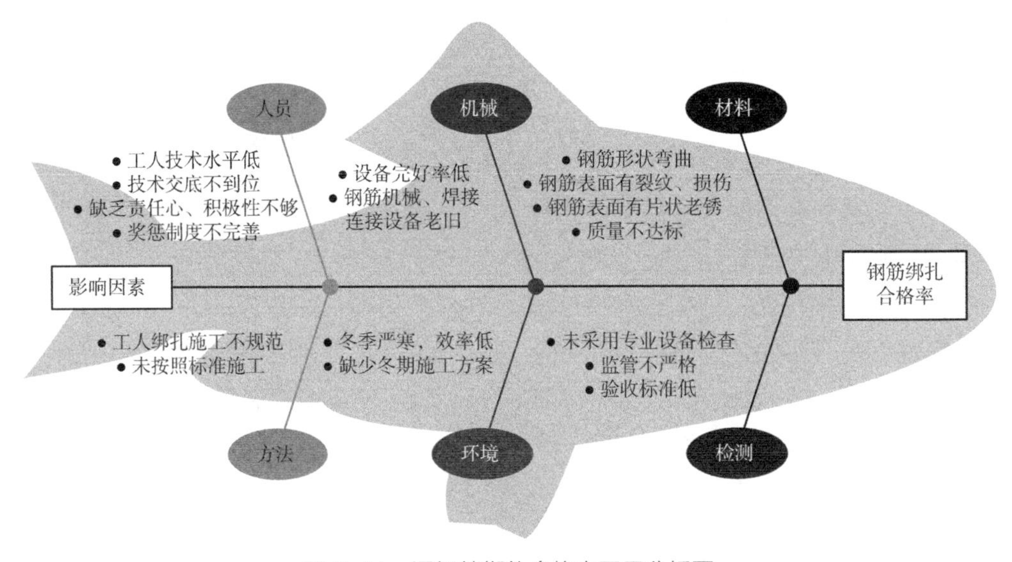

图 7-11　混钢筋绑扎合格率因果分析图

图 7-12　QC 小组会议照片

7. 确定主要原因

经过 QC 小组讨论，要因确认详见表 7-5。

表 7-5　要因确认计划表

序号	末端因素	确认内容	确认方法	负责人	完成日期
1	培训交底不到位	培训覆盖率均满足 100%，持证上岗率满足 100%，考核合格率均满足 100%	调查分析	董 ××	2021.1.11
2	工人技术水平低	QC 小组对现场施工人员进行了理论考试和实际操作考试，测试结果均合格	现场测试	叶 ××	2021.1.11
3	奖罚措施不到位	奖罚制度均满足 100% 落实到人，奖罚依据明确，措施合理	调查分析	王 ××	2021.1.11
4	设备完好率低	检查设备种类、数量是否有遗漏，是否有损伤	现场验证	王 ××	2021.1.12
5	钢筋质量不达标	检查钢筋是否弯曲，表面是否有裂纹、损伤以及片状老锈	现场验证	龙 ××	2021.1.12
6	工人绑扎施工不规范	查证是否按照标准以及施工方案施工	现场测试	王 ××	2021.1.14
7	冬期施工效率低	有无冬期施工方案，寒冷天气是否影响施工质量	调查分析	董 ××	2021.1.15
8	未采用专业设备检测	钢筋绑扎是否满足设计规范要求，是否有检测设备	现场检测	叶 ××	2021.1.15

制表人：董 ××　　　　制表时间：2021 年 1 月 16 日

为找出造成钢筋绑扎合格率低的主要原因，QC 小组对 8 条末端原因逐一展开了分析，确认如下：

（1）培训交底不到位（表 7-6）

表 7-6　对系统运行人员培训交底不到位的展开分析

确认方法	确认内容	确认标准	确认人	确认时间
调查分析	是否进行技术人员交底	人员技术交底覆盖率 100%	董 ××	2021.1.11

调查分析情况：

QC 小组在项目部检查技术交底记录，通过对现场施工人员调查分析可知，参与桥闸钢筋绑扎的专职人员均经过技术交底，技术覆盖率在 100%，能够确保钢筋绑扎焊接施工正常运行。现场技术交底详见图 7-13

图 7-13　现场技术交底

结论：非要因

（2）工人技术水平低（表 7-7）

表 7-7　对工人技术水平低的展开分析

确认方法	确认内容	确认标准	确认人	确认时间
现场测试	工人施工经验是否丰富，技术水平是否达标	工人技术水平均达到合格标准	叶 ××	2021.1.11

调查分析情况：

通过对现场施工人员进行询问和相关调查，发现 90% 的人员至少拥有 2 个工地的施工经历，且实际操作过程中动作熟练、衔接迅速，实践经验较为丰富，除此之外还进行理论考试和实际操作考试，测试结果均合格。施工人员技术测试成绩统计详见图 7-14

门市××区水系连通及农村水系综合整治试点县项目
施工人员技术测试成绩统计表

序号	姓名	成绩	备注
1	李国	95.0	
2	叶	92.0	
3	罗伟	96.0	
4	胡宝	98.0	工龄8年
5	张思	93.0	
6	刘	100.0	工龄12年
7	李	91.0	
8	张	96.0	
9	郭俊	88.0	
10	王	90.0	

测试人：叶　　时间：2021年 1 月 11 日

图 7-14　施工人员技术测试成绩统计

结论：非要因

（3）奖罚措施不到位（表 7-8）

表 7-8 对奖惩措施不到位的展开分析

确认方法	确认内容	确认标准	确认人	确认时间
调查分析	奖惩措施是否到位	奖罚制度均满足 100% 落实到人，奖罚依据明确，措施合理	王 ××	2021.1.11
调查分析情况： QC 小组在项目部检查劳务合同中，施工质量与施工人员的薪酬直接挂钩，严格按照优劣薪酬的方式进行施工人员的工资结算，提高了施工队的积极性，而且奖罚制度均满足 100% 落实到人，奖罚依据明确，措施合理				
结论：非要因				

（4）设备完好率低（表 7-9）

表 7-9 对设备完好率低的展开分析

确认方法	确认内容	确认标准	确认人	确认时间
实地考察	钢筋加工、绑扎、焊接设备是否完好	检查设备，外观完好能正常使用且无遗失	王 ××	2021.1.12
调查分析情况： QC 小组通过实地考察了解到，施工现场以及项目部的钢筋加工、绑扎、焊接设备种类齐全，经过外观检查、现场测试等环节，发现设备表面除少量灰尘、磕碰痕迹外，外观无破损，使用正常，不存在设备完好率低的情况，因此也不影响钢筋绑扎施工质量，施工流程能够正常进行				
结论：非要因				

（5）钢筋质量不达标（表 7-10）

表 7-10 对钢筋质量不达标的展开分析

确认方法	确认内容	确认标准	确认人	确认时间
现场验证	钢筋质量是否达标	检查钢筋无弯曲，表面无裂纹、损伤以及片状老锈，各项参数均达标	龙 ××	2021.1.12
调查分析情况： 为了解钢筋质量是否达标，QC 小组成员进行了实地考察。首先检查钢筋质量证明文件和抽样检验报告，文件和报告齐全。然后抽取试样对其屈服强度、抗拉强度、伸长率、弯曲性能和重量偏差进行检验，发现部分钢筋存在生锈、裂缝、质检不达标的情况，不符合相应标准的规定。而且空气湿度高，浇筑混凝土后会不断出现钢筋受到腐蚀的现象，因此会影响钢筋绑扎施工质量以及桥闸整体安全。小组现场问询及检验情况详见图 7-15				
结论：要因				

图 7-15 钢筋质量现场验证图

（6）工人绑扎施工不规范（表 7-11）

表 7-11　对工人绑扎施工不规范的展开分析

确认方法	确认内容	确认标准	确认人	确认时间
现场测试	工人钢筋绑扎施工质量是否达标	检查钢筋绑扎合格率达到 95% 以上	王 ××	2021.1.14

调查分析情况：

本 QC 小组为了解桥闸钢筋绑扎质量情况，组织小组成员对目前正在施工的钢筋混凝土桥闸闸室段钢筋绑扎质量进行了现场监督、检查，检查标准主要以缺扣松扣数量、横竖筋间距、接头钢筋轴线位移、插入基础深度、钢筋甩出长度为主。共实测检查 100 处，合格 78 点，合格率仅为 78%，故钢筋绑扎合格率不达标。并且施工现场还存在一些工人施工操作不规范的现象，小组现场检验测试情况详见图 7-16

图 7-16 工人绑扎施工不规范验证图

结论：要因

（7）冬期施工效率低（表 7-12）

表 7-12　对冬期施工效率低的展开分析

确认方法	确认内容	确认标准	确认人	确认时间
调查分析	是否制定了冬期施工方案	已制定并按方案实行	董 ××	2021.1.15

调查分析情况：

QC 小组经查证，了解到项目部针对冬季严寒天气编写了《冬期施工专项方案》，但对于冬期钢筋绑扎施工注意事项写得不够具体，因此 QC 小组组织了一次座谈分析会，邀请了方案编写人员与施工人员参会，讨论冬期钢筋绑扎施工中存在的问题，大家一起探讨了解决方案和注意事项，并对方案进行了补充编写，解决了该问题。《冬期施工专项方案》讨论会详见图 7-17

图 7-17　《冬期施工专项方案》讨论会

结论：非要因

（8）未采用专业设备检测（表 7-13）

表 7-13 对未采用专业设备检测的展开分析

确认方法	确认内容	确认标准	确认人	确认时间
现场检测	钢筋绑扎质量是否达标，是否采用专业设备检测	采用专业设备，检测数据符合《混凝土结构工程施工质量验收规范》GB 50204—2015 的规定	叶 ××	2021.1.15

调查分析情况：

为了解钢筋绑扎质量是否达标，QC 小组成员进行了现场检测。采用卷尺、螺纹塞规、螺纹环规以及数显力矩扳手等工具，主要检测了绑扎钢筋缺扣、松扣数量，接头处钢筋轴线位移，箍筋、横向钢筋间距偏差，发现部分钢筋绑扎检验结果不符合相应标准的规定，会严重影响钢筋绑扎施工质量。QC 小组现场检测钢筋质量情况详见图 7-18

图 7-18 钢筋质量现场检测图

结论：要因

8. 制定对策

针对桥闸钢筋绑扎合格率不达标的主要质量问题，经 QC 小组研究决定，对存在的主要要因，逐个制定对策，逐个击破，最终提高桥闸钢筋绑扎合格率，减少绑扎钢筋缺扣、松扣数量，减少接头处钢筋轴线位移以及箍筋、横向钢筋间距偏差，为混凝土浇筑作准备，提高桥闸施工质量。本 QC 小组制定的对策详见表 7-14。

表 7-14 提高桥闸钢筋绑扎合格率对策表

序号	分析原因	对策	验证人	验证日期
1	钢筋质量不达标	严把原材料进场关，材料运至现场后由负责人组织相关人员进行验收，首先检查钢筋质量证明文件和抽样检验报告，然后抽取试样对其屈服强度、抗拉强度、伸长率、弯曲性能和重量偏差进行检验，验收后方可进行绑扎，不合格材料一律不得进场	龙 ××	2021 年 1 月 17 日
2	工人绑扎施工不规范	钢筋绑扎施工前，再次进行施工技术交底，并进行现场演示，施工中由经验丰富的工人指导经验不足的工人，并且由专人进行质检	王 ××	2021 年 1 月 18 日

续表

序号	分析原因	对策	验证人	验证日期
3	未采用专业设备检测	采用卷尺、螺纹塞规、螺纹环规以及数显力矩扳手等工具，对绑扎钢筋缺扣、松扣数量，接头处钢筋轴线位移，箍筋、横向钢筋间距偏差进行检测。务必严格监管，提高验收标准	王 ××	2021 年 1 月 18 日

制表人：王 ××　　　　制表时间：2021 年 1 月 18 日

9. 对策实施

根据制定的对策，QC 小组全体成员召开了专项会议（图 7-19），经反复讨论、研究确定了详细的实施方案，于 2021 年 1 月 19 日开始实施。

图 7-19　QC 小组专项会议图

（1）针对钢筋质量不达标的对策

本 QC 小组针对钢筋质量不达标制定的对策为：

①加强质检。按相关规范规定进行抗拉强度、延伸量和冷弯试验。在对钢筋进行绑扎或钢筋焊接之前，工作人员应对钢筋本身的质量及规格等进行仔细检验，查看钢筋产品合格证，确保材料质量。

②实操测试。在正式钢筋绑扎焊接前，选择有代表性的主筋进行试绑扎与试焊，送实验室检验合格后，方可进入现场进行施工。

③贮存措施。钢筋贮存于地面以上 0.5 m 的平台、垫木或其他支承上，并且用塑料布覆盖，避免暴露于空气中因雨雪导致锈蚀。进入施工现场前钢筋应无严重锈蚀、锈皮、油漆。

④质量把控。在绑扎焊接前，首先清除钢筋焊接部位的冰雪及铁锈，个别端部弯曲的钢筋应进行调直处理，对不能调直的端部钢筋进行切除。焊接接头处不允许

有横向裂缝，也不能有明显的表面烧伤现象。

（2）针对工人绑扎施工不规范的对策

工人技术素质的高低很大程度上决定了施工质量的好坏，为了保证桥闸绑扎施工合格率，QC 小组针对工人绑扎施工不规范制定的对策如下：

①为保证钢筋绑扎焊接质量，本工程所有工人均持证上岗，开始施工前，必须加强工人质量意识教育并进行理论知识和实际操作考核。

②所有工人在绑扎钢筋前，应明确钢筋规格、数量、类型等，确保符合设计要求。钢筋绑扎、焊接等操作必须严格执行设计及施工方案。

③当户外环境温度过低时，在施工前做好防护措施及温度控制。派有经验的工人根据施工气候条件，对绑扎、焊接工艺参数及时进行调整，确保绑扎结构稳定、焊缝和热影响区自然缓慢冷却，必要时在焊接现场设置必要的防风保暖措施。未冷却的接头放置在干燥的地面上，避免与冰雪等杂物接触。在施工完毕后，施工单位及时报验，由监理工程师对全部接头的外观质量进行检查验收。

④规范钢筋绑扎形式。钢筋绑扎形式多样，施工技术交底时尽量规范工人绑扎钢筋的形式。通常用铁丝连接固定钢筋交叉点。在绑扎钢筋过程中要预留一定的距离，弯曲处理接头位置，以提高钢筋绑扎的牢固性，避免在后期使用中发生位移甚至脱落等现象。常见的几种钢筋绑扎形式如图 7-20 所示。

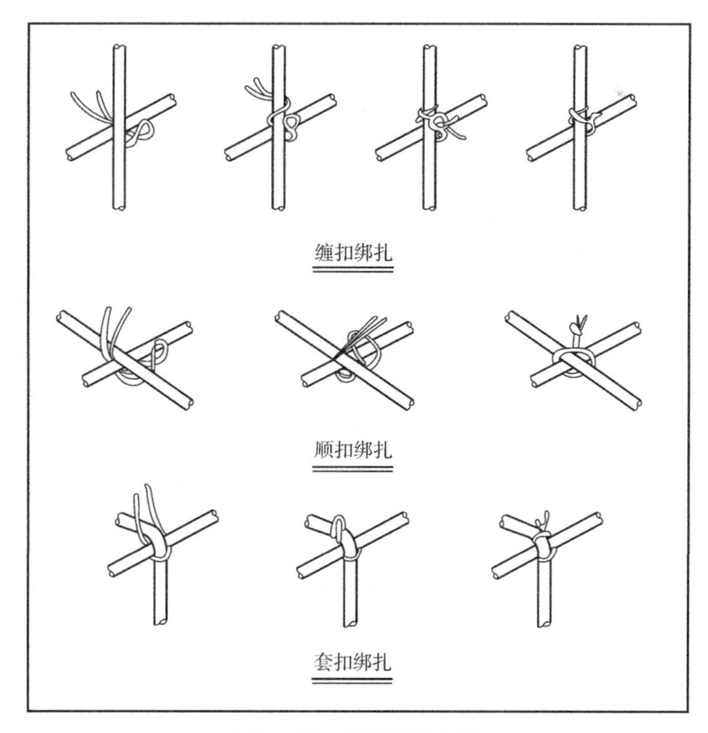

图 7-20　钢筋绑扎形式

（3）针对未采用专业设备检测的对策

钢筋加工的形状、尺寸，绑扎接头处钢筋轴线位移，绑扎箍筋、横向钢筋间距偏差都会影响桥闸工程施工质量，监管验收人员必须通过专业设备对这些误差进行检测，如果马虎处理将产生严重的不良后果。因此，本 QC 小组针对未采用专业设备检测制定的对策如下：

①钢筋加工的形状、尺寸应符合设计要求，其偏差应符合表 7–15 的规定。同一设备加工的同一类型钢筋，每工作班抽查不应少于 3 件，检验方法为：尺量。

表 7–15　钢筋加工的允许偏差

项　目	允许偏差（mm）
受力钢筋沿长度方向的净尺寸	±10
弯起钢筋的弯折位置	±20
箍筋外廓尺寸	±5

②绑扎钢筋的缺扣、松扣数量不超过绑扣总数的 10%，对桥闸工程绑扎钢筋进行抽样检查，检验方法为：观察。

③钢筋采用机械连接时，螺纹接头应检验拧紧扭矩值，挤压接头应测量压痕直径，检验结果应符合现行行业标准。检验方法为：采用专用扭力扳手或专用量规检查。

④钢筋接头的长度、位置应符合设计和规范要求。有抗震设防要求的结构中，梁端、柱端箍筋加密区范围内不应进行钢筋搭接。接头末端至钢筋弯起点的距离不应小于钢筋直径的 10 倍。接头处钢筋轴线位移不得大于 0.1 d，且不大于 2 mm。检验方法为：观察，尺量。

⑤钢筋安装偏差及检验方法应符合《混凝土结构工程施工质量验收规范》GB 50204—2015 的规定，受力钢筋保护层厚度的合格点率应达到 90% 及以上，且不得有超过规定数值 1.5 倍的尺寸偏差。其中绑扎箍筋、横向钢筋间距偏差控制在 ±20 mm 以内。检验方法为：观察，尺量。

10. 效果检查

（1）效果实测

2021 年 1 月 25 日至 2 月 9 日，QC 小组以活动后的桥闸钢筋绑扎施工验收过程记录为主要依据，进行自检情况分析，共检查了 100 处，合格点为 98，合格率为 98/100=98%，一次通过验收，实现了 QC 小组预期质量目标，如表 7–16 所示。

表 7–16　桥闸闸室段钢筋绑扎质量问题统计表

序号	检查项目	频数	频率	累计频率
1	接头钢筋轴线位移偏大	1	50%	50%
2	出现缺扣、松扣	0	0%	50%
3	横竖筋间距偏大	1	50%	100%
4	钢筋保护层厚度不足	0	0%	100%
5	插入基础深度不够	0	0%	100%
合计		2	100%	

通过 QC 小组活动，运行管理质量工具，解决了桥闸钢筋绑扎合格率低的问题，提高了施工质量，形成了一套系统的质量控制方法，积累了类似工程施工经验。活动后合格率与活动前合格率、目标合格率对比如图 7–21 所示。

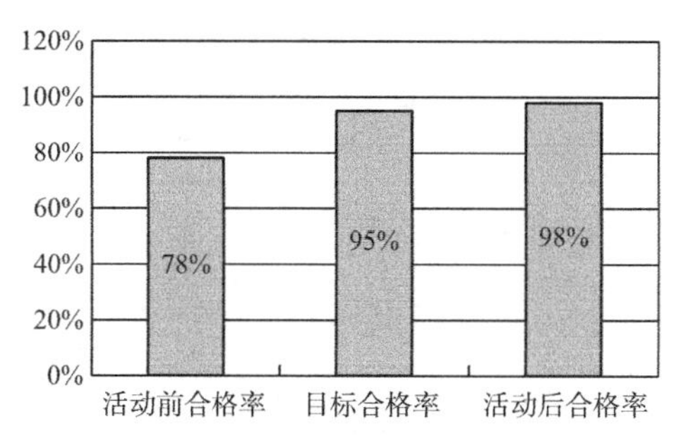

图 7–21　活动前后合格率对比柱状图

（2）经济效益

通过 QC 小组活动，管理人员质量管理水平得到了提高，经过培训、管理，工人操作水平、质量意识显著提高，大大加快了施工速度，提高了施工质量，节约了工期，一次通过施工验收，显著降低了返工整改的频率，经项目部计算，节约费用 43000 元，经济效益证明详见图 7–22。

（3）社会效益

本次 QC 活动带来了良好的社会效益：

①本项目桥闸钢筋绑扎一次验收合格率通过 QC 活动得到了全面提高；

② QC 成果受到建设单位、监理单位等单位的高度赞扬；

③进一步展示公司形象，有力地宣传了公司；

④项目质量良好，完成桥闸钢筋绑扎施工并一次通过验收，浇筑后的混凝土表面平整、密实，施工缝整齐，各项标准达到设计要求。

✲门市××区水系连通及农村水系综合整治工程

QC 小组活动效益证明

项目名称	✲门市××区水系连通及农村水系综合整治试点县项目
QC 小组名称	水系连通及农村水系综合整治工程 QC 小组
课题名称	提高桥闸钢筋绑扎一次验收合格率
经济效益计算说明	通过 QC 小组活动，管理人员质量管理水平得到了提高，经过培训、管理，工人操作水平、质量意识显著提高，大大加快了施工速度，提高了施工质量，节约了工期，一次通过施工验收，显著降低了返工整改的频率，经项目部造价科计算，节约费用如下： （1）节约工期：按活动后少返工 3 次，一次返工工期 3 天计算，需返工 9 天，按 10 名工人，每人每天 220 元工资计算：9×10×220=19800 元。 （2）节约现场管理费：缩短了工期，节省现场管理费用及租赁办公、生活用房等费用约 23200 元。 合计节约：19800+23200=43000 元。
项目经理部 申报意见	期：2021 年 5 月 10 日
财务部门 审核意见	责人：王✲✲ 期：2021 年 5 月 12 日

图 7-22　经济效益证明

11. 制定巩固措施

通过此次 QC 活动，制定了一些具体的巩固措施：

① QC 团队形成了《桥闸钢筋绑扎施工作业指导书》，供其他项目中执行。

② QC 团队将本工程完成桥闸钢筋绑扎施工并一次通过验收，浇筑后的混凝土表面平整、密实，施工缝整齐，各项标准达到设计要求等，将质量控制方法进行推广。

12. 总结和下一步打算

（1）总结

本次 QC 小组活动，使本小组成员在专业技术、管理技术、综合素质方面都有了很大提高。

①专业技术总结

通过本次 QC 小组的活动，让管理人员在现场施工管理过程中，更好地运用 QC 工具解决施工中质量合格率问题，使管理人员专业技术水平得到提高，提升了工程质量，积累了施工经验，为项目部以后解决类似施工技术提供指导。

② 管理技术总结

通过本次 QC 小组活动，小组成员刻苦钻研、吃苦耐劳，学会正确运用 PDCA 方法解决现场的质量问题，思维逻辑进一步增强；在做决策时，做到以客观的事实、精确的数据为根据，而使其具有科学性。

③ 综合素质

通过本次 QC 小组活动，小组成员的质量意识、问题意识、改进意识均有一定程度的增强，参与意识越来越浓，综合素质明显提高。小组成员对活动前后的个人能力、团队精神等方面进行了评价和比较，得出自我评价详见表 7-17，小组成员自我评价雷达图详见图 7-23。

表 7-17　小组成员自我评价表

评价内容	自我评价（满分为 5 分）	
	活动前	活动后
QC 知识	3	5
质量意识	4	5
个人能力	3	4
改进意识	3	5
团队精神	3	4

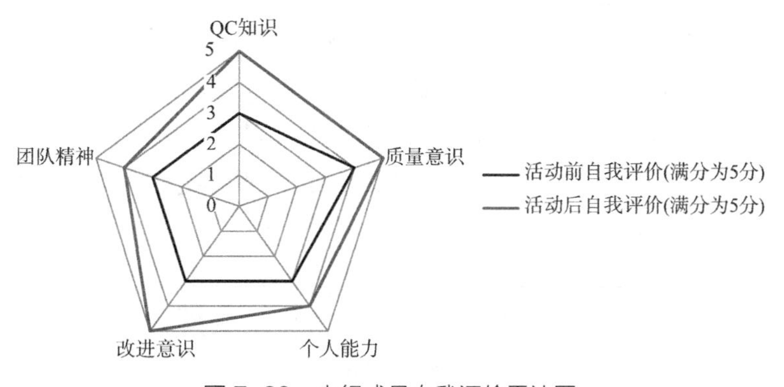

图 7-23　小组成员自我评价雷达图

（2）下一步打算

随着工程推进及施工技术的发展，QC 小组将运用全面质量管理理论，在工程施工中继续开展 QC 活动，不断解决施工中的质量问题，为工程整体创优发挥作用。

QC 小组计划以后的每一个项目均选择质量控制难点作为 QC 攻关课题，并采用质量管理工具进行质量管理活动，同时结合创新，思考工法。公司将结合 QC 活动、工法，不断提高管理水平、专业水平，不断提升公司形象。

第三节　发明专利案例

大坝施工缆机混凝土料罐着陆防摆系统及方法

1. 说明书摘要

大坝施工缆机混凝土料罐着陆防摆系统，包括供料定位机构、牵引调速机构；供料定位机构的供料平台中，在堡坎内侧固定两个定滑轮并使轮盘平行于地面，并在定滑轮水平方向安装双筒卷扬机，第一绳索与定滑轮共同形成四线轨道，使料罐在卷扬机的牵引下往返移动，能够精准快速地就位；牵引调速机构包括装配速度传感器的缆机吊钩，以及连接自适应速度调控器的上游斜拉定位卷扬机，二者可使得料罐快速定位于需浇筑的大坝仓位及防止缆机料罐入仓时的碰撞事故发生，最大限度地提高了缆机起吊重物的时间效率和安全性。

2. 说明书

（1）技术领域

本发明涉及大坝施工领域，尤其是大坝施工缆机混凝土料罐着陆防摆系统及方法。

（2）背景技术

缆机作为大坝混凝土浇筑的垂直与水平运输的重要手段，具有一次搭建、全施工期收益的特点。由于大型移动式缆机成本较高，在小型拱坝工程中常采用小型固定式缆机，以节约施工成本。但小型固定式缆机无法实现平移式缆机的全仓面覆盖，无法将吊罐定位于混凝土仓位，使得混凝土浇筑不能连续均衡地进行作业，极易产生施工冷缝，影响工程质量与进度。

另外，大坝作为受料端，缆机吊运料罐时遇到大风天气以及速度控制不均匀，缆机难以将料罐精准定位于大坝固定仓位，在调整料罐的过程中耗时耗力，同样使混凝土不能连续均衡地进行浇筑，影响工程质量与进度。

（3）发明内容

本发明所要解决的技术问题是提供大坝施工缆机混凝土料罐着陆防摆系统及方法，能精准快速地使料罐定位于供料端和大坝目标仓位，有效降低料罐碰撞风险，避免材料浪费，降低工人作业强度，缩短工期。

为解决上述技术问题，本发明采用的技术方案是：

①大坝施工缆机混凝土料罐着陆防摆系统，包括供料定位机构、牵引调速机构。

②所述供料定位机构包括硬化平台，硬化平台上安装有双筒卷扬机，双筒卷扬机上的第一绳索绕过定滑轮形成四线驱动机构，平板滑车与第一绳索连接并通过双筒卷扬机驱动来回移动；所述四线驱动机构一侧固定有第一堡坎，第一堡坎上带有料斗，料斗在下料时与平板滑车上的缆机料罐相对。

③所述牵引调速机构包括上游斜拉定位卷扬机，上游斜拉定位卷扬机上的绳索通过上游斜拉定滑轮连接在缆机的起重动滑轮组上；所述上游斜拉定位卷扬机处装配有自适应速度调控器，对应的起重动滑轮组处安装有无线速度传感器，无线速度传感器用于无线实时传送缆机速度矢量，自适应速度调控器用于接收到传递的信号后可以对上游斜拉定位卷扬机的卷扬速度进行实时控制。

④ 所述定滑轮之间安装有固定桩，固定桩的边长大于定滑轮的直径。

⑤所述第一堡坎上固定有扣耳，对应的缆机料罐上固定有登山扣锁链，在缆机料罐与料斗对接时，扣耳与登山扣锁链扣接。

⑥ 所述缆机包括起重牵引卷扬机组和左岸主索地锚，四平行承载主索通过行走小车及定滑轮组连接左、右岸上的装置及起重动滑轮组，起重牵引导向轮固定在牵引导向地锚上并对四平行承载主索进行导引。

大坝施工缆机混凝土料罐着陆防摆方法，包括以下步骤：

步骤一：供料端施工完毕后，平板滑车的初始位置靠近双筒卷扬机，位置比较空旷，便于缆机料罐的吊落；缆机料罐吊落至平板滑车后，启动双筒卷扬机，将平板滑车平移至料斗出口处。

步骤二：将缆机料罐上靠近第一堡坎的两根登山扣锁链与扣耳相连，等待混凝土自卸车运输混凝土并倾倒至料斗，待缆机料罐中混凝土装满即可进行吊运。

步骤三：缆机吊钩吊运缆机料罐离开后，启动双筒卷扬机将平板滑车平移至初始位置。

步骤四：缆机在吊运过程中，安装在自配重上的无线速度传感器实时将缆机移动速度矢量数据传送给装配在上游斜拉定位卷扬机的自适应速度调控器，调控上游斜拉定位对缆机的卷扬速度，实现缆机料罐平稳入仓和精准定位。

本发明大坝施工缆机混凝土料罐着陆防摆系统及方法，具有以下技术效果：

①供料端双筒卷扬机、第一绳索与定滑轮共同形成的四线驱动机构，使双筒卷扬机来回牵引混凝土料罐，达到料罐在地面灵活移动的目的，提高缆机料罐就位于料斗口的精度。

②当双筒卷扬机牵引缆机料罐至料斗口时，人工连接扣耳与登山扣，可防止在受料过程中因为冲击力导致料罐滑移，减少人工扶罐强度。

③两定滑轮之间设置一根固定桩，避免由于卷扬机操作人员的失误，导致缆机料罐与定滑轮碰撞而损坏定滑轮，实现混凝土全自动化供料。

④通过在缆机自配重上安装速度传感器，上游斜拉定位卷扬机装配有速度调控器。速度传感器可以无线实时地将缆机料罐速度矢量数据传给卷扬机的速度调控器，速度调控器实时调控卷扬机的卷扬速度。这样可以快速定位于需浇筑的大坝仓位及防止缆机料罐入仓时的碰撞事故发生，最大限度地提高了缆机起吊重物的时间效率和安全性。

（4）附图说明

下面结合附图和实例对本发明做进一步说明：

图 7-24 为本发明中供料定位机构的结构示意图。

图 7-25 为本发明中牵引调速机构的局部结构示意图。

图 7-26 为本发明的供料施工流程图。

图 7-27 为本发明中平板滑车与第一绳索的连接示意图。

图中：料斗（1），第一堡坎（2），扣耳（3），登山扣锁链（4），双筒卷扬机（5），缆机料罐（6），平板滑车（7），定滑轮（8），固定桩（9），围栏（10），第二堡坎（11），硬化平台（12），第一绳索（13），起重牵引卷扬机组（14），起重牵引导向轮（15），牵引导向地锚（16），上游斜拉定位卷扬机（17），自适应速度调控器（18），自配重（19），无线速度传感器（20），起重动滑轮组（21），定滑轮组（22），四平行承载主索（23），左岸主索地锚（24），上游斜拉定滑轮（25），缆机吊钩（26），基岩层（27）。

（5）具体实施方式

大坝施工缆机混凝土料罐着陆防摆系统，包括供料定位机构、牵引调速机构。

如图 7-24、图 7-27 所示，供料定位机构包括硬化平台（12），硬化平台（12）为混凝土浇筑而成。在硬化平台（12）上安装有双筒卷扬机（5）及两个定滑轮（8），第一绳索（13）缠绕在双筒卷扬机（5）上并通过定滑轮（8）绕回。平板滑车（7）底部与内侧两根第一绳索（13）连接，平板滑车（7）上端放置有缆机料罐（6）。在双筒卷扬机（5）启动时，可通过两根第一绳索（13）带动平板滑车（7）上的缆机料罐（6）进行来回移动。

在硬化平台（12）另外构筑第一堡坎（2），第一堡坎（2）镶嵌有料斗（1），料斗（1）的出料口朝向缆机料罐（6）一侧。在缆机料罐（6）移动就位后，混凝土可通过料斗（1）落到缆机料罐（6）中。

在第一堡坎（2）一侧构筑第二堡坎（11），第二堡坎（11）上设置有围栏（10）。第二堡坎（11）便于施工人员站在上面观察缆机起吊降落情况。

在两个定滑轮（8）之间设置有一根固定桩（9），固定桩（9）的边长大于两个定滑轮（8）的直径。这样避免由于卷扬机操作人员的失误，导致缆机料罐（6）与定滑轮（8）碰撞而损坏定滑轮（8）。

在料斗（1）下方的第一堡坎（2）内侧焊接两个扣耳（3），对应的缆机料罐（6）与扣耳（3）同等高度位置焊接有登山扣的锁链（4），当双筒卷扬机（5）牵引缆机料罐（6）至料斗（1）的出口时，人工连接扣耳（3）与登山扣锁链（4），防止在受料过程中由于冲击力导致料罐滑移。

这里的缆机包括左岸设置的左岸主索地锚（24），右岸设置的起重牵引卷扬机组（14）。左、右岸及自配重（19）通过四平行承载主索（23）连接，行走小车（22）穿过两根主索、定滑轮组分别穿过两根主索。该装置中，牵引卷扬机为一台双筒卷扬机，起重卷扬机为一台单筒卷扬机，四平行承载主索（23）采用钢丝绳，卷扬机转向均通过左岸主索地锚（24）进行转向。

如图7-25所示，所述牵引调速机构包括上游斜拉定位卷扬机（17），上游斜拉定位卷扬机（17）与供料定位机构同为右岸，上游斜拉定位卷扬机（17）处装配有自适应速度调控器（18），对应的行走小车（22）处的起重动滑轮组（21）处安装有无线速度传感器（20），无线速度传感器（20）用于无线实时传送缆机速度矢量，自适应速度调控器（18）用于接收到传递的信号后可以对上游斜拉定位卷扬机（17）的卷扬速度进行实时控制。

所述无线速度传感器（20）可采用包括但不限于：品牌为FUWEI，型号为FSD11的传感器；或品牌为维特智能，型号为WTGAHRS2的传感器。无线速度传感器结构尺寸约为50 mm×50 mm×200 mm、精度为0.8 m、环境温度为-40~100℃，体积小、身形细长，能够安装在缆机吊钩处检测缆机料罐的实时速度。由于大坝工程中空间广阔，精度0.8 m所体现的误差值在大坝工程中可以接受。

上述自适应速度调控器（18）可采用包括但不限于：品牌为明纬，型号为S-1500-24的控制器。

当无线速度传感器（20）检测到缆机料罐（6）的速度高于正常值时，自适应速度调控器（18）输出高功率使上游斜拉定位卷扬机（17）速度加快，直至检测到缆机料罐（6）速度为正常速度便不再对上游斜拉定位卷扬机（17）的功率进行调控。当无线速度传感器（20）检测到缆机料罐（6）速度低于正常值，自适应速度调控器（18）输出低功率使上游斜拉定位卷扬机（17）的速度减慢，直至检测到缆机料罐（6）的速度为正常速度便不再对上游斜拉定位卷扬机（17）的功率进行调控。

工作原理及过程：

步骤一：供料端施工完毕后，平板滑车（7）的初始位置靠近双筒卷扬机（5），位置比较空旷，便于缆机料罐（6）的吊落；缆机料罐（6）吊落至平板滑车（7）后，启动双筒卷扬机（5），将平板滑车（7）平移至料斗（1）出口处。

步骤二：将缆机料罐（6）上靠近第一堡坎（2）的两根登山扣锁链（4）与扣耳（3）相连，等待混凝土自卸车运输混凝土并倾倒至料斗（1），待缆机料罐（6）中混凝土装满即可进行吊运。

步骤三：缆机吊钩（26）吊运缆机料罐（6）离开后，启动双筒卷扬机（5）将平板滑车（7）平移至初始位置。

步骤四：缆机在吊运过程中，安装在自配重（19）上的无线速度传感器（20）实时将缆机移动速度矢量数据传送给装配在上游斜拉定位卷扬机（17）的自适应速度调控器（18），调控上游斜拉定位卷扬机（17）对缆机的卷扬速度，实现缆机料罐（6）平稳入仓和精准定位。

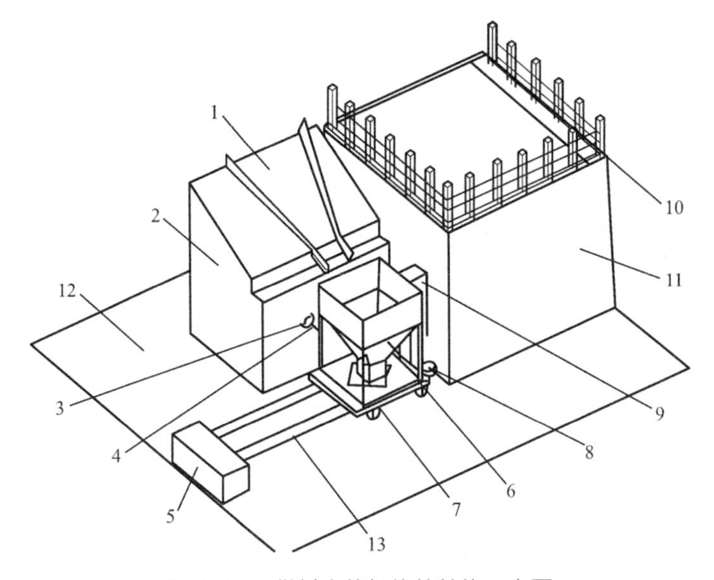

图 7-24　供料定位机构的结构示意图

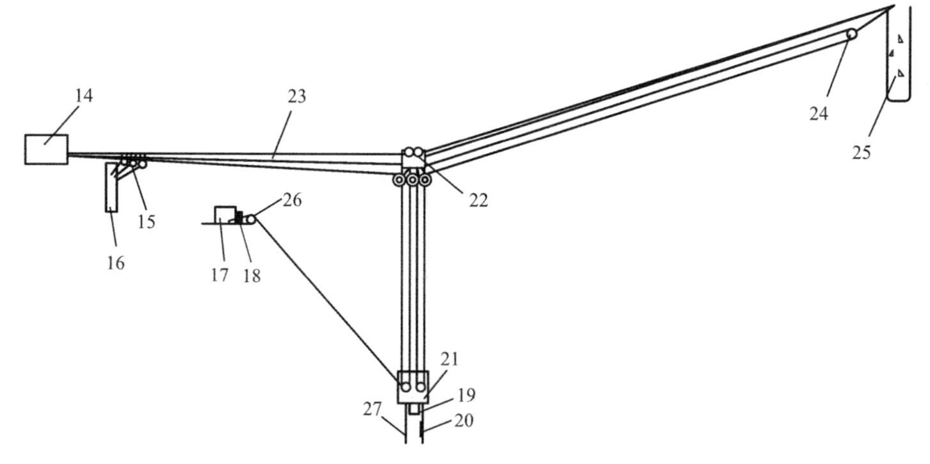

图 7-25 牵引调速机构的局部结构示意图

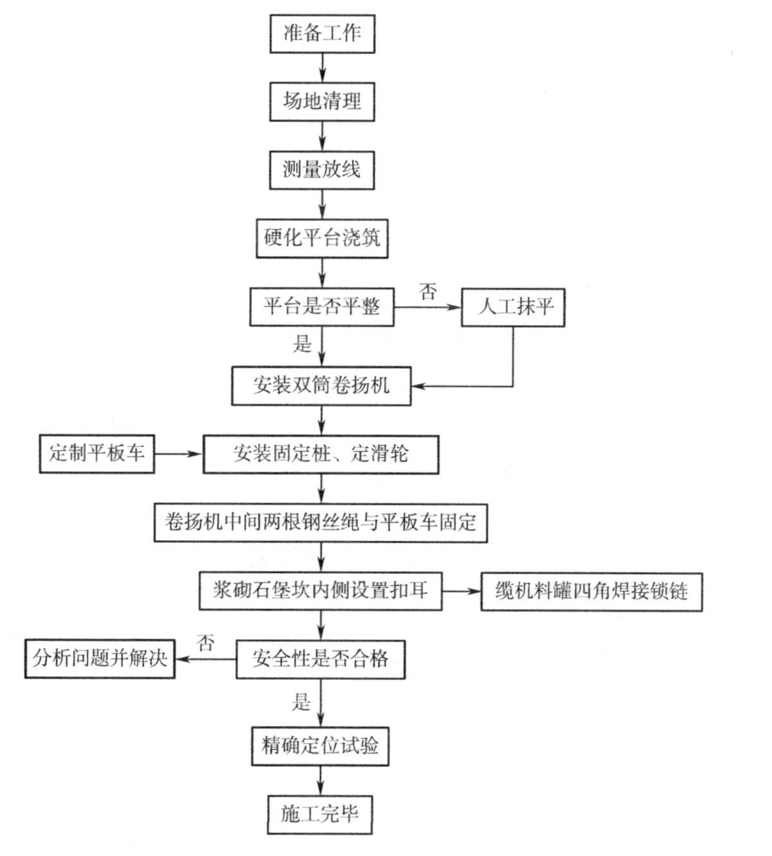

图 7-26 供料施工流程图

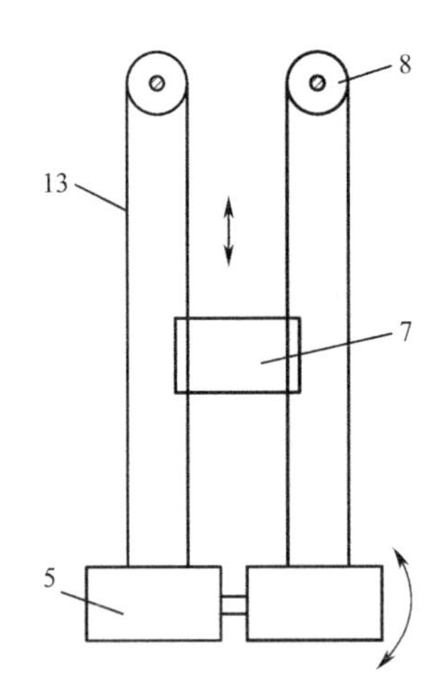

图 7-27 平板滑车与第一绳索的连接示意图

3. 权利要求书

1）大坝施工缆机混凝土料罐着陆防摆系统，其特征在于：

包括供料定位机构、牵引调速机构。

所述供料定位机构包括硬化平台（12），硬化平台（12）上安装有双筒卷扬机（5），双筒卷扬机（5）上的第一绳索（13）绕过定滑轮（8）形成四线驱动机构，平板滑车（7）与第一绳索（13）连接并通过双筒卷扬机（5）驱动来回移动；

所述四线驱动机构一侧固定有第一堡坎（2），第一堡坎（2）上带有料斗（1），料斗（1）在下料时与平板滑车（7）上的缆机料罐（6）相对。

所述牵引调速机构包括上游斜拉定位卷扬机（17），上游斜拉定位卷扬机（17）上的绳索通过上游斜拉定滑轮（25）连接在缆机的起重动滑轮组（21）上。

所述上游斜拉定位卷扬机（17）处装配有自适应速度调控器（18），对应的起重动滑轮组（21）处安装有无线速度传感器（20），无线速度传感器（20）用于无线实时传送缆机速度矢量，自适应速度调控器（18）用于接收到传递的信号后可以对上游斜拉定位卷扬机（17）的卷扬速度进行实时控制。

2）根据权利要求1）所述的大坝施工缆机混凝土料罐着陆防摆系统，其特征在于：所述定滑轮（8）之间安装有固定桩（9），固定桩（9）的厚度大于定滑轮（8）的直径。

3）根据权利要求1）所述的大坝施工缆机混凝土料罐着陆防摆系统，其特征在于：所述第一堡坎（2）上固定有扣耳（3），对应的缆机料罐（6）上固定有登山扣锁链（4），在缆机料罐（6）与料斗（1）对接时，扣耳（3）与登山扣锁链（4）扣接。

4）根据权利要求1）所述的大坝施工缆机混凝土料罐着陆防摆系统，其特征在于：所述缆机包括起重牵引卷扬机组（14）和左岸主索地锚（24），四平行承载主索（23）通过行走小车及定滑轮组（22）连接左、右岸上的装置及起重动滑轮组（21），起重牵引导向轮（15）固定在牵引导向地锚（16）上并对四平行承载主索（23）进行导引。

5）大坝施工缆机混凝土料罐着陆防摆方法，包括以下步骤：

步骤一：供料端施工完毕后，平板滑车（7）的初始位置靠近双筒卷扬机（5），位置比较空旷，便于缆机料罐（6）的吊落；缆机料罐（6）吊落至平板滑车（7）后，启动双筒卷扬机（5），将平板滑车（7）平移至料斗（1）出口处。

步骤二：将缆机料罐（6）上靠近第一堡坎（2）的两根登山扣锁链（4）与扣耳（3）相连，等待混凝土自卸车运输混凝土并倾倒至料斗（1），待缆机料罐（6）中混凝土装满即可进行吊运。

步骤三：缆机吊钩（26）吊运缆机料罐（6）离开后，启动双筒卷扬机（5）将平板滑车（7）平移至初始位置。

步骤四：缆机在吊运过程中，安装在自配重（19）上的无线速度传感器（20）实时将缆机移动速度矢量数据传送给装配在上游斜拉定位卷扬机（17）的自适应速度调控器（18），调控上游斜拉定位对缆机的卷扬速度，实现缆机料罐（6）平稳入仓和精准定位。

参考文献

[1] Zeng X, Yi M D. Research on wheel chair design for the disabled elderly based on QFD/TRIZ[J]. Journal of Physics: Conference Series, 2021(1):1-7.

[2] 张治河，周国华，胡锐，等 . 创新学：一个驱动 21 世纪发展的新兴学科 [J]. 科研管理，2011，32(12):143-150，156.

[3] 熊彼特 . 经济发展理论 [M]. 何畏，易家详，张军扩，等译 . 北京：商务印书馆，1990.

[4] Vysotskaya M V, Dmitriev A Y. Improve the integrity testing Process based on QFD, FMEA and TRIZ[J]. IOP Conference Series :Materials Science and Engineering, 2021(1):1-9.

[5] Vincenti W G. What engineers know and how they know it:analytical studies from aeronautical history[M]. Baltimore and London: Johns Hopkins University Press, 1990.

[6] 李伯聪 . 工程创新是创新的主战场 [J]. 中国科技论坛，2006 (2): 33-37.

[7] 刘檠，张雨涵，李梦悦，等 . 大科学工程创新体系建构研究 [J]. 中国工程科学 . 2022，24(5)：177-186.

[8] Savrancky S D. Engineering of creativity[M]. New York: CRC Press, 2000.

[9] 王跃新，李晨语 . 创新思维：引领开拓创新的第一动力 [J]. 学术界 . 2022(8)：203-209.

[10] 江苏省建筑行业协会工程建设质量与技术管理分会，华仁建设集团有限公司 . 工程建设 QC 小组活动成果编写指要与案例 [M]. 北京：中国建筑工业出版社，2021.

[11] Latour B. The prince for machinesas well as for machinations[M]. In Elliot, Brian(ed.). Technology and Social Process. Edinburgh: Edinburgh University Press, 1988.

[12] 吉登斯 . 社会的构成 [M]. 李康，李猛，译 . 上海：生活读书新知三联书店，1998.

[13] Wulf W A. Engineering ethics and society[J]. Technology in Society, 2004, 26(2-3): 385-390.

[14] Mumford L. The myth of the machine[M]. New York: Harcourt Brace Jovanovich, 1970.

[15] 姚娟 . 青年创新思维能力培育的内涵与方法 [J]. 人民论坛 . 2022(2)：108-110.

[16] 王跃新 . 创新思维学 [M]. 长春：吉林人民出版社，2010.

[17] 郭于明 . 基于“工程经验”的创新设计思维培养与实践 [J]. 机械设计，2021，38(S2):142-145.

[18] Beder, S. The new engineer[J]. South Yarra: Macmillan Education Australia PTY Ltd, 1998.

[19] 马洁 . 工程创新技术导论 [M]. 北京：清华大学出版社，2012.

[20] 冯立杰，史玉龙，岳俊举，等．多维创新要素与创新法则视角下的技术进化路径研究 [J]. 科技进步与对策，2016，33(21)：1-10.

[21] 尹成湖．创新的理性认识及实践 [M]. 北京：化学工业出版社，2005.

[22] Mumford L. The pentagon of power：The myth of the machine volume two [M]. New York：Harcourt Brace Jovanovich，1974.

[23] Hughes T P. Network of power：electrification in western society，1880-1930[M]. Baltimore：Johns Hopkins University Press，1983.

[24] Coates J F. Innovation in the future of engineering design[J]. Technological Forecasting and Social Change，2000，64(2-3)：121-132.

[25] 李伯聪．工程创新：突破壁垒和躲避陷阱 [M]. 杭州：浙江大学出版社，2010.

[26] 王跃新，李晨语．创新思维：引领开拓创新的第一动力 [J]. 学术界，2022，291(8)：203-209.

[27] Pedaste M，de jong T，Sarapuu T，et al. Investigating ecosystems as a blended learning experience[J]. Science，2013，340(6140)：1537-1538.

[28] 阿奇舒勒．创新算法：TRIZ、系统创新和技术创造力 [M]. 谭增波，茹海燕，译．武汉：华中科技大学出版社，2008.

[29] 阿奇舒勒．创新 40 法：TRIZ 创造性解决技术问题的诀窍 [M]. 黄玉霖，译，成都：西南交通大学出版社，2004.

[30] 刘江南，姜光，卢伟健，等．TRIZ 工具集用于驱动产品创新及生态设计方法研究 [J]. 机械工程学报，2016，52(5)：12-21.

[31] Mayd M，Borklu H R. An integration of TRIZ and the systematic approach of Pahl and Beitz for innovative conceptual design process[J]. Journal of the Brazilian Society of Mechanical Sciences and Engineering，2014，36(4)：859-870.

[32] 刘征，顾新建，潘凯，等．基于 TRIZ 的产品生态设计方法研究——融合规则和案例推理 [J]. 浙江大学学报（工学版），2014，48(3)：436-444.

[33] 沈萌红．TRIZ 理论及机械创新实践 [M]. 北京：机械工业出版社，2012.

[34] Zlotin B，Zusman A，Altshuller G，et al. Tools of classical TRIZ[M]. Southfield：Ideation International Inc.，1999.

[35] 孙永伟．TRIZ：打开创新之门的金钥匙　I[M]. 北京：科学出版社，2015.

[36] Chenchurin L. Research and practice on the theory of inventive problem solving(TRIZ)[M]. Berlin：Springer Press，2016.

[37] 姚威，韩旭，储昭卫，等．工程师创新手册（进阶）——CAFE-TRIZ 方法与知识库应用 [M] 杭州：浙江大学出版社，2019.

[38] 成思源，周金平，郭钟宁．技术创新方法——TRIZ 理论及应用 [M]. 北京：清华大学出版社，2012.

[39] 黄庆，周贤永，杨智懿．TRIZ 技术进化理论及其应用研究述评与展望 [J]. 科学学与科学技术管理，2009，30(4)：58-65.

[40] 甘自恒．创造学原理和方法——广义创造学 [M]. 北京：科学出版社，2003.

[41] 创新方法研究会 . 创新方法教程（初级）[M]. 北京：高等教育出版社，2012.

[42] 赵敏，史晓玲，段海波 . TRIZ 入门及实践 [M]. 北京：科学出版社，2009.

[43] 苏屹，闫玥涵 . 国家创新政策与区域创新系统的跨层次研究 [J]. 科研管理，2020，41(12)：160−170.

[44] 张希舜 . 工程建设施工工法编制 [M]. 济南：山东科学技术出版社，2020.

[45] 中国风景园林学会园林工程分会 . 园林绿化工程建设工法编制指导手册 [M]. 南京：东南大学出版社，2021.

[46] 马天旗，赵强，苏丹，等 . 专利挖掘（第 2 版）[M]. 北京：知识产权出版社，2020.

[47] 马天旗，李银锁，赵礼杰，等 . 专利布局（第 2 版）[M]. 知识产权出版社，2020.

[48] 王宝筠，那彦琳 . 专利申请文件撰写实战教程：逻辑、态度、实践 [M]. 北京：知识产权出版社，2021.

[49] 中国施工企业管理协会 .QC 优秀成果精选案例集（2022）[M]. 北京：中国市场出版社，2022.